新棒针花样入门600例

●邓健平 主编

辽宁科学技术出版社

·沈阳·

本书编委会

主　编　邓健平

编　委　罗　超　贺　丹　谭阳春　李玉栋

图书在版编目（CIP）数据

新棒针花样入门 600 例 / 邓健平主编. -- 沈阳：辽宁科学技术出版社，2012.8

ISBN 978-7-5381-7560-8

Ⅰ. ①新… Ⅱ. ①邓… Ⅲ. ①毛衣针—绒线—手工编织—图集 Ⅳ. ① TS935.522-64

中国版本图书馆 CIP 数据核字（2012）第 135355 号

如有图书质量问题，请电话联系

湖南攀辰图书发行有限公司

地址：长沙市车站北路 236 号芙蓉国土局 B 栋 1401 室

邮编：410000

网址：www.penqen.cn

电话：0731-82276692　82276693

出版发行：辽宁科学技术出版社

　　　　　（地址：沈阳市和平区十一纬路 29 号　邮编：110003）

印 刷 者：湖南新华精品印务有限公司

经 销 者：各地新华书店

幅面尺寸：210mm × 285mm

印　　张：9.5

字　　数：50 千字

出版时间：2012 年 8 月第 1 版

印刷时间：2012 年 8 月第 1 次印刷

责任编辑：郭　莹　攀　辰

摄　　影：郭　力

封面设计：效国广告

版式设计：攀辰图书

责任校对：合　力

书　　号：ISBN 978-7-5381-7560-8

定　　价：36.80 元

联系电话：024-23284376

邮购热线：024-23284502

淘宝商城：http://lkjcbs.tmall.com

E-mail：lnkjc@126.com

http：//www.lnkj.com.cn

本书网址：www.lnkj.cn/uri.sh/7560

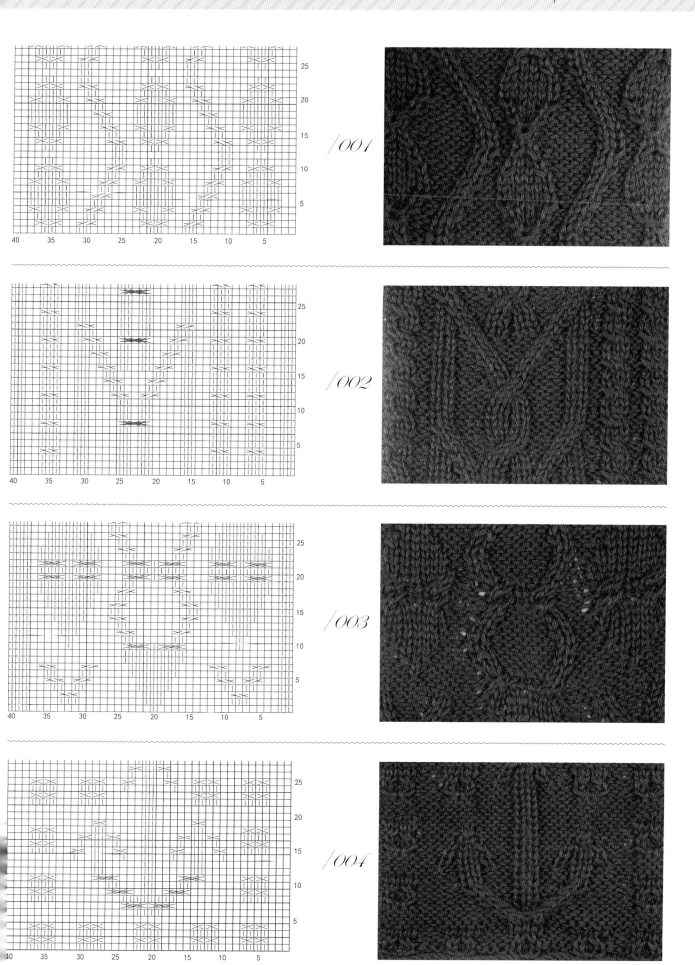

/001

/002

/003

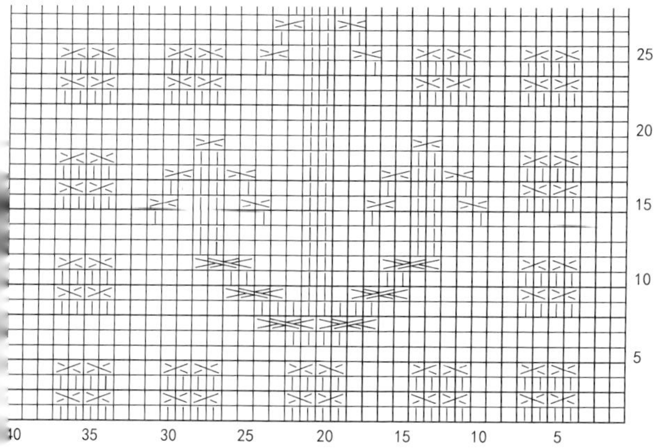

/004

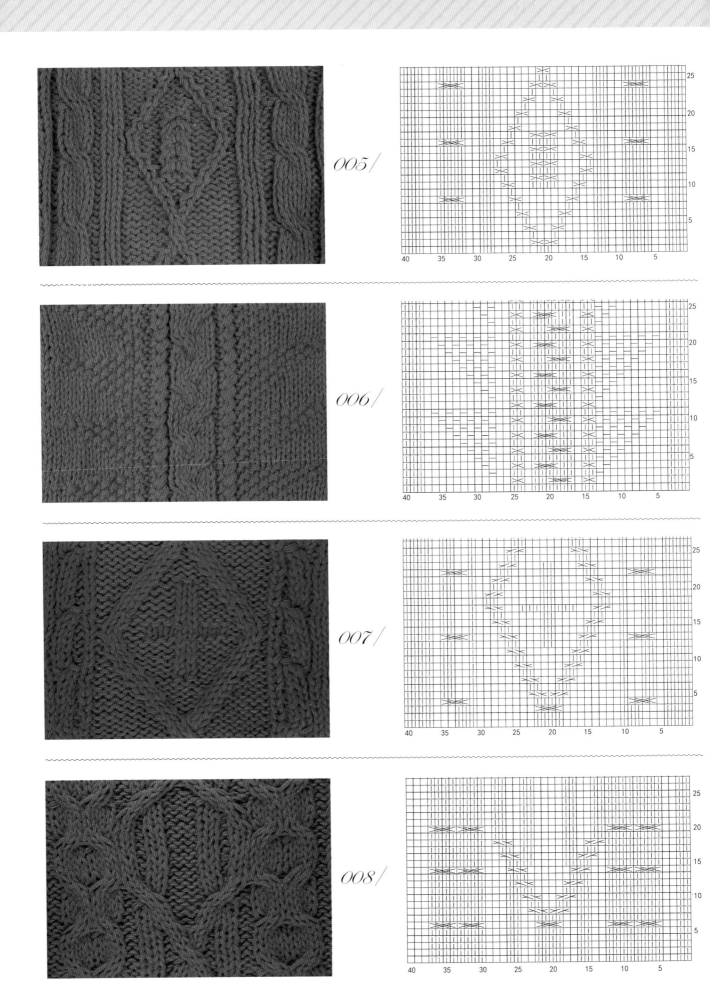

005 /

006 /

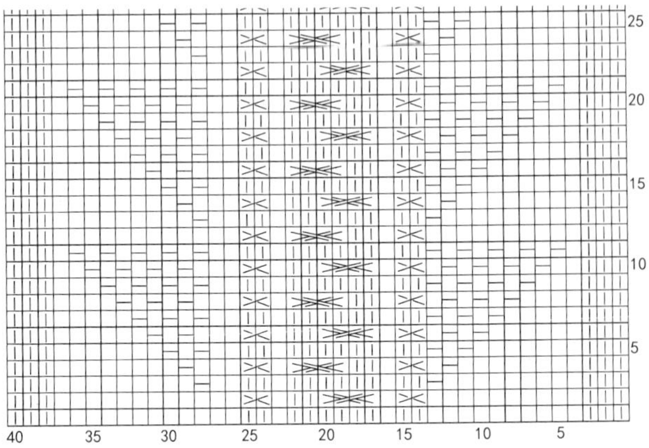

007 /

008 /

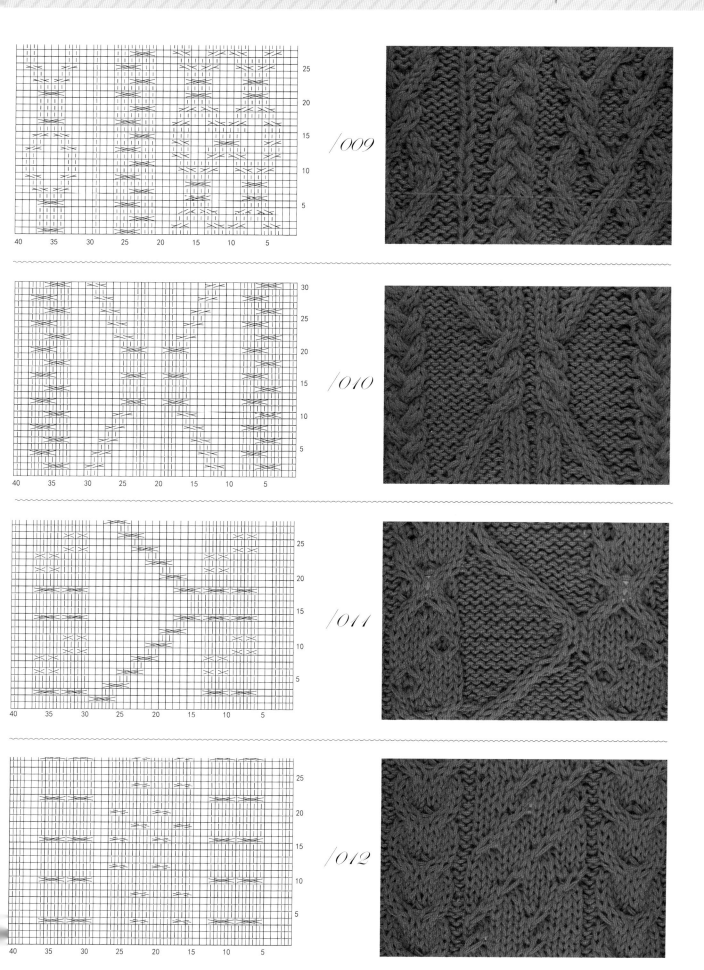

/009

/010

/011

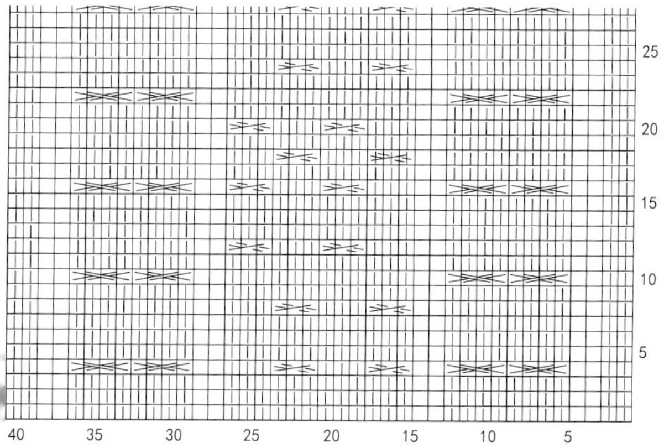

/012

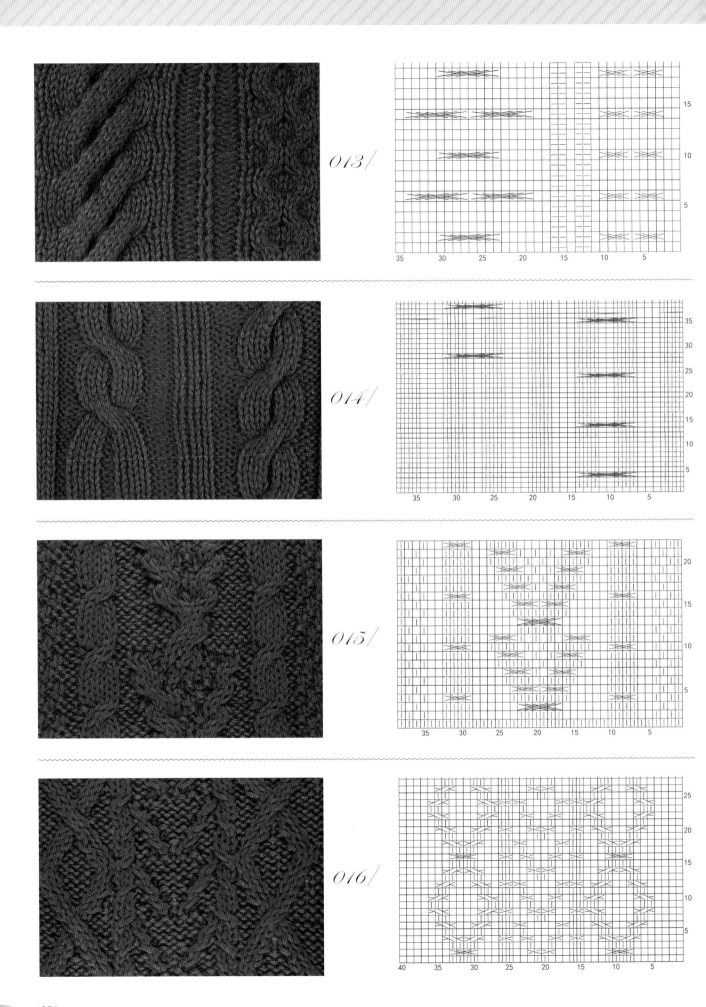

013/

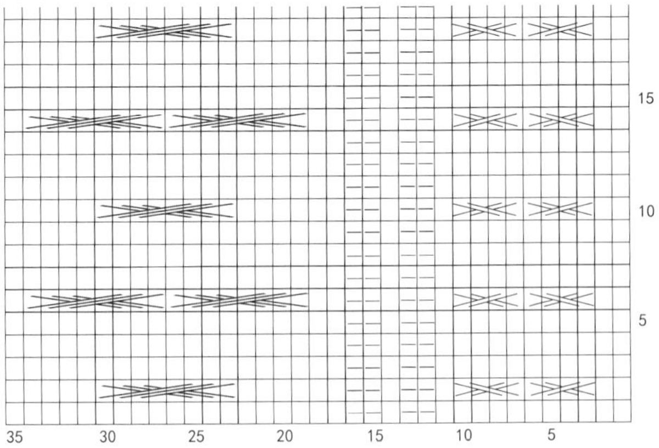

014/

015/

016/

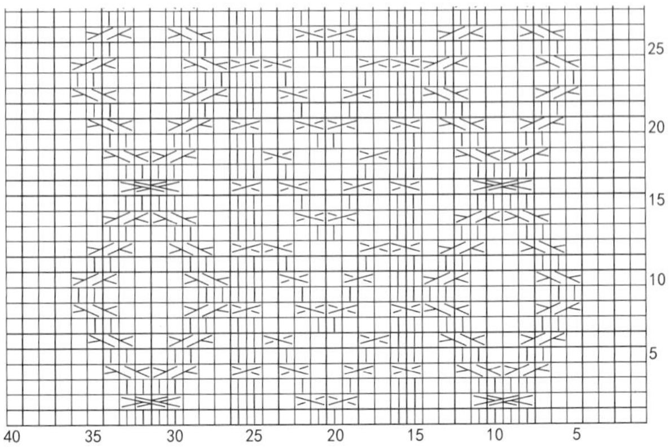

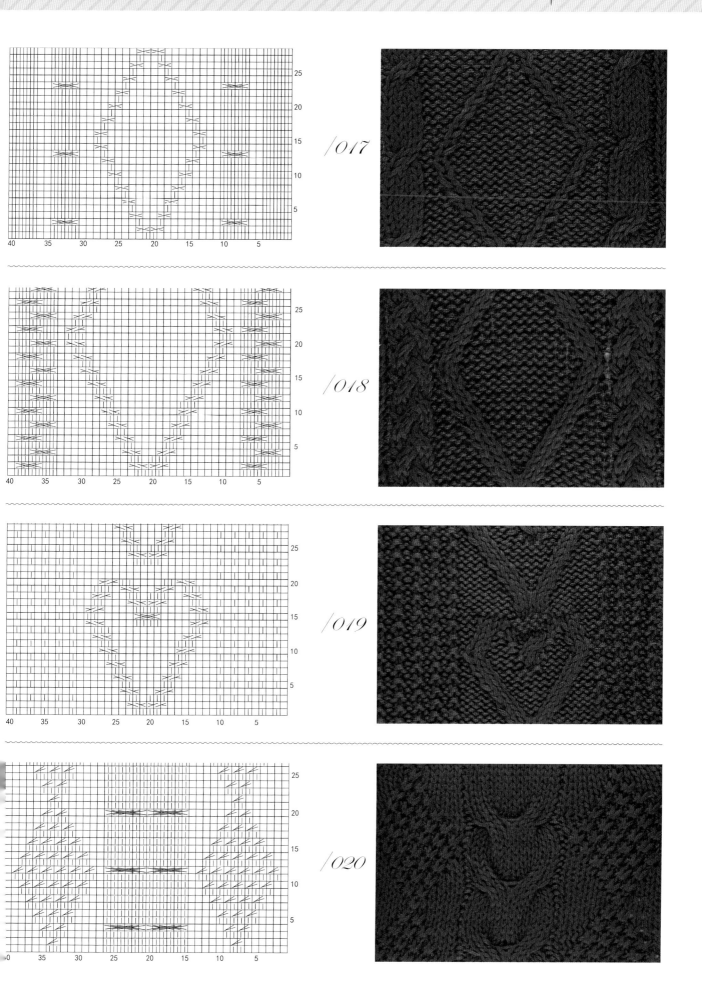

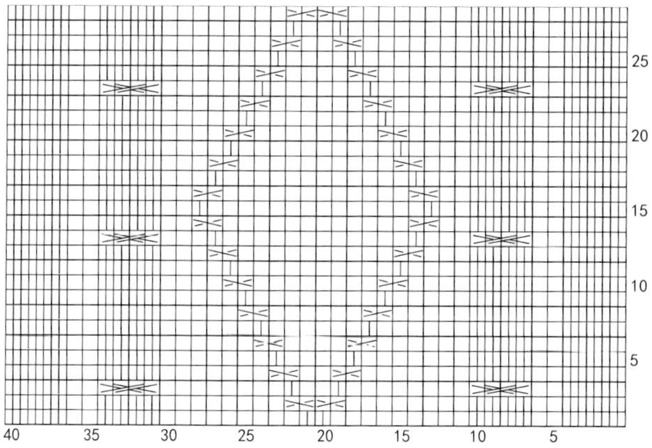

/017

/018

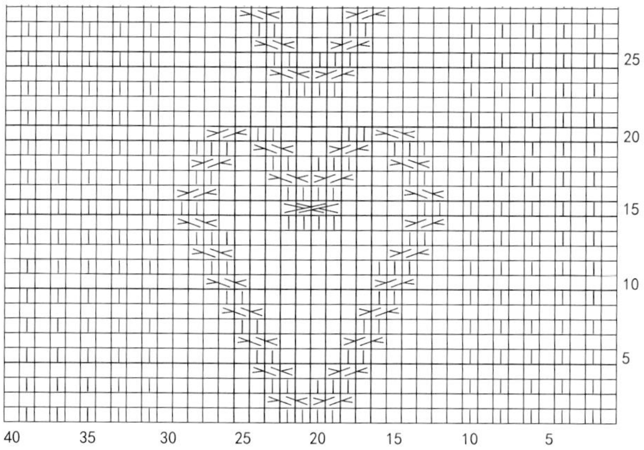

/019

/020

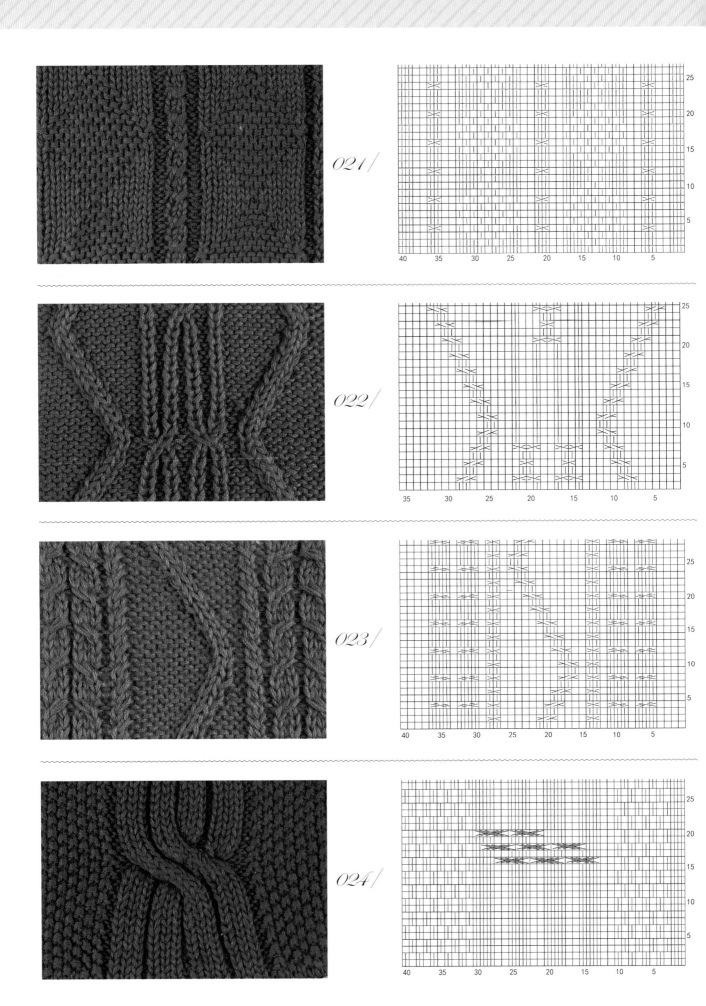

021/

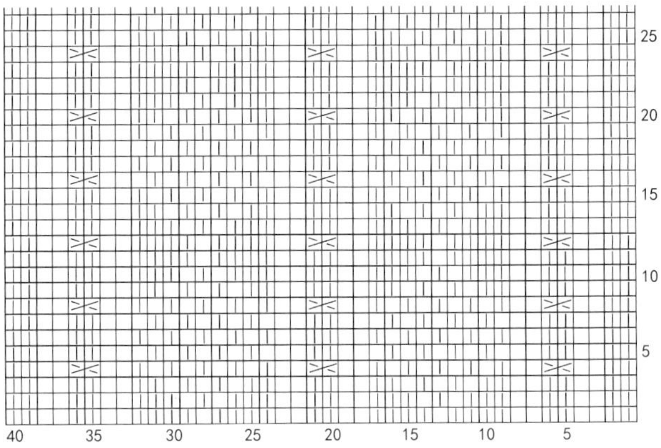

022/

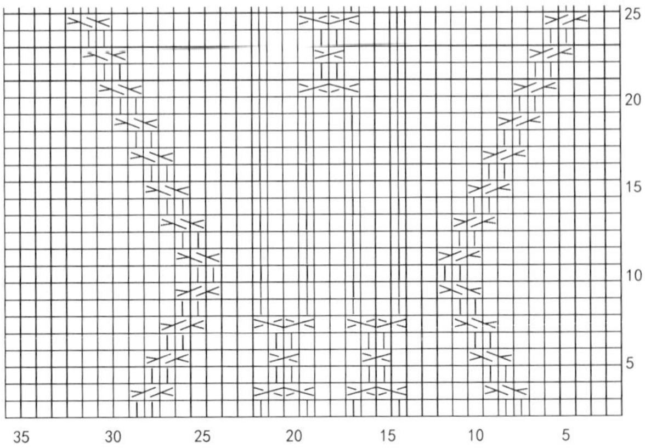

023/

024/

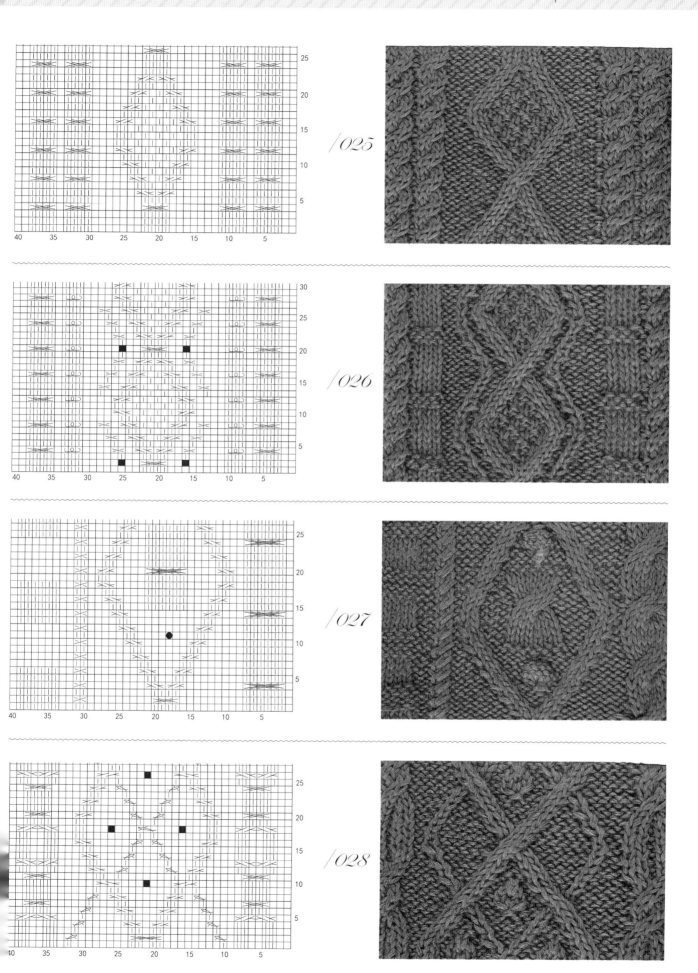

/025

/026

/027

/028

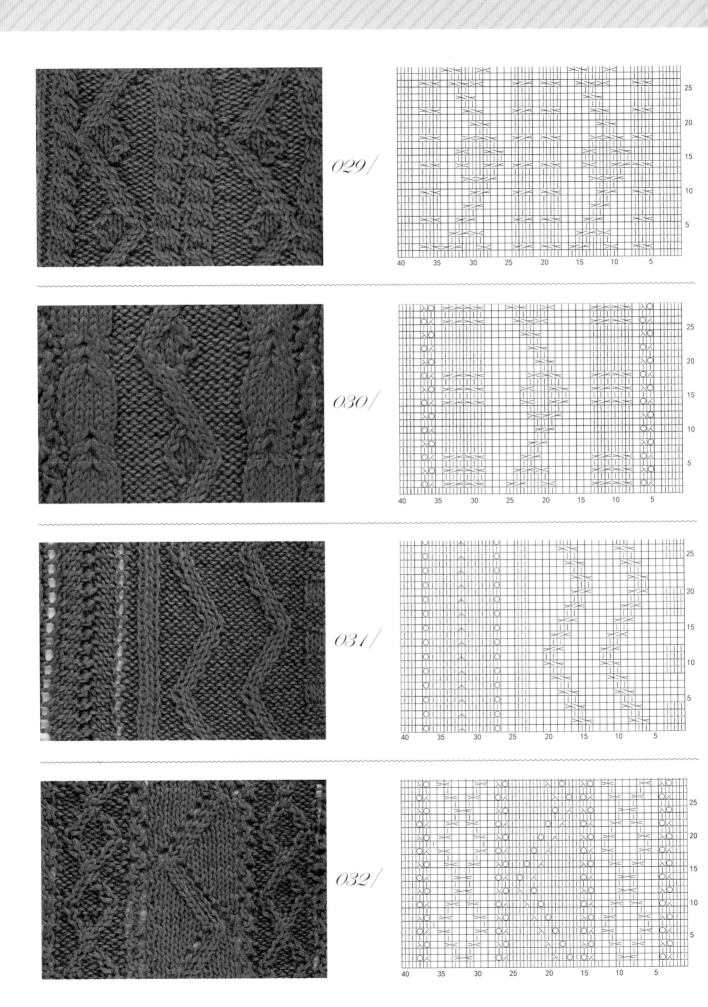

029 /

030 /

031 /

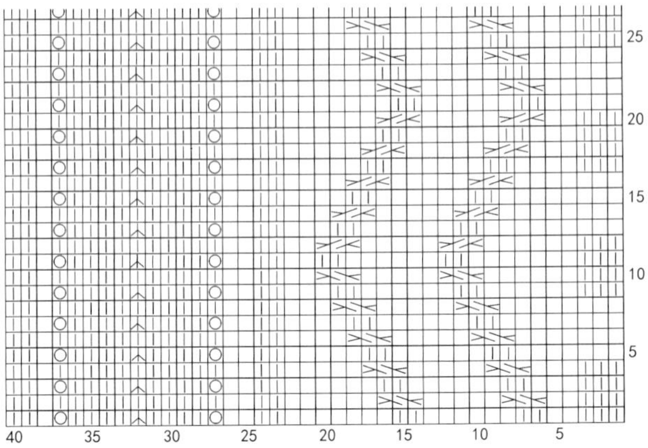

032 /

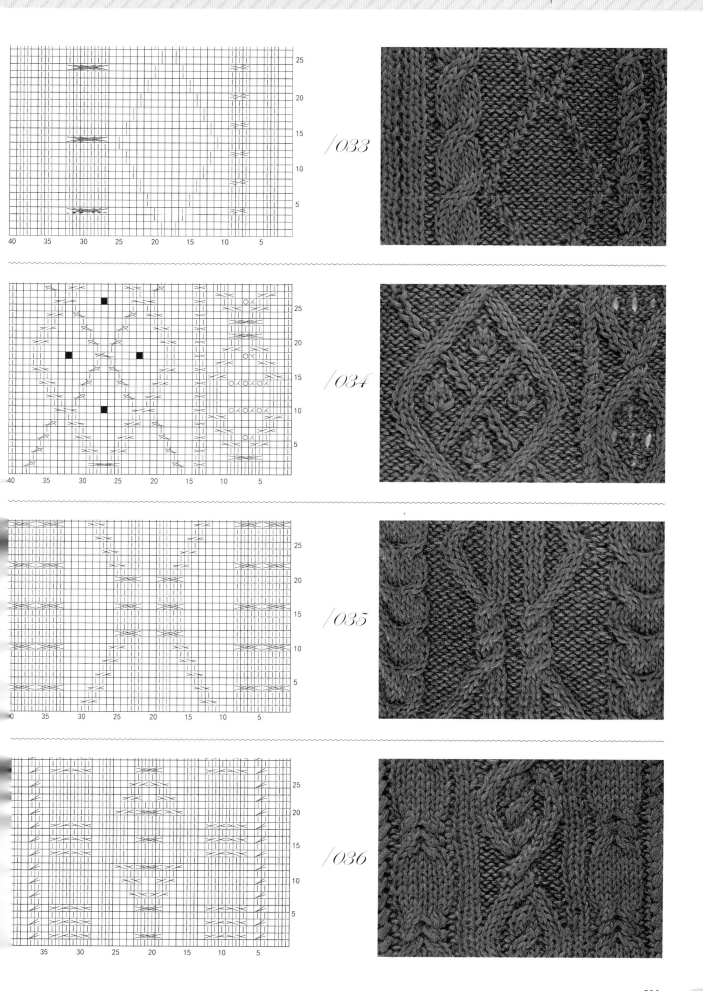

/033

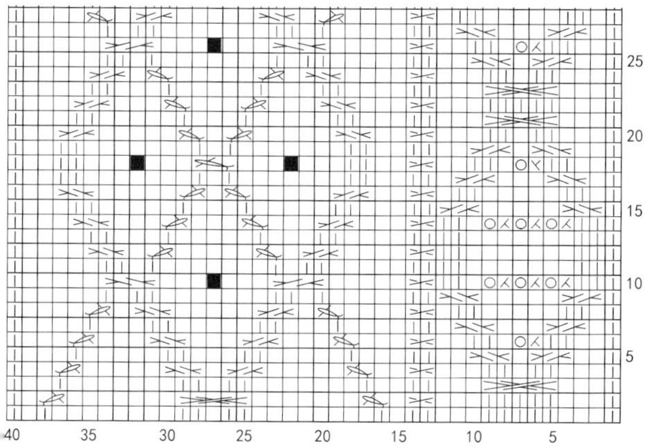

/034

/035

/036

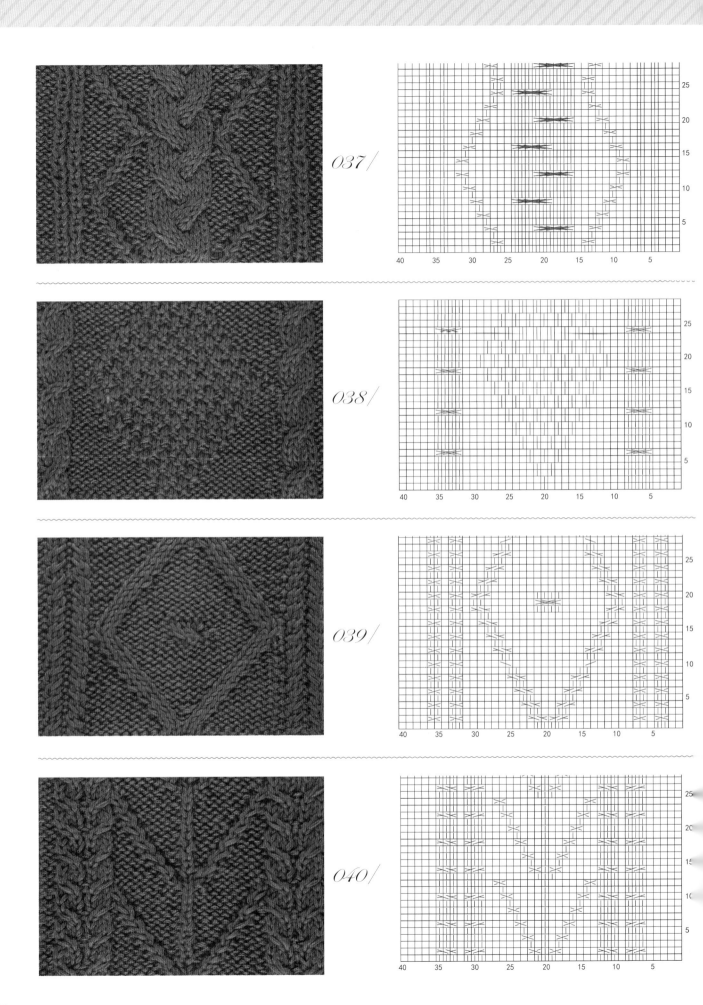

037 /

038 /

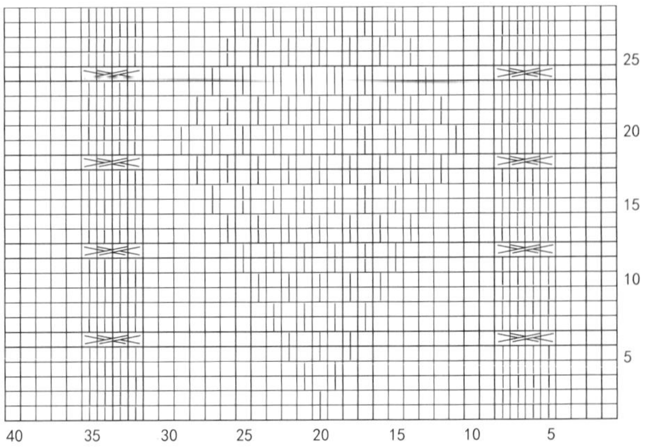

039 /

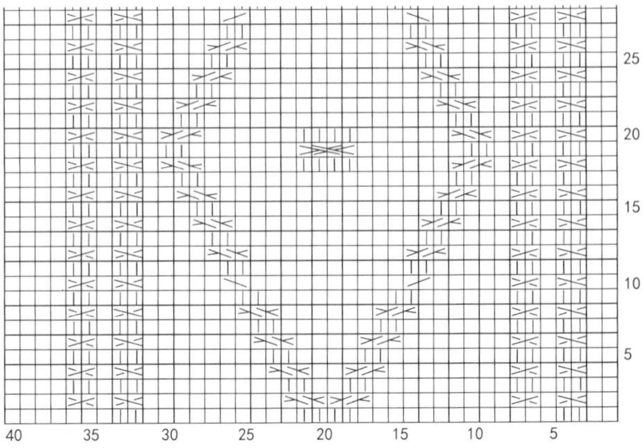

040 /

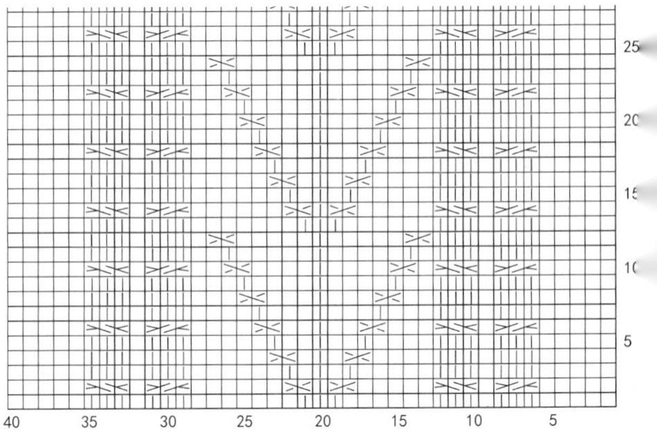

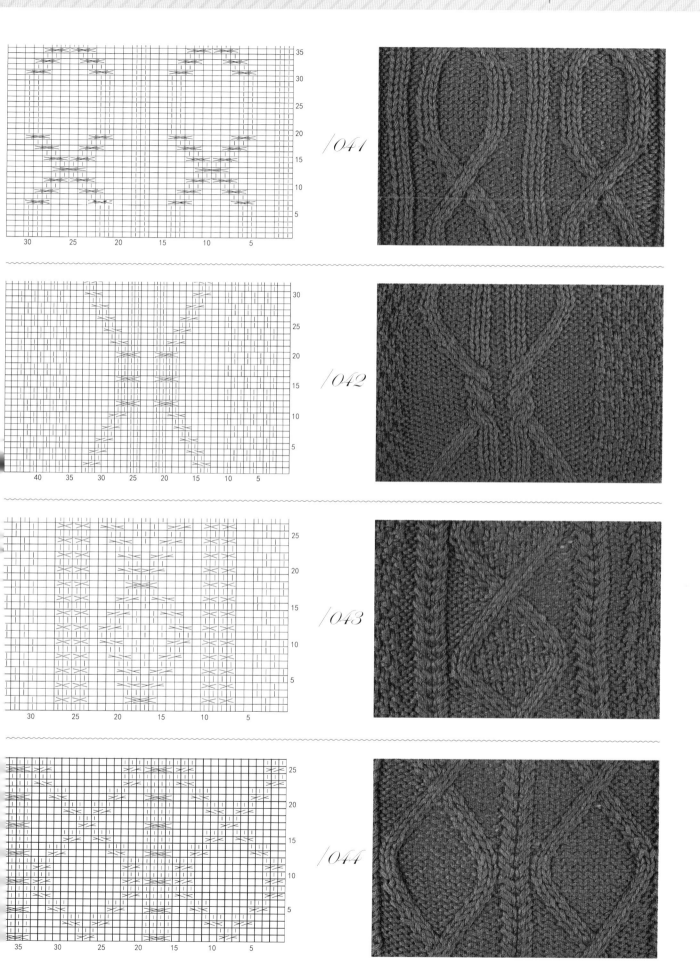

/041

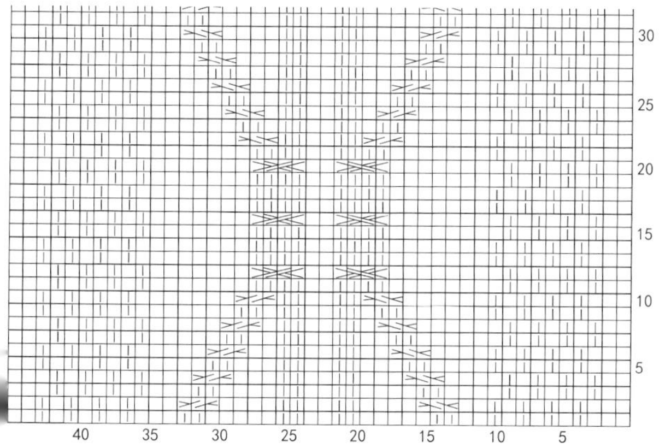

/042

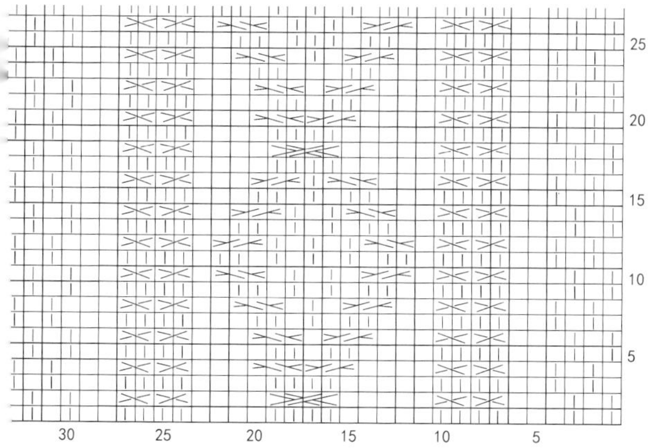

/043

/044

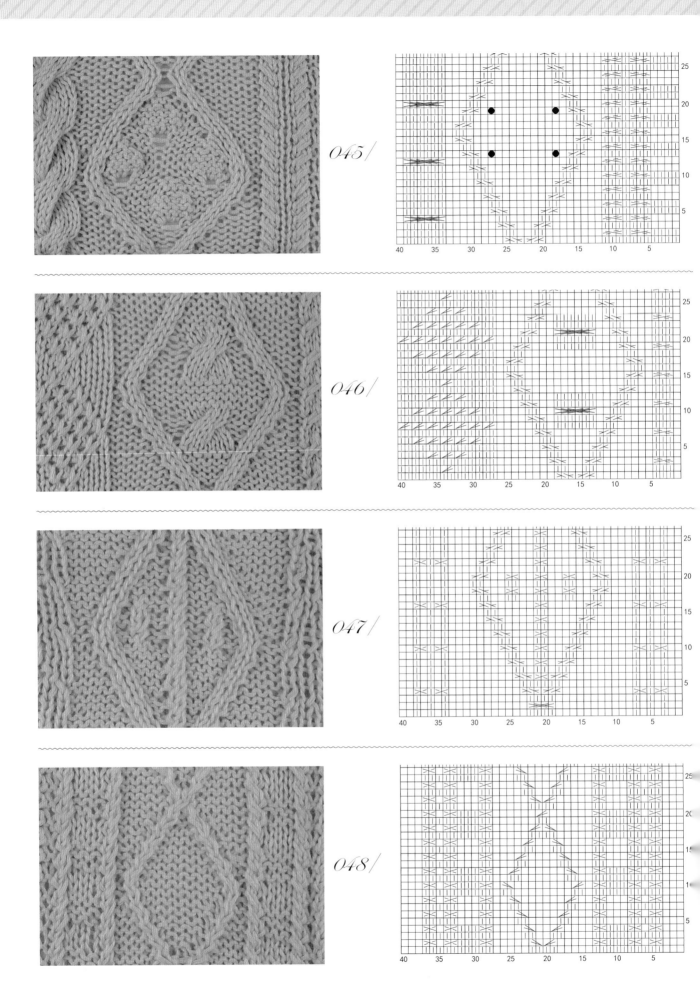

045/

046/

047/

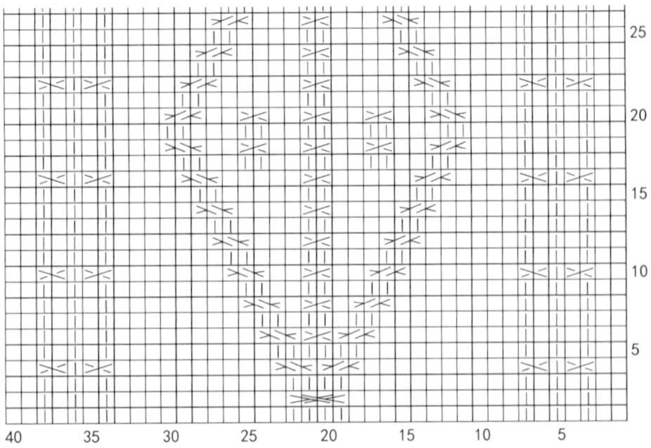

048/

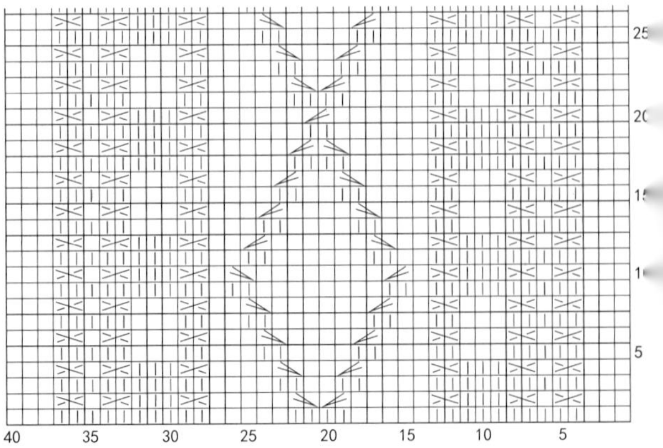

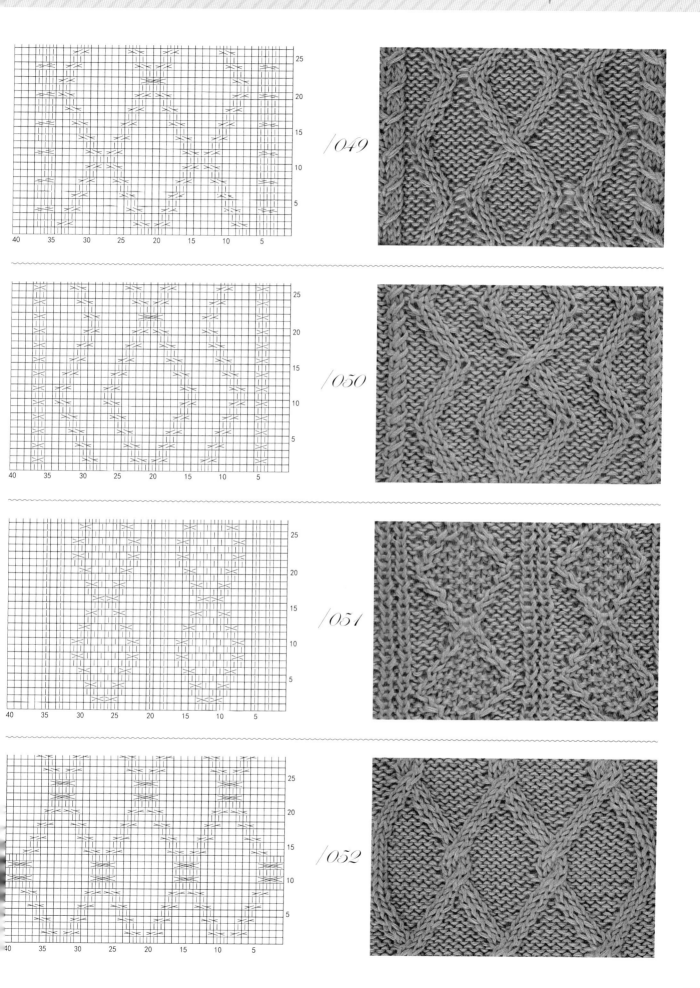

/049

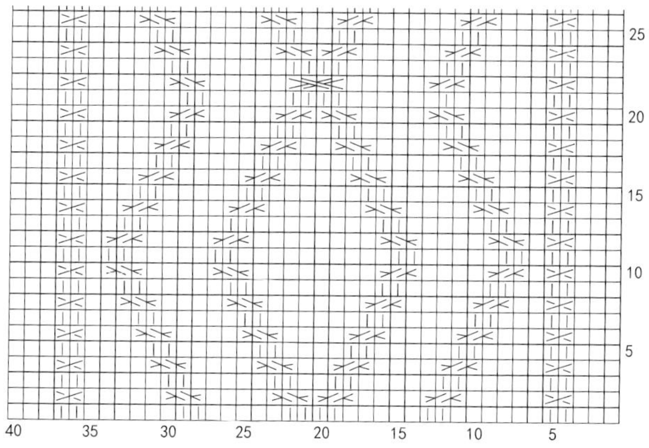

/050

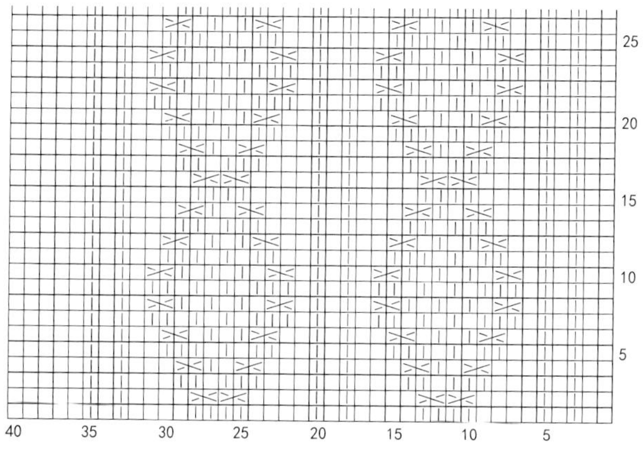

/051

/052

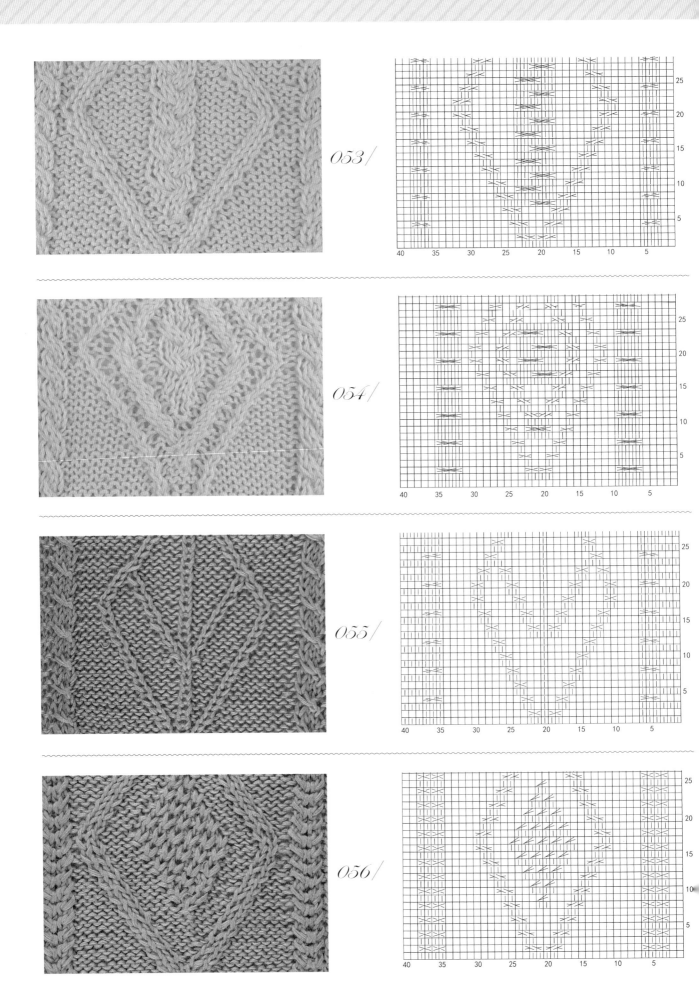

053/

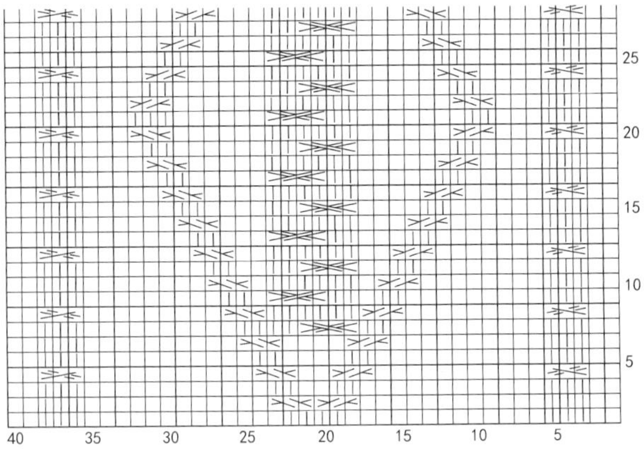

054/

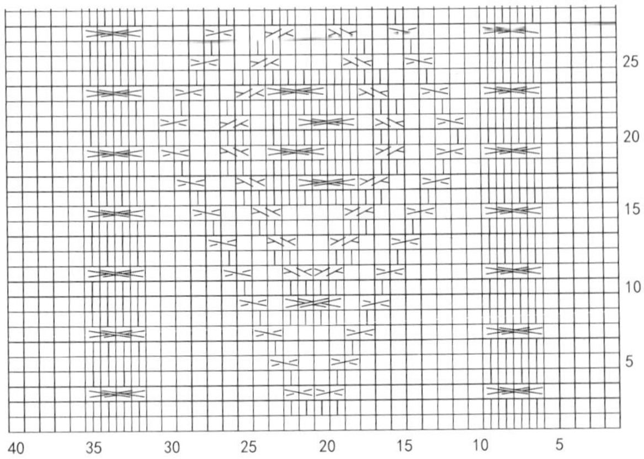

055/

056/

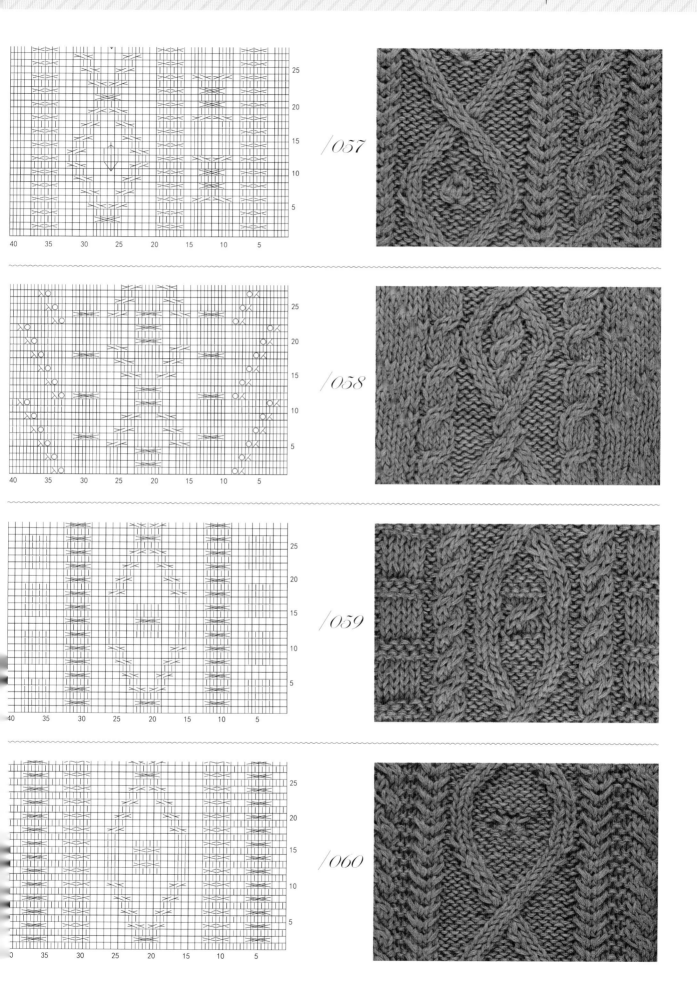

/057

/058

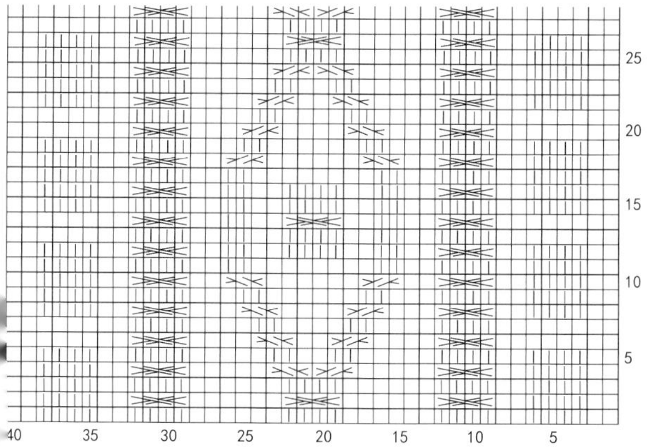

/059

/060

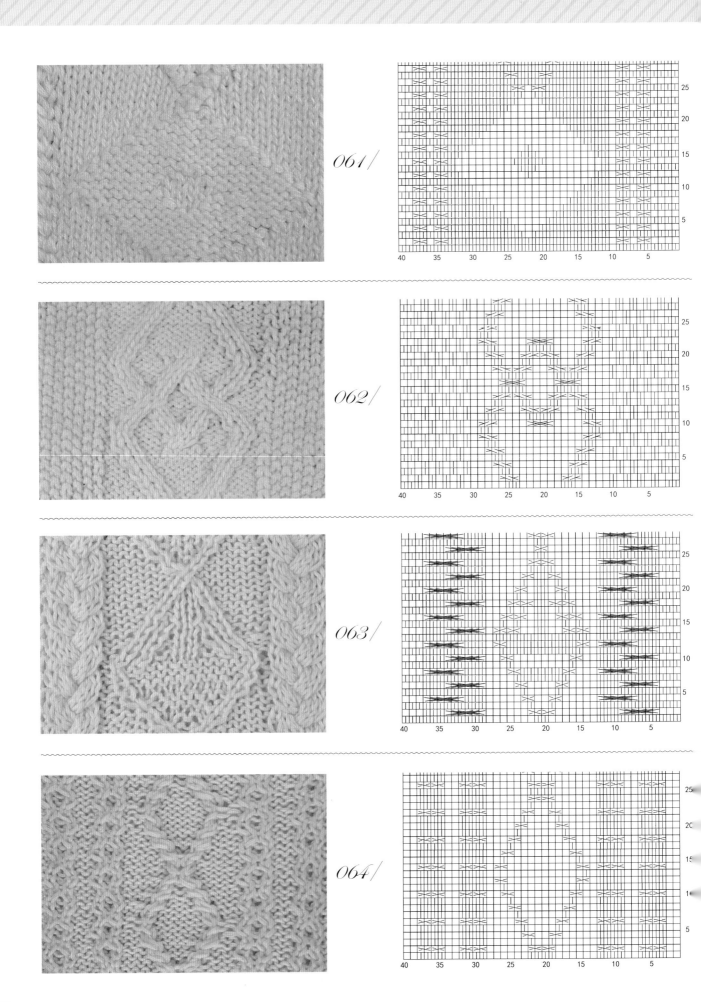

061/

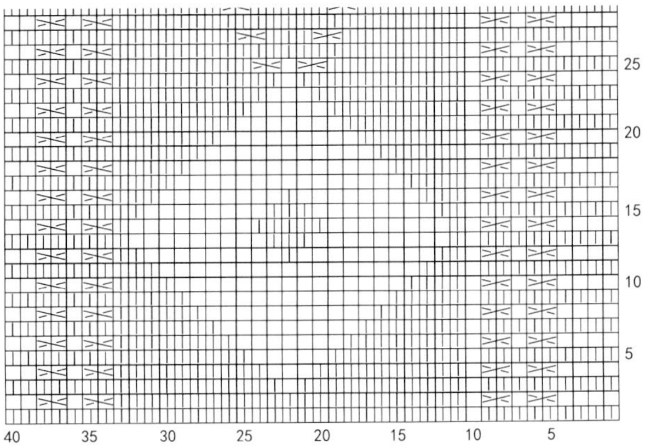

062/

063/

064/

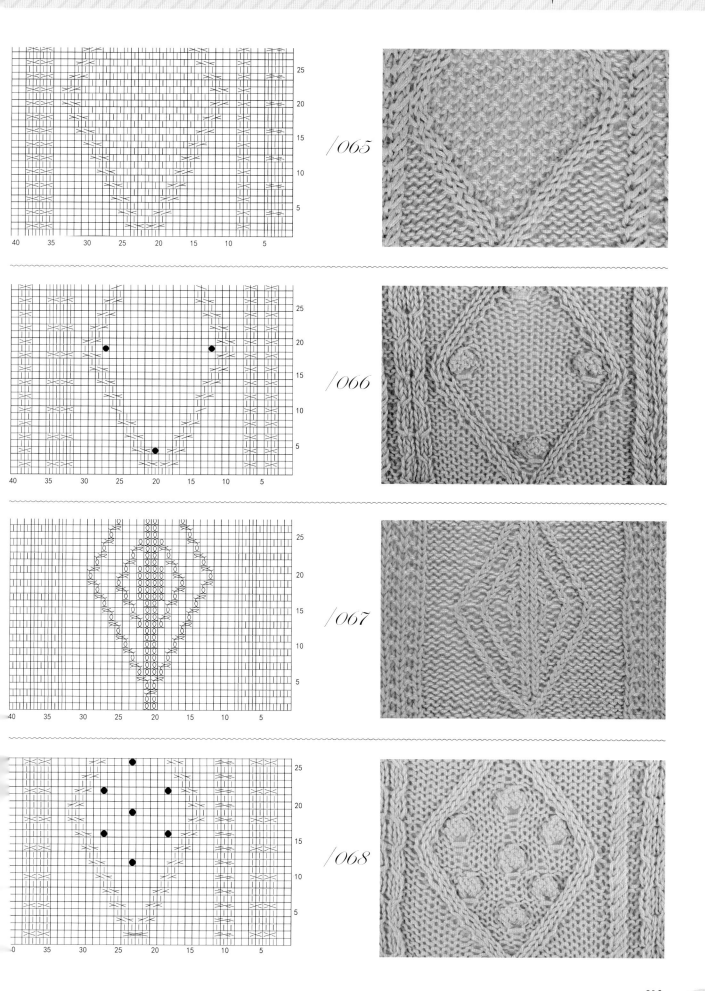

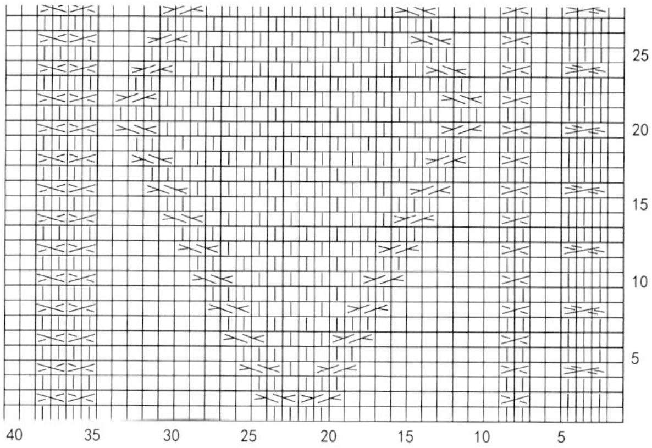

/065

/066

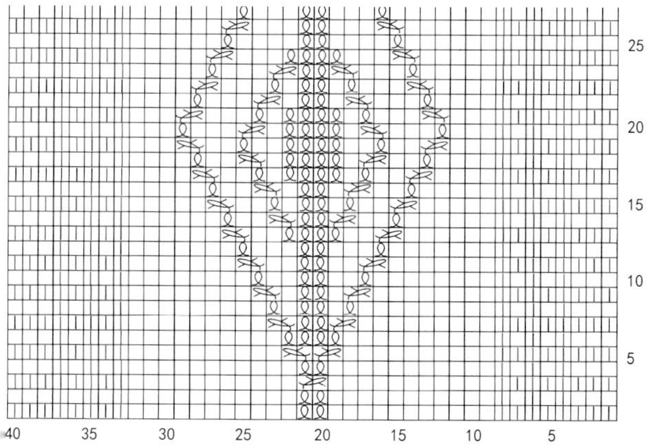

/067

/068

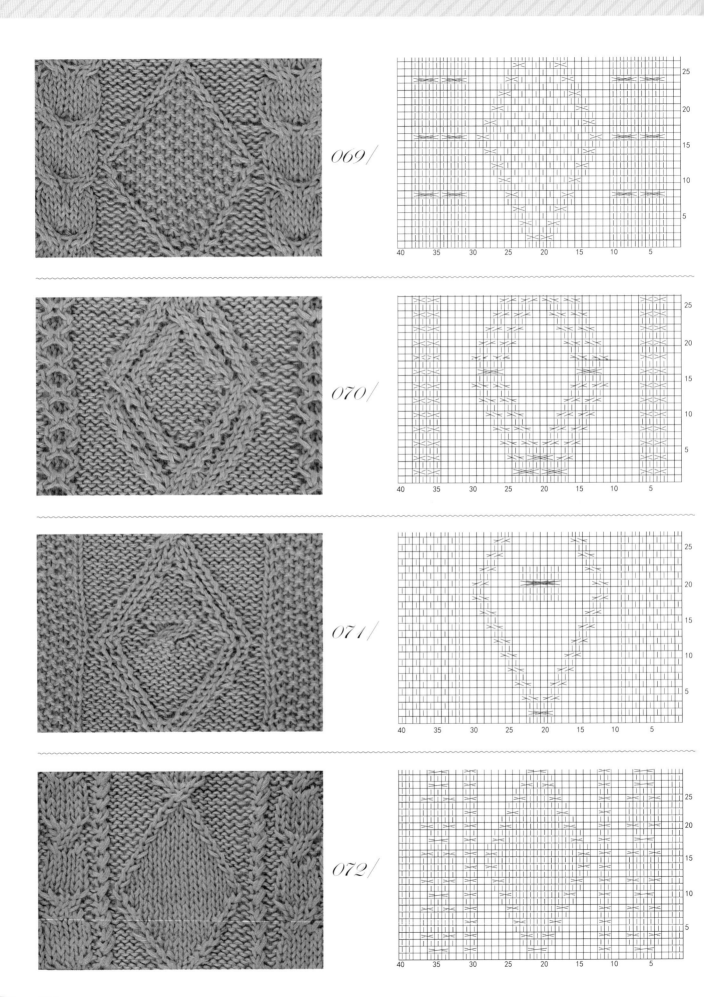

069/

070/

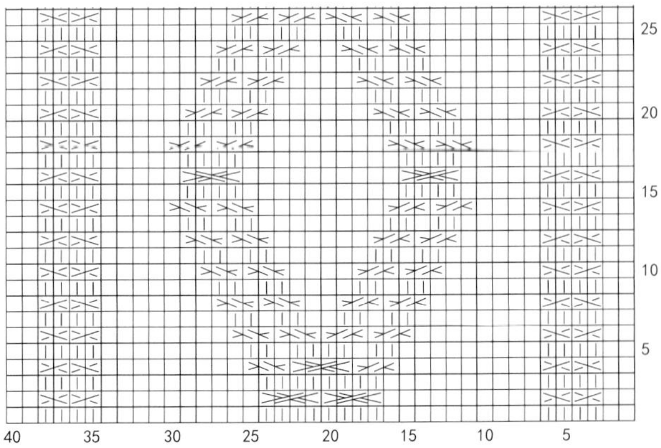

071/

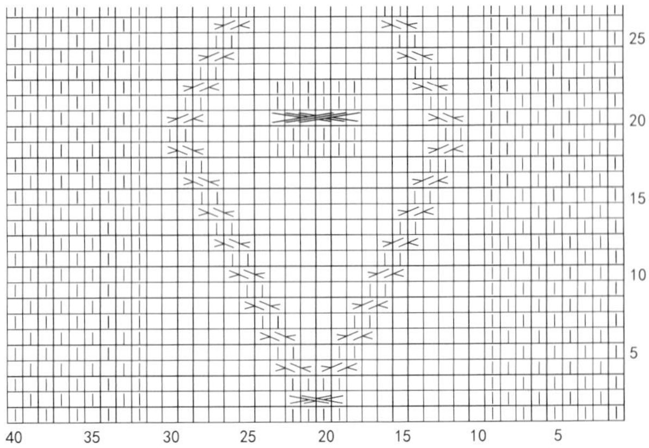

072/

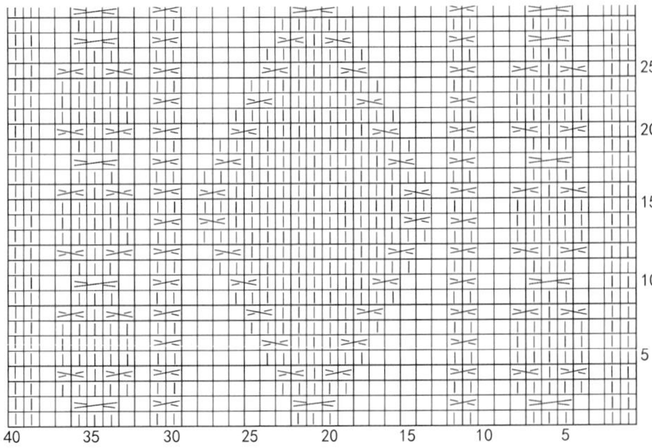

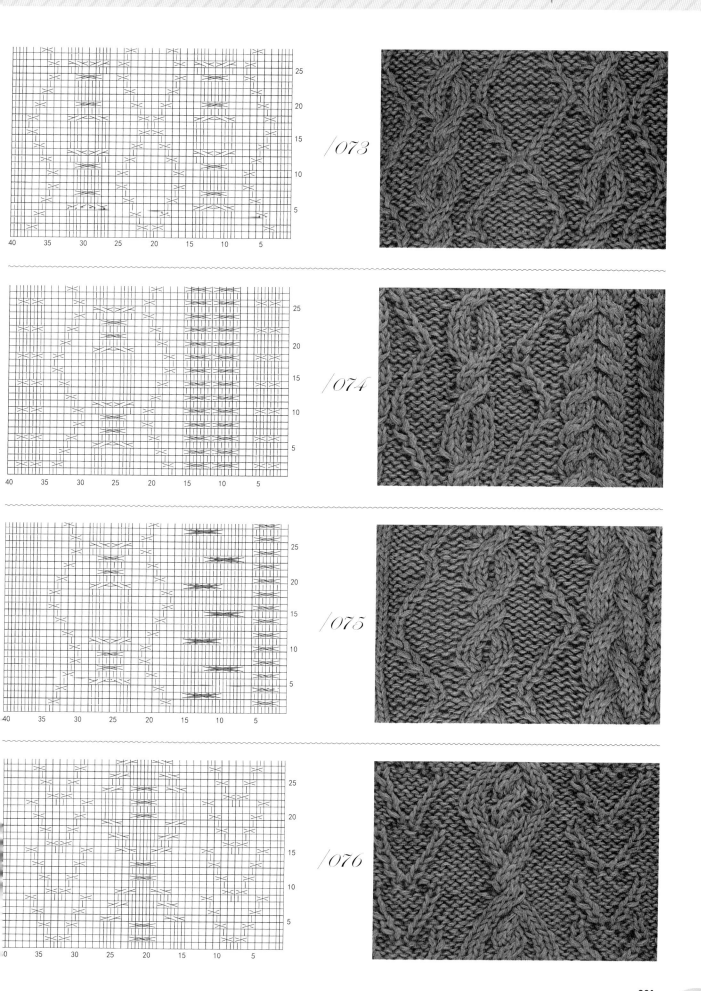

/073

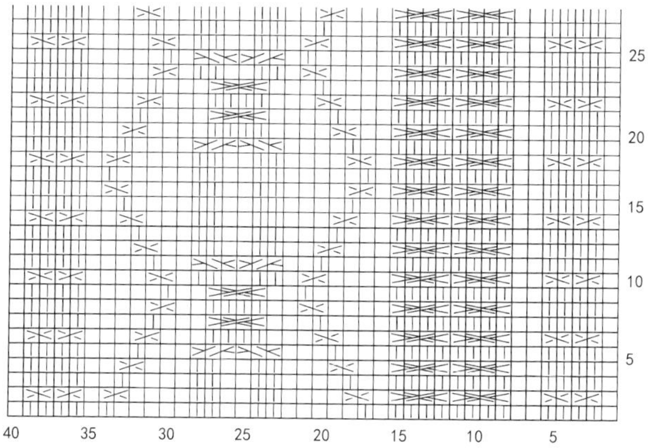

/074

/075

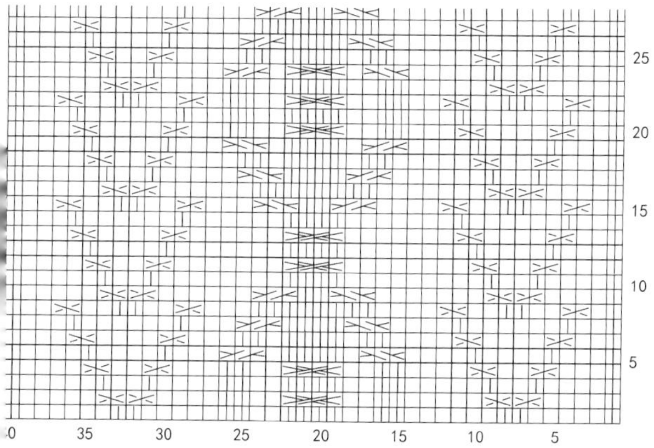

/076

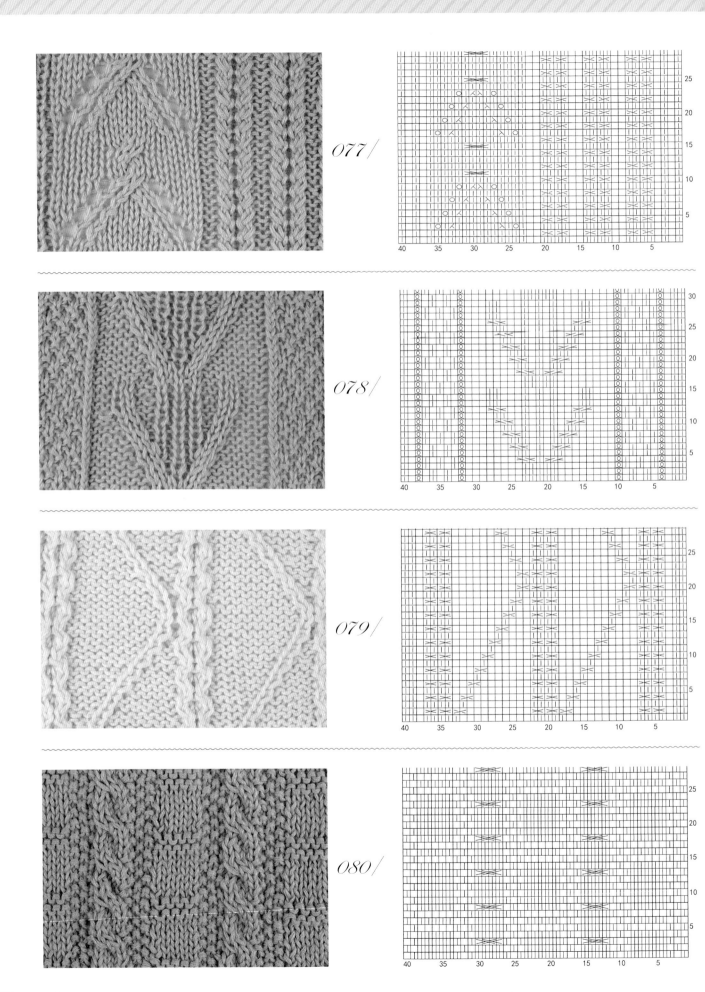

077/

078/

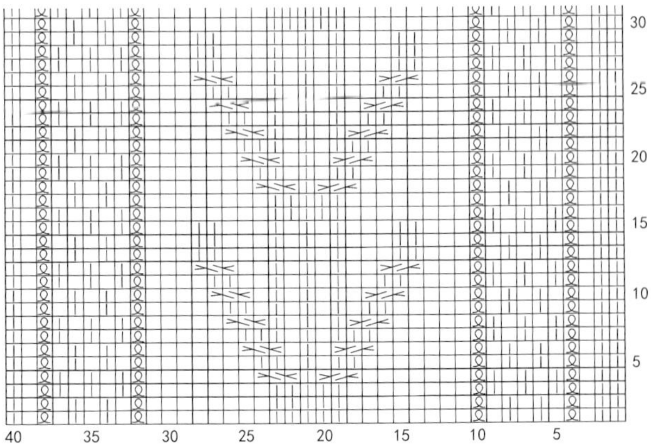

079/

080/

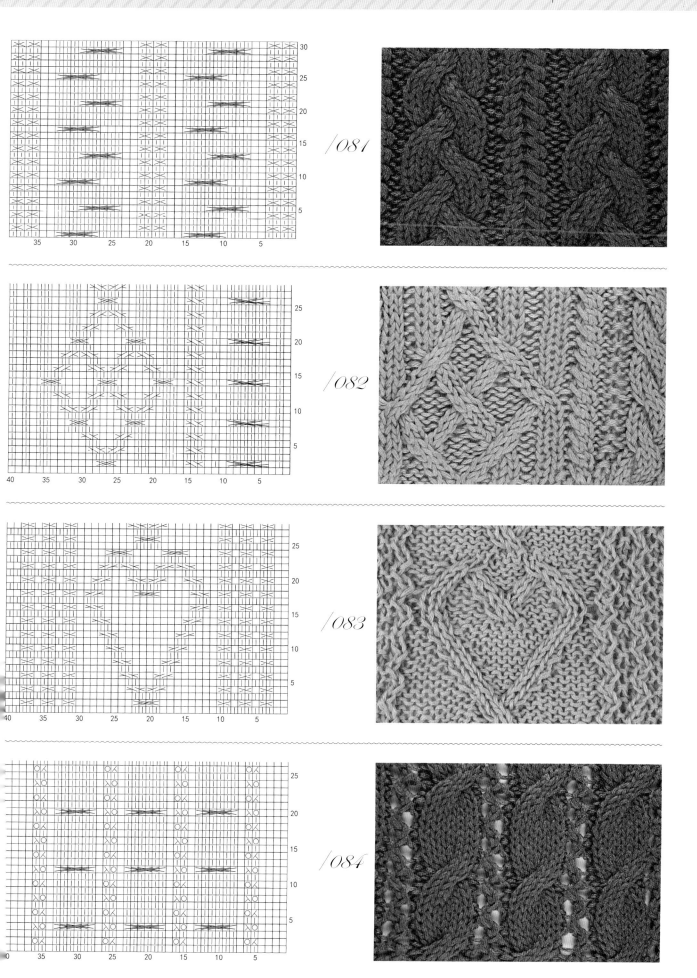

/081

/082

/083

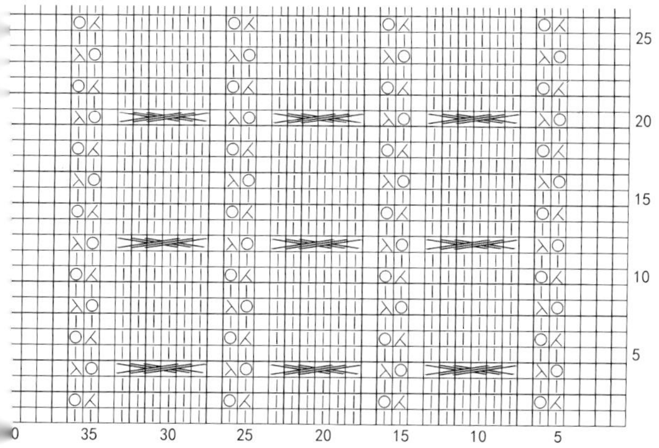

/084

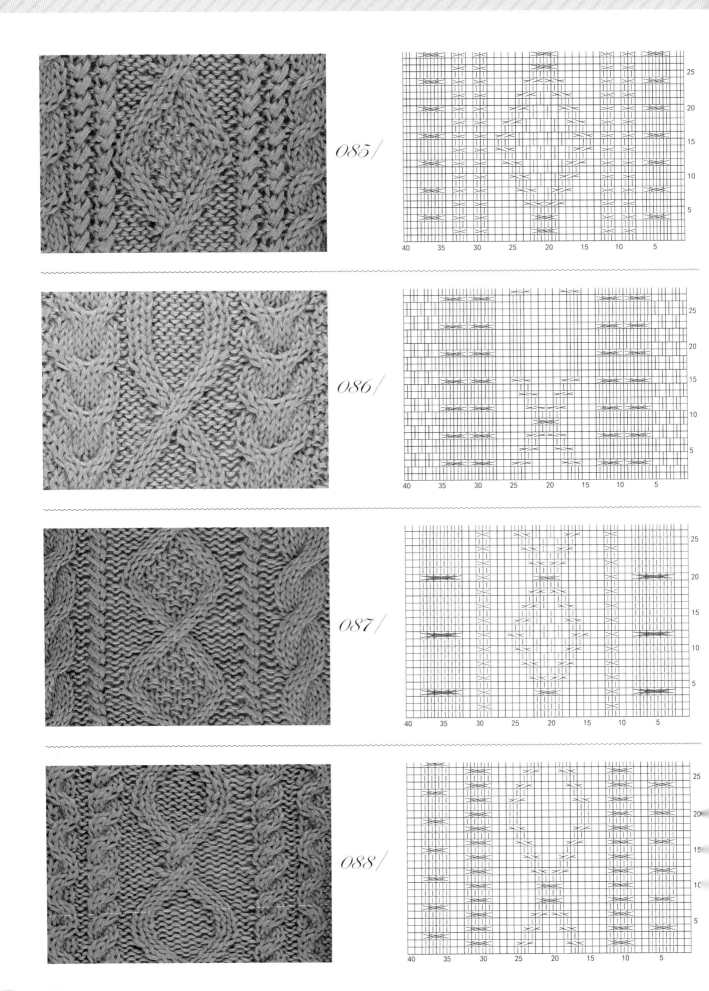

085/

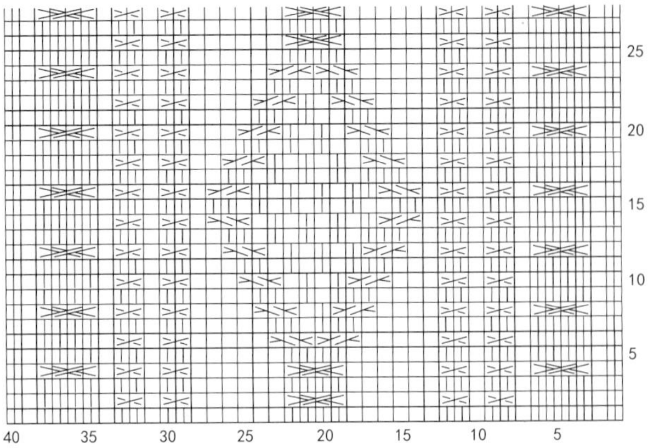

086/

087/

088/

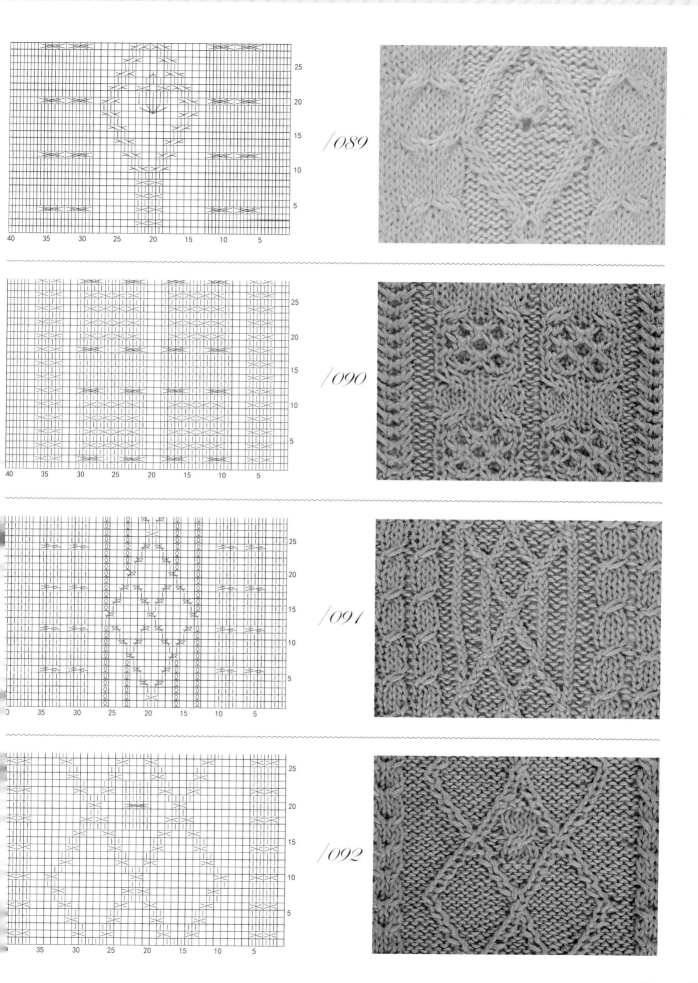

/089

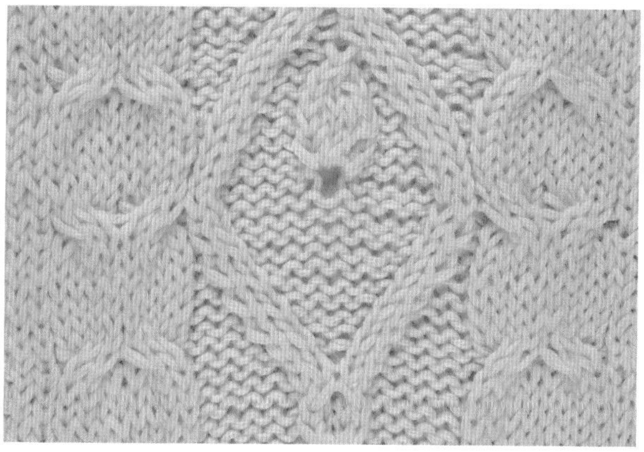

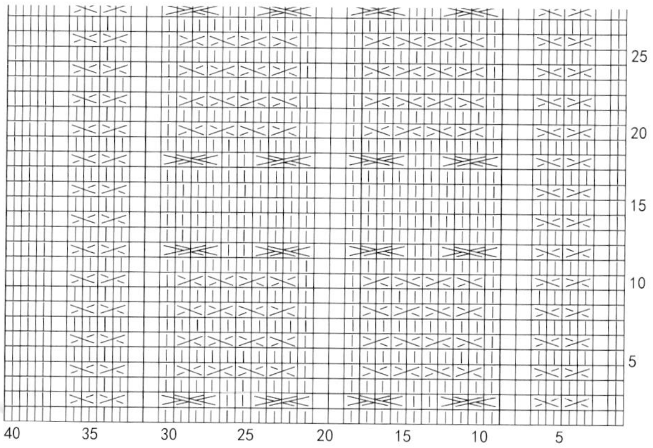

/090

/091

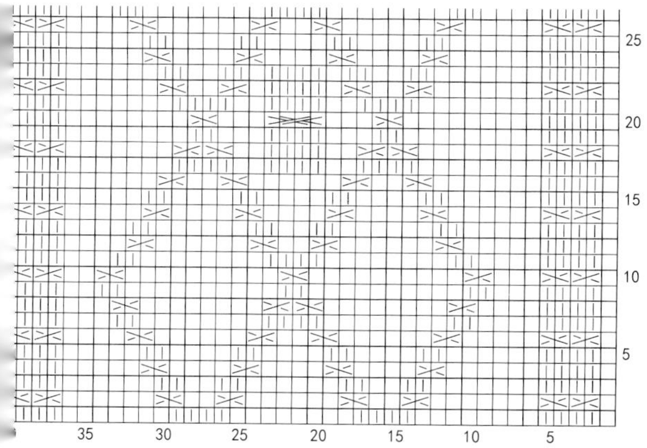

/092

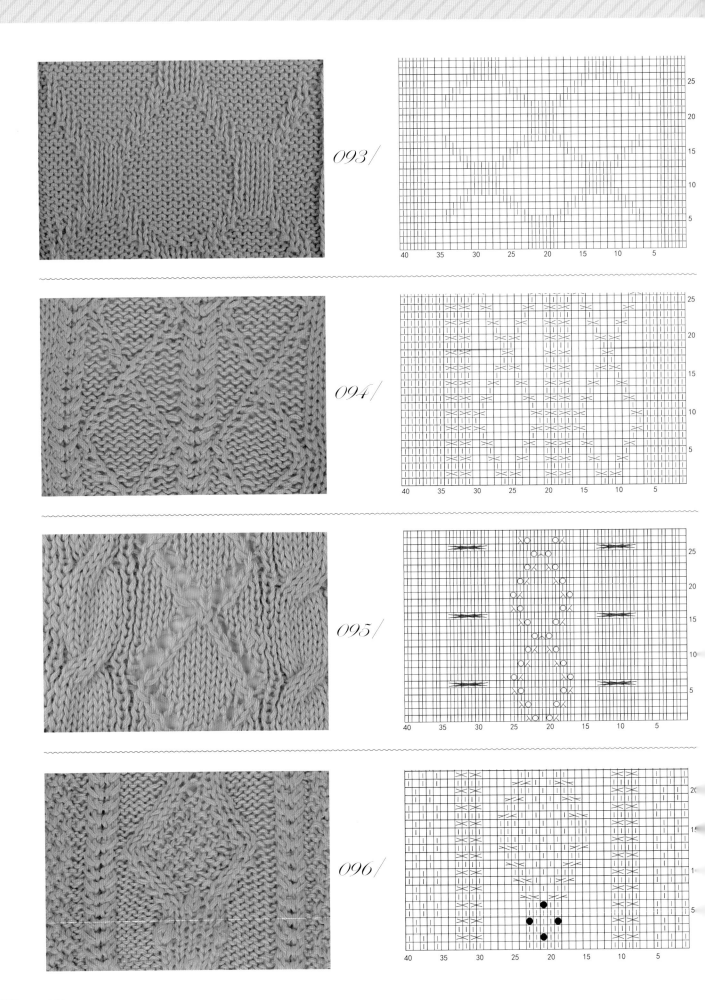

093/

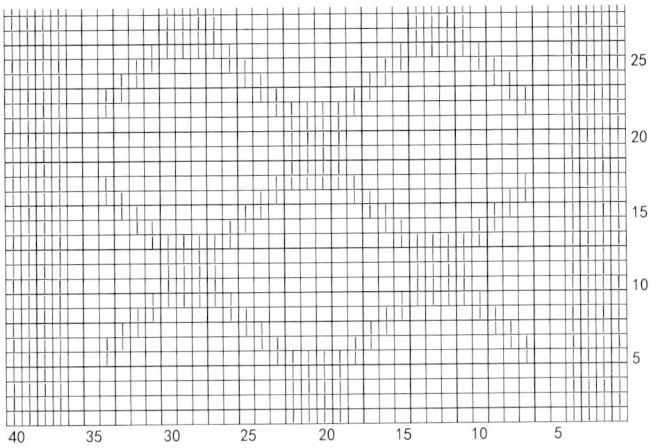

094/

095/

096/

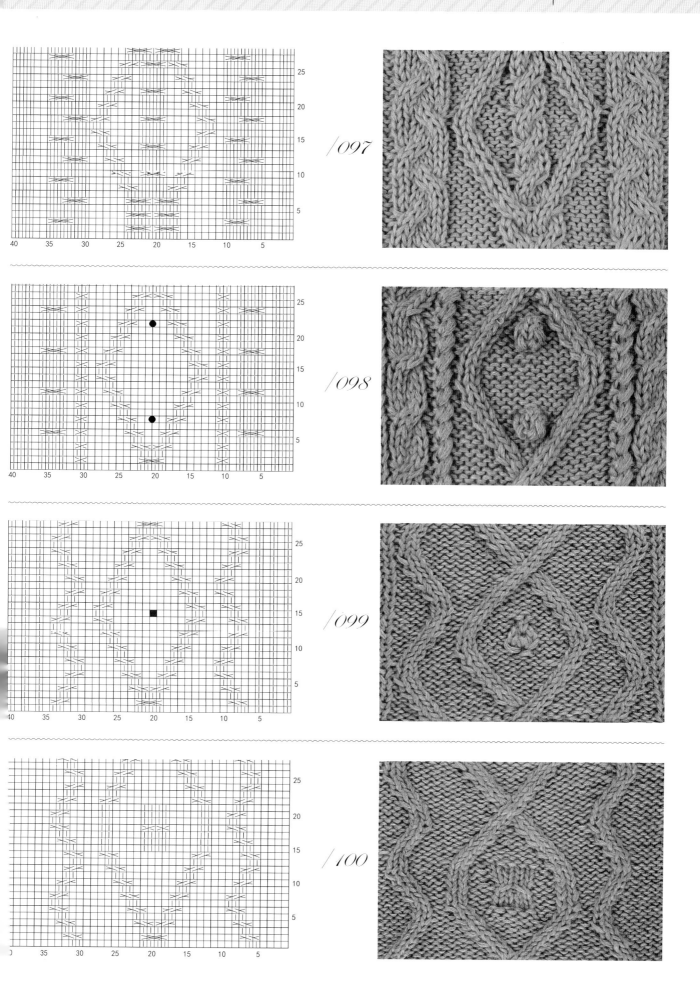

/097

/098

/099

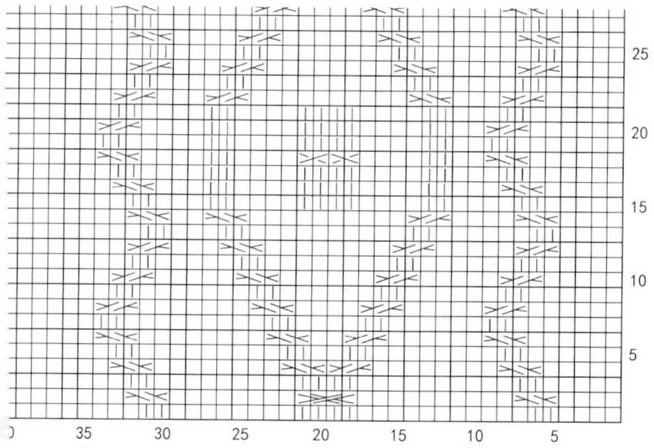

/100

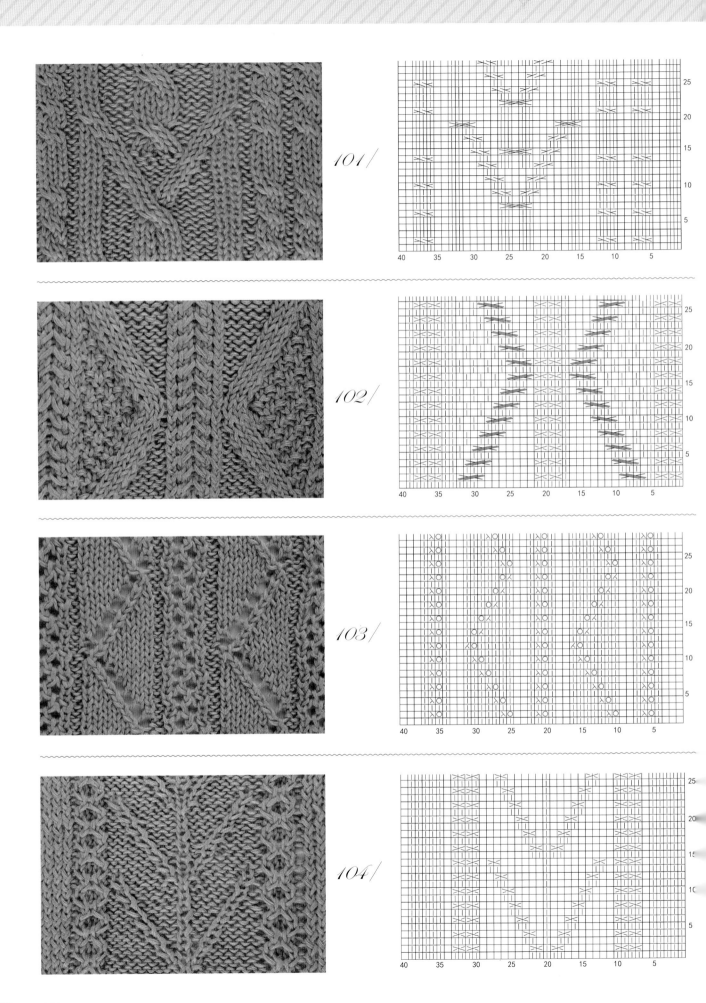

101/

102/

103/

104/

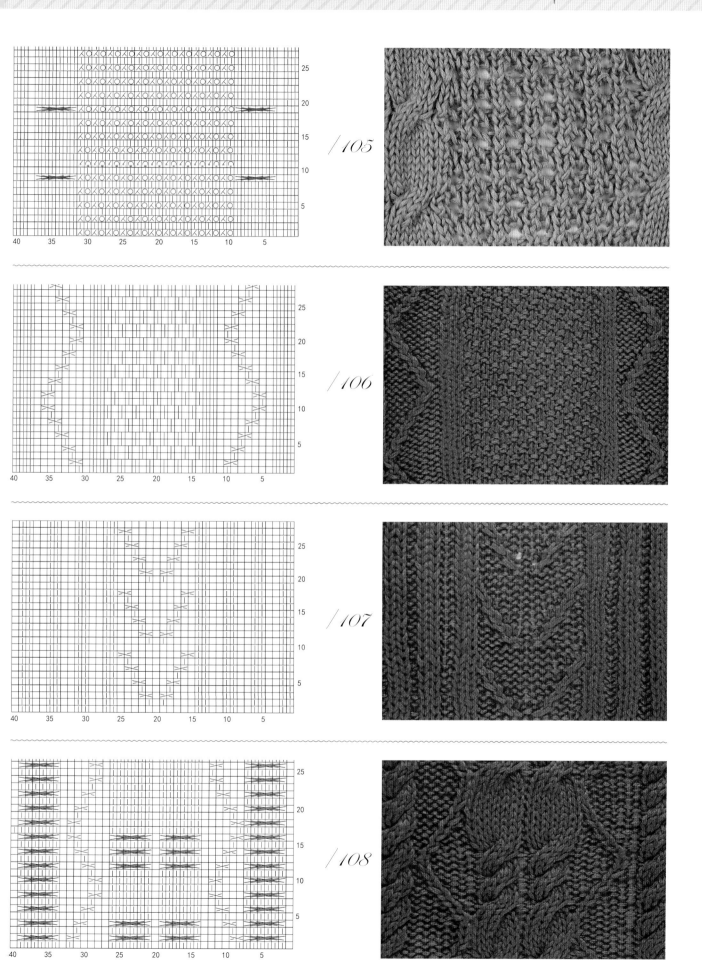

/105

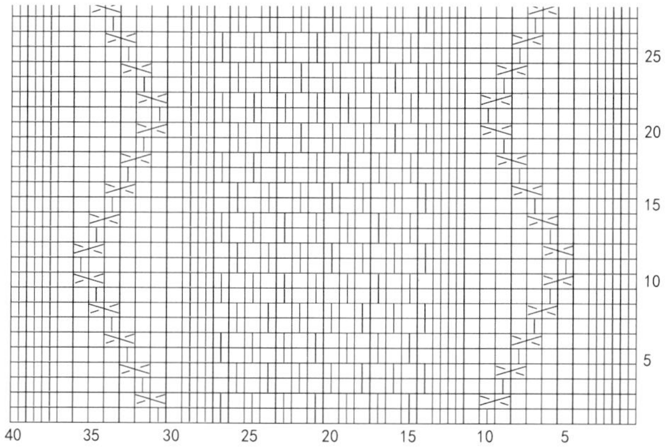

/106

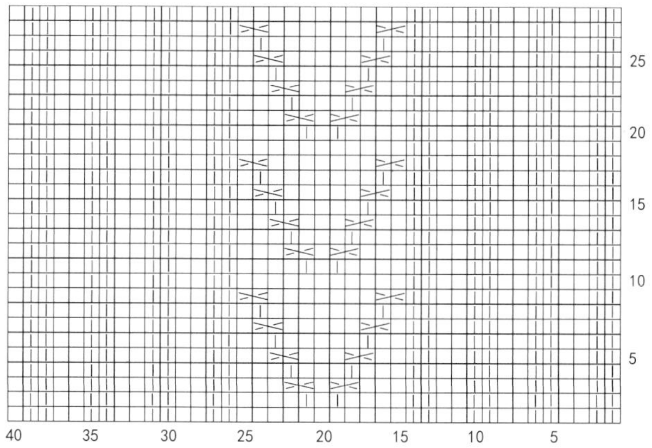

/107

/108

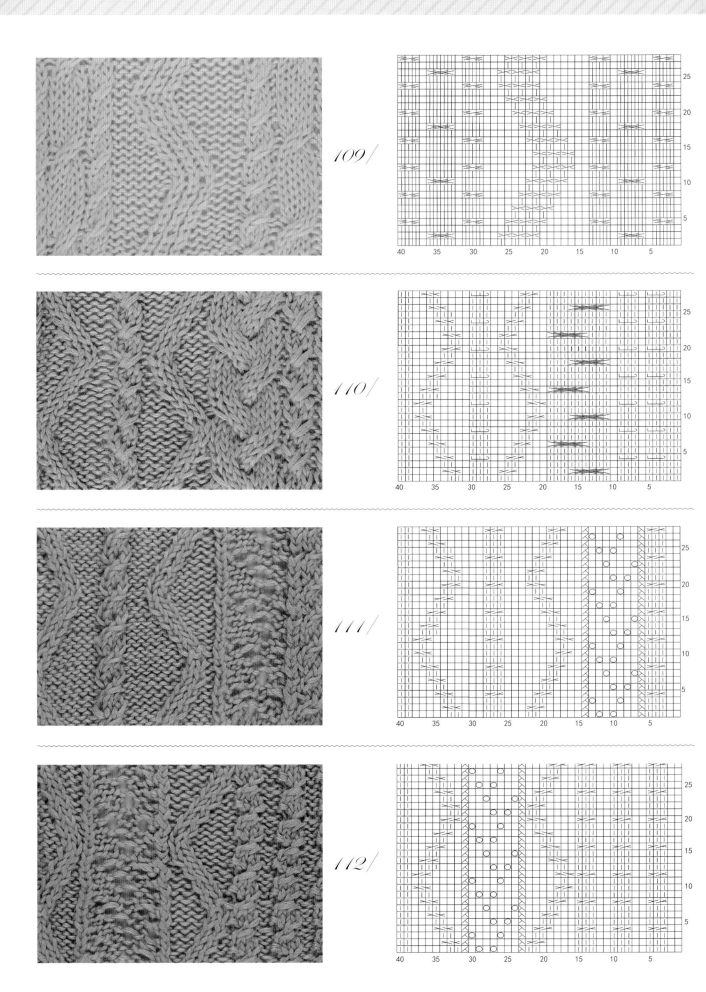

109 /

110 /

111 /

112 /

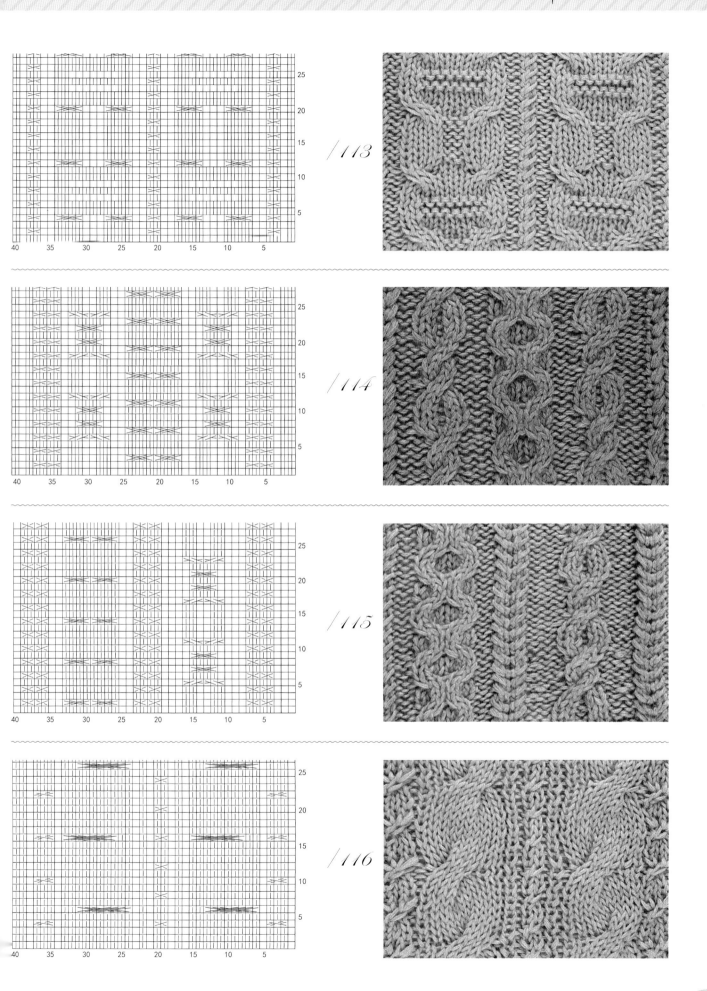

/113

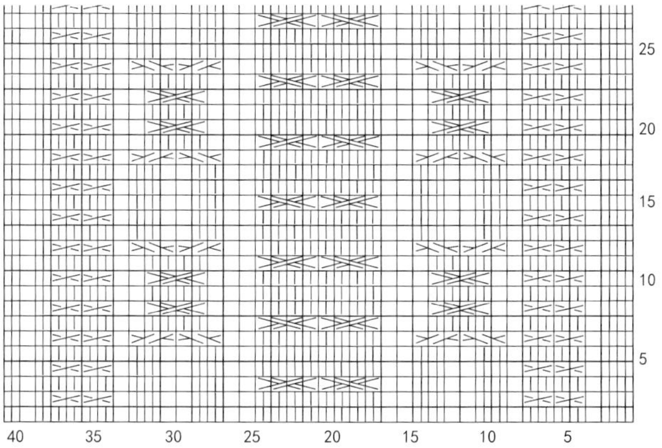

/114

/115

/116

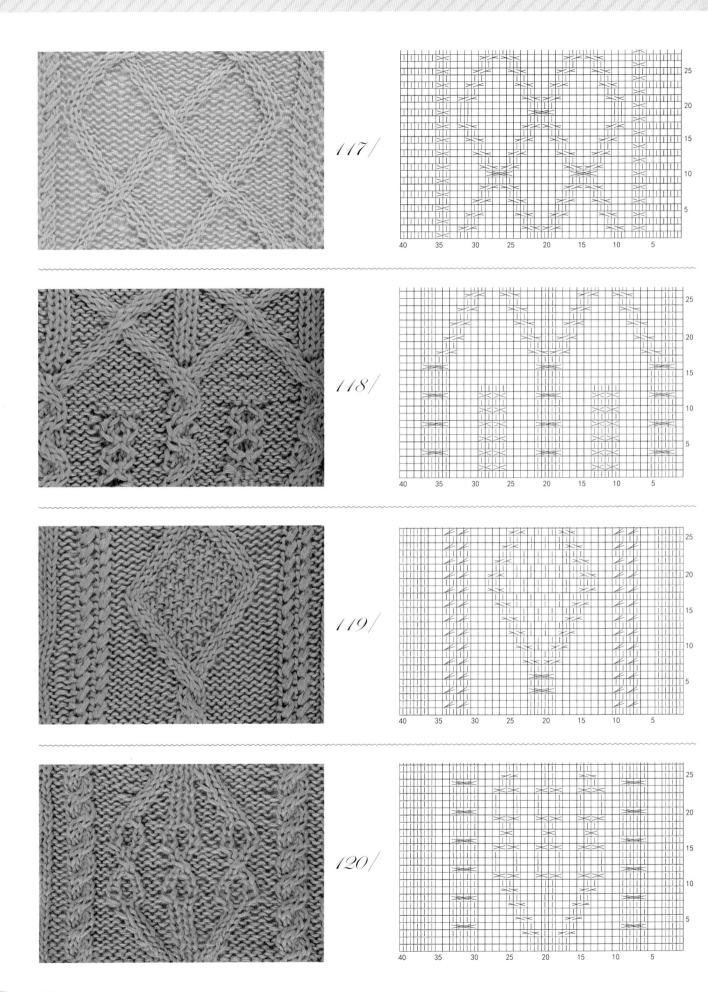

117/

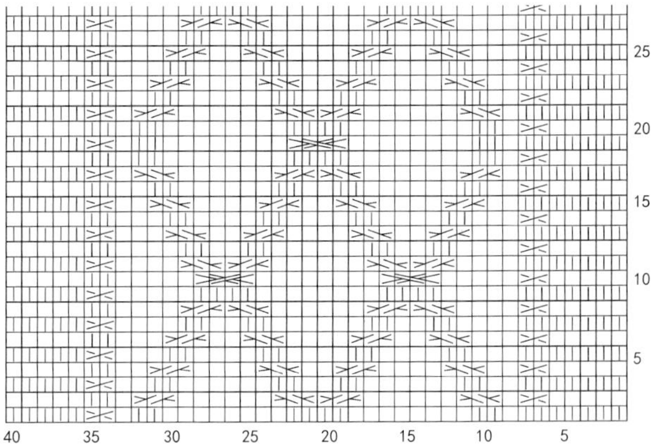

118/

119/

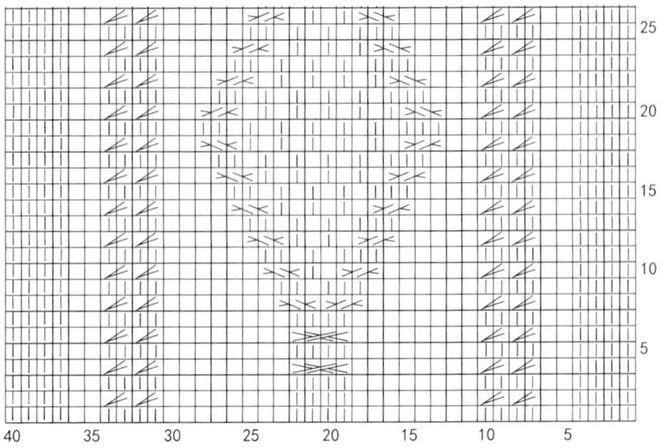

120/

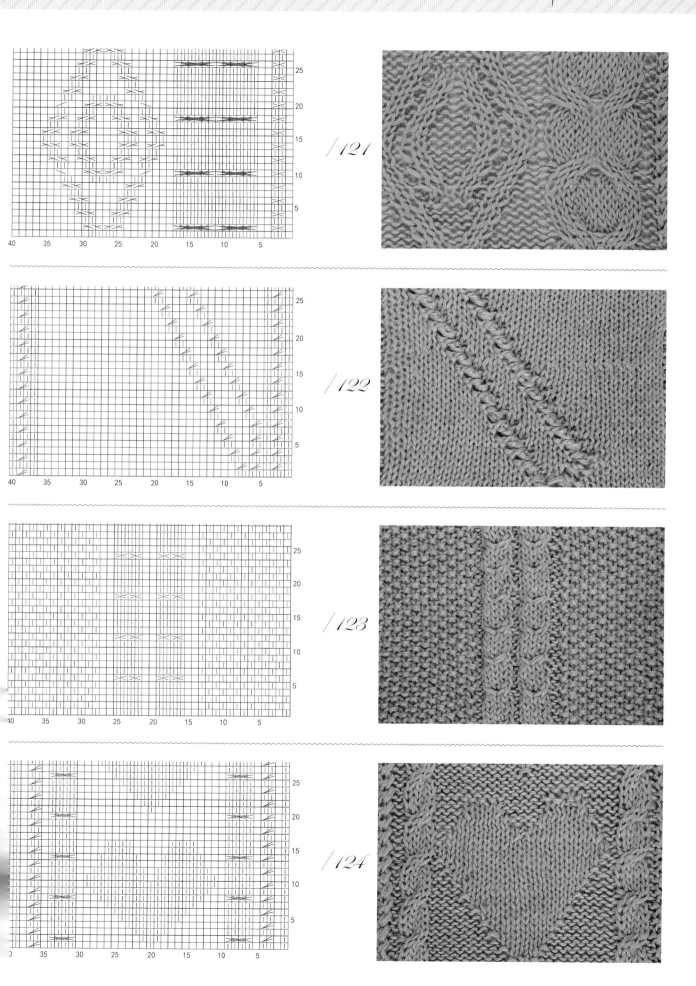

/121

/122

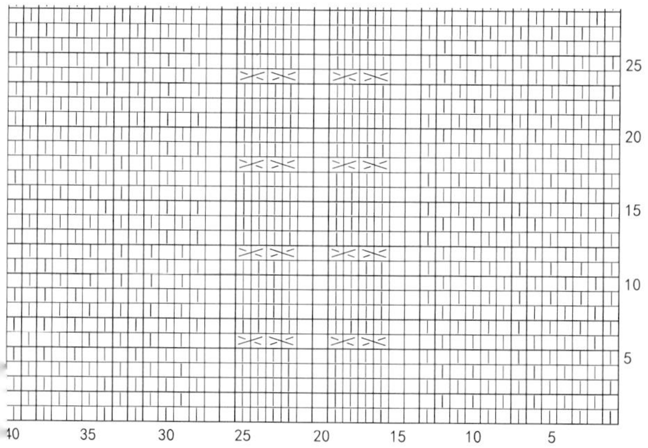

/123

/124

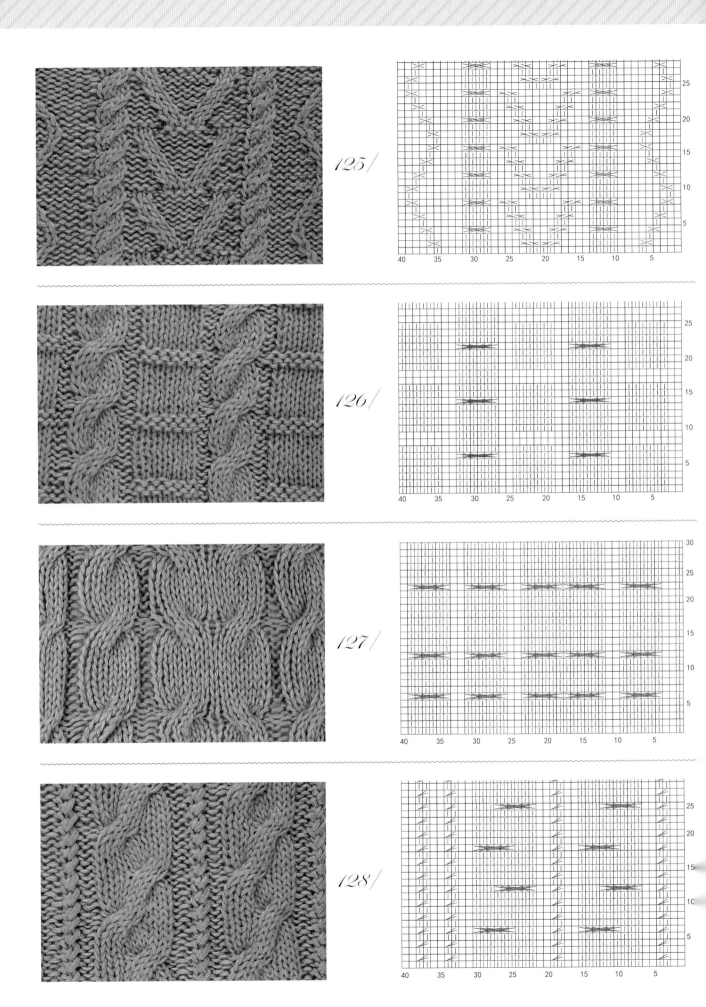

125/

126/

127/

128/

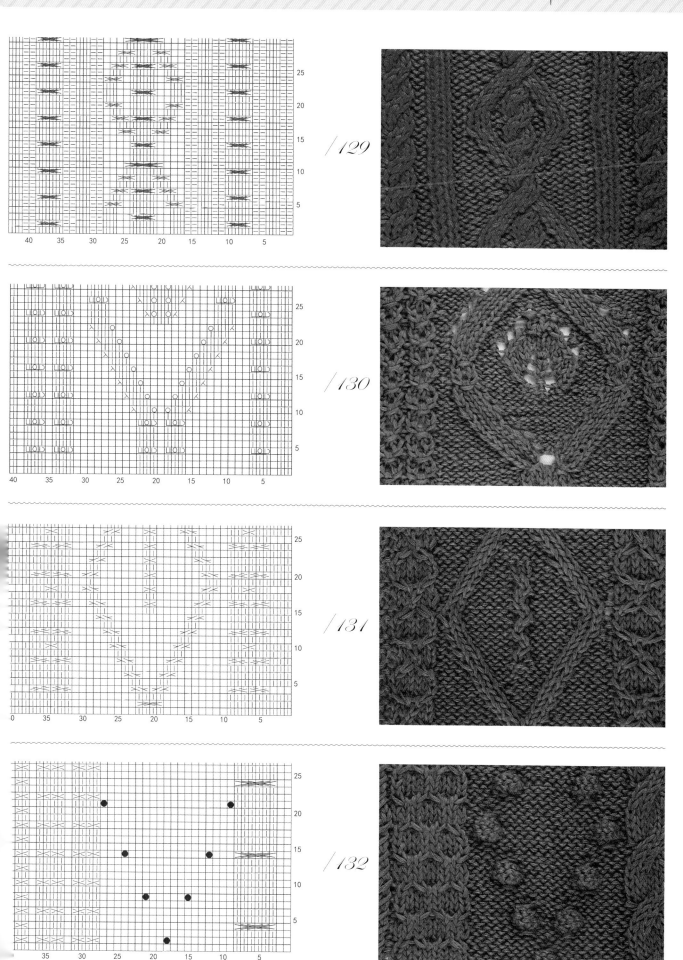

/129

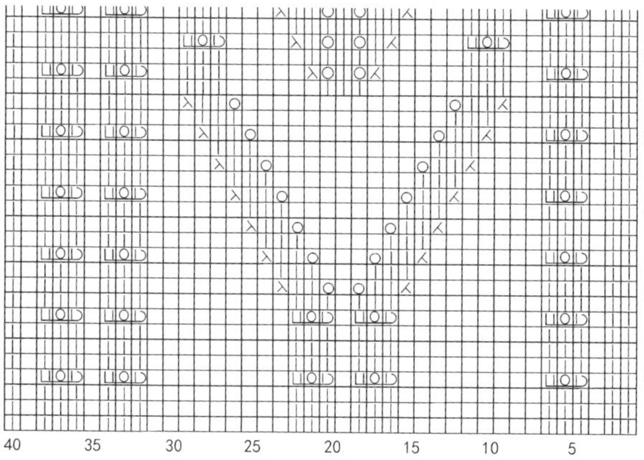

/130

/131

/132

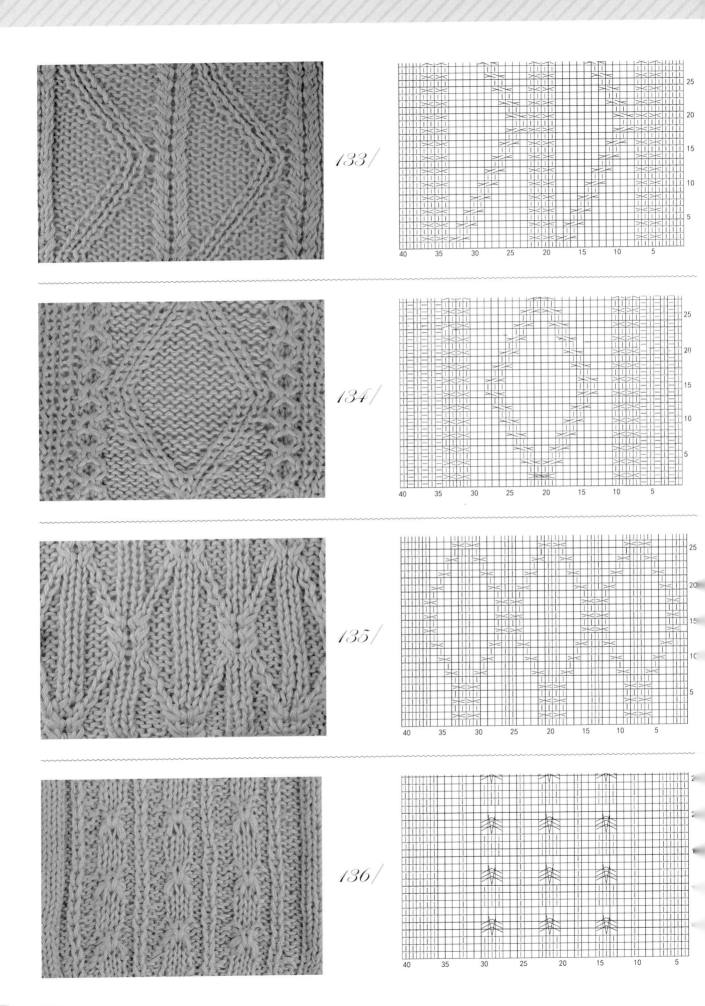

133/

134/

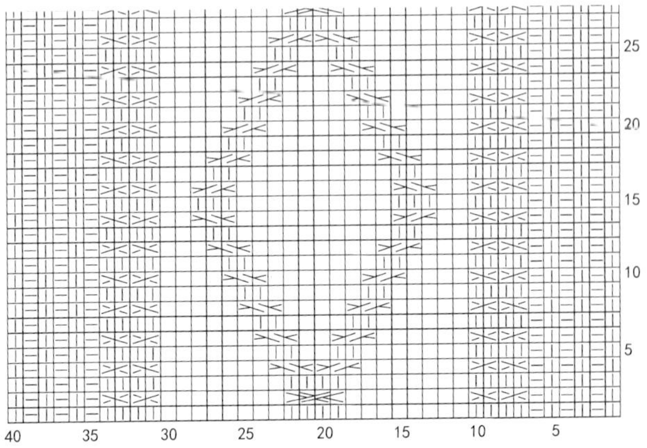

135/

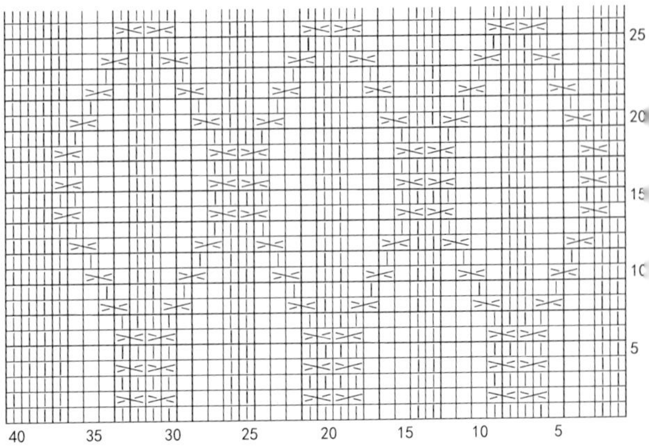

136/

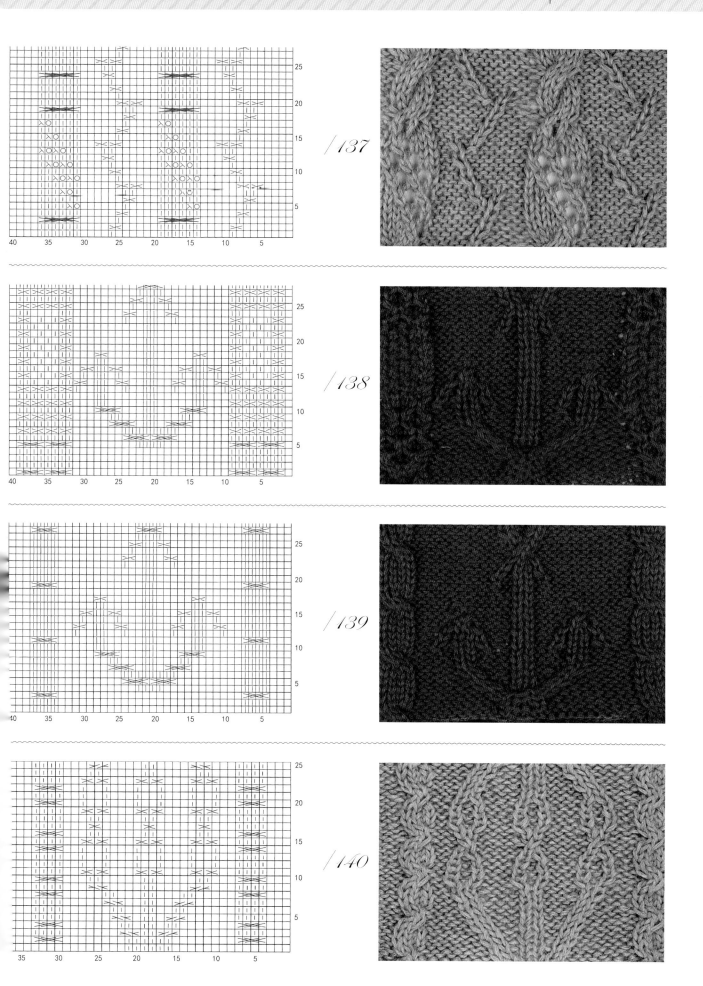

/137

/138

/139

/140

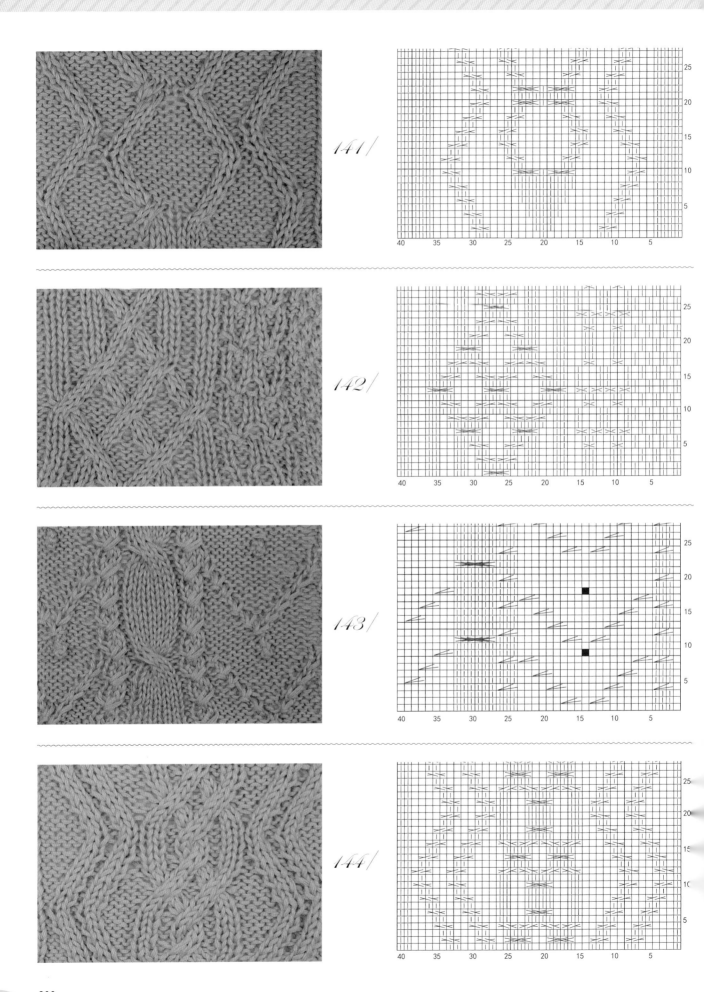

141/

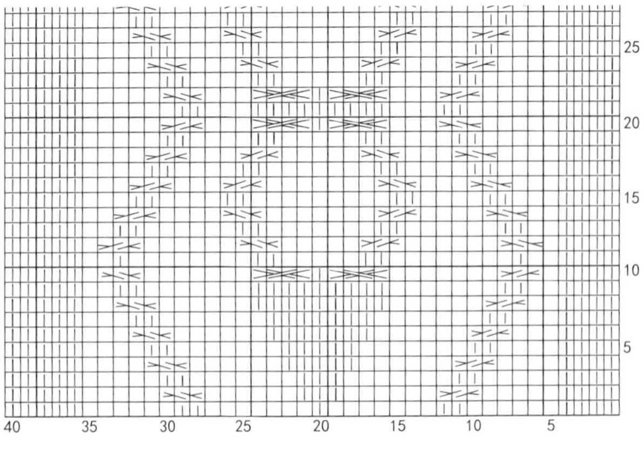

142/

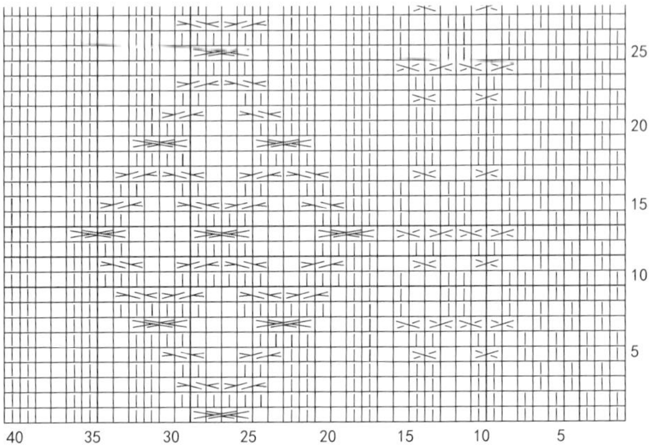

143/

144/

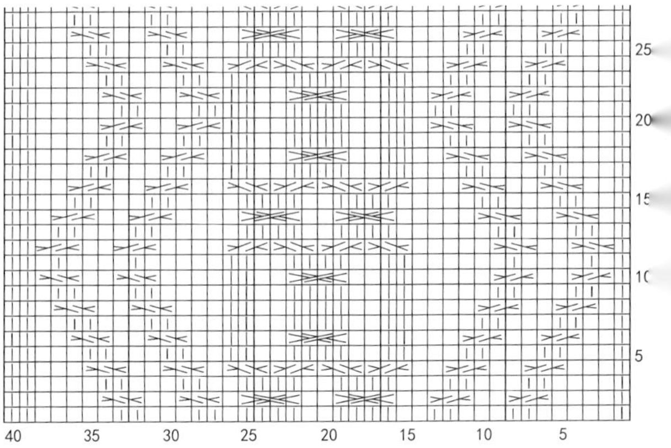

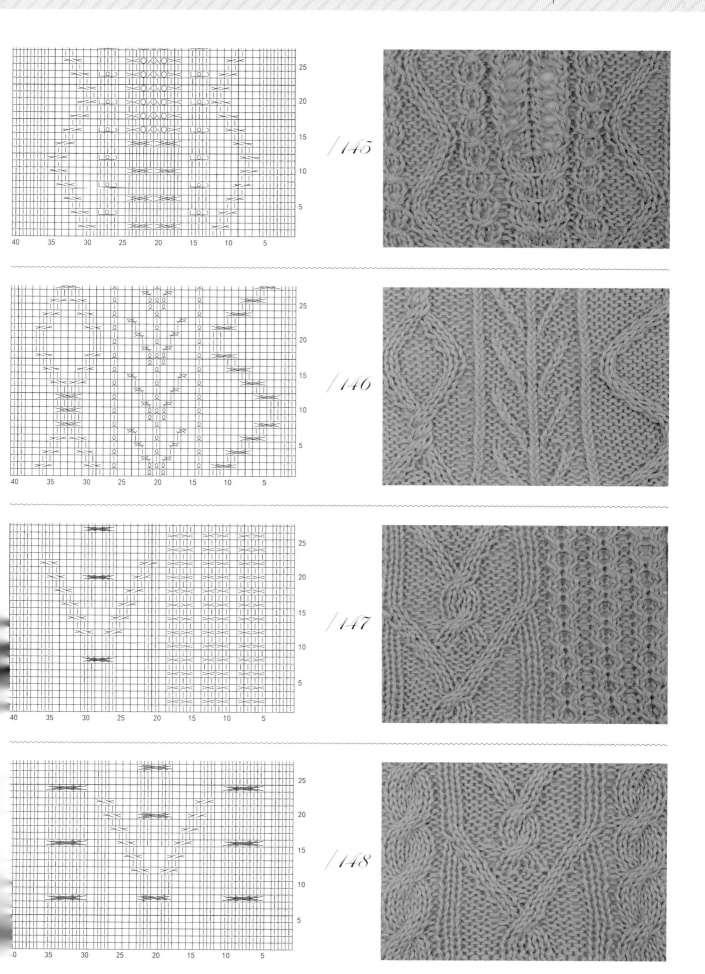

/145

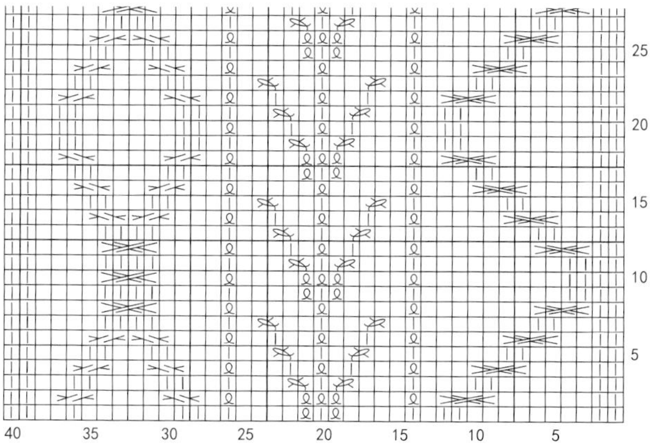

/146

/147

/148

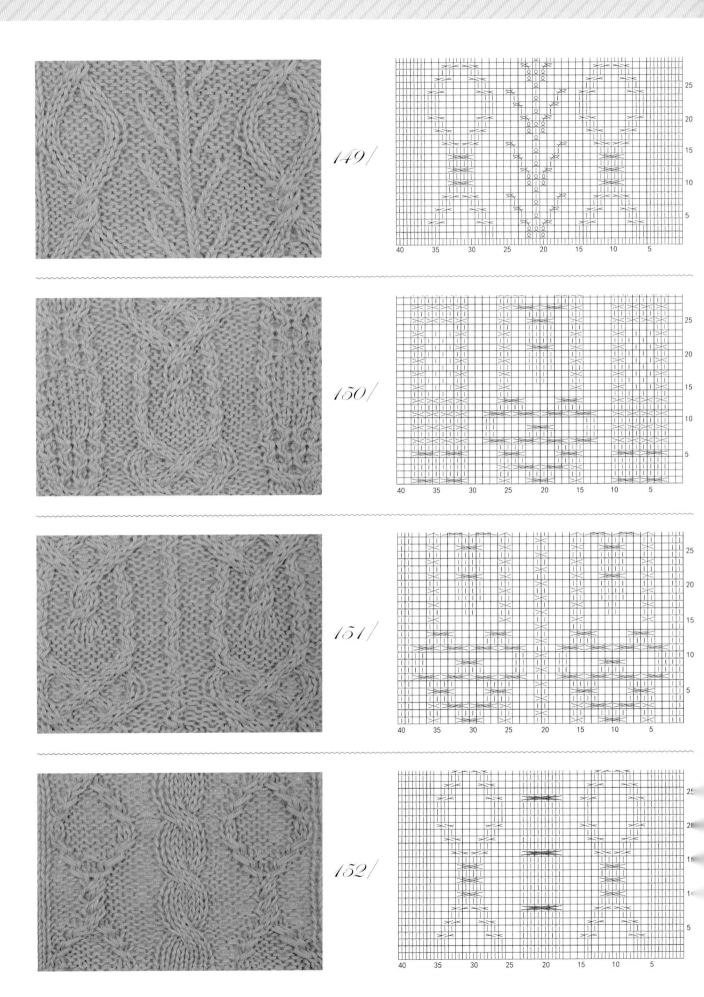

149/

150/

151/

152/

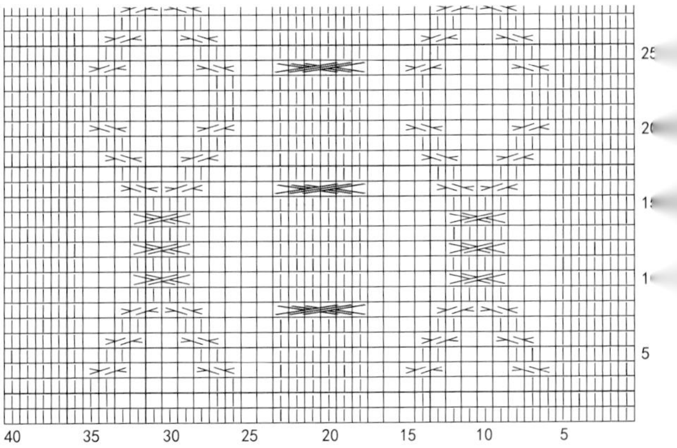

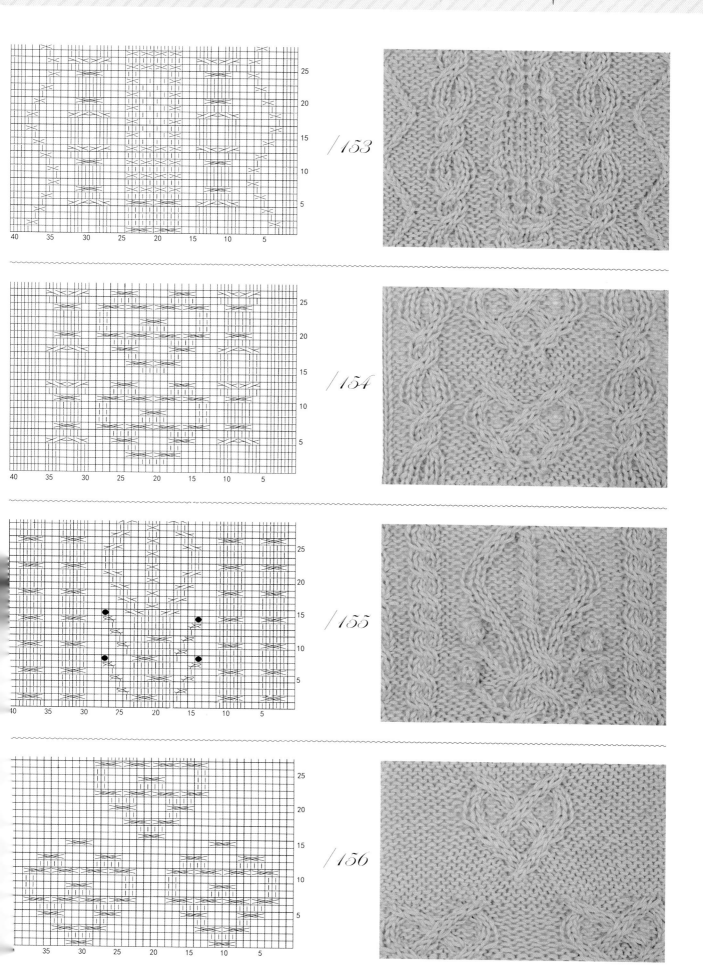

/153

/154

/155

/156

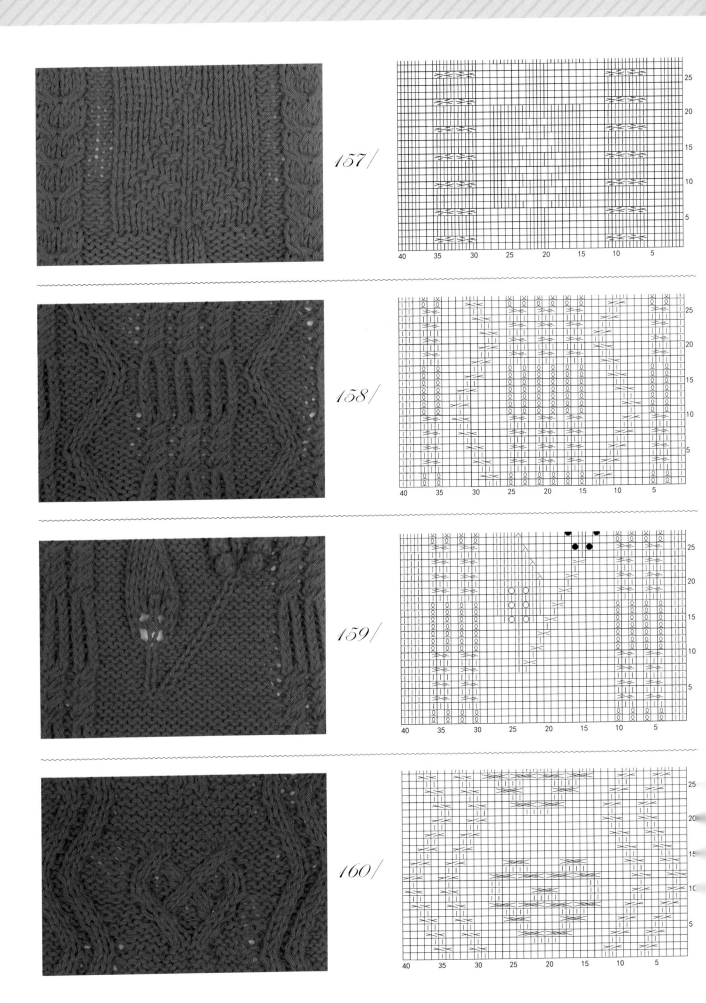

157/

158/

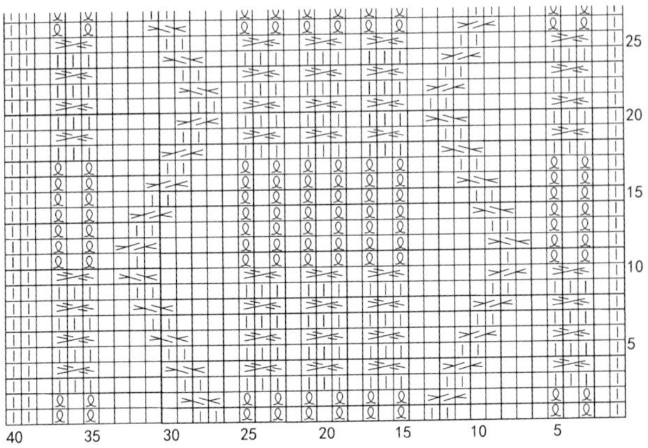

159/

160/

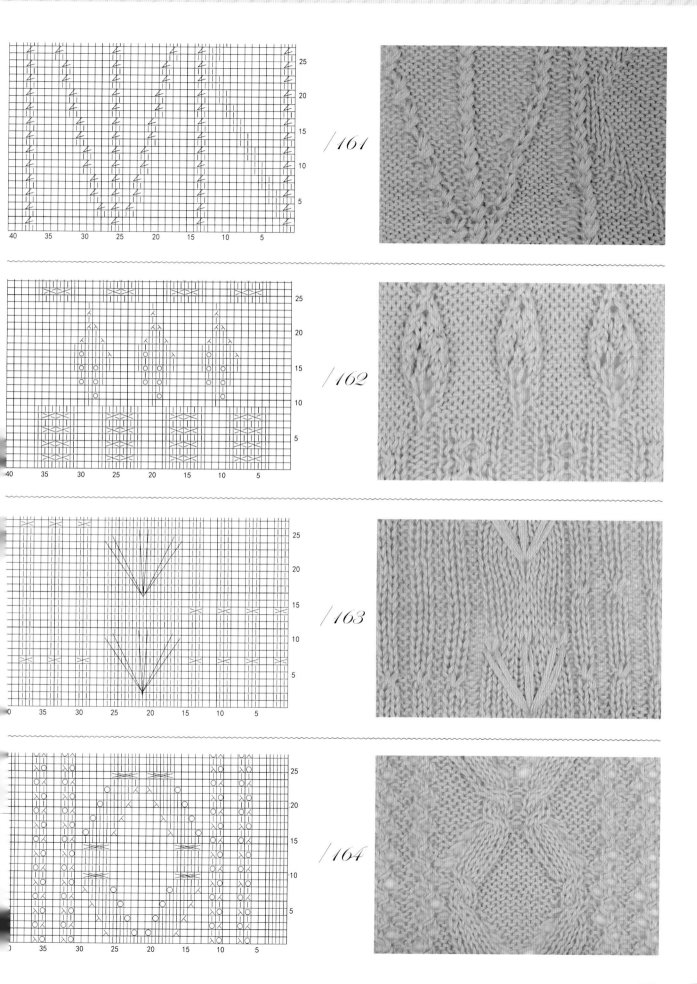

/161

/162

/163

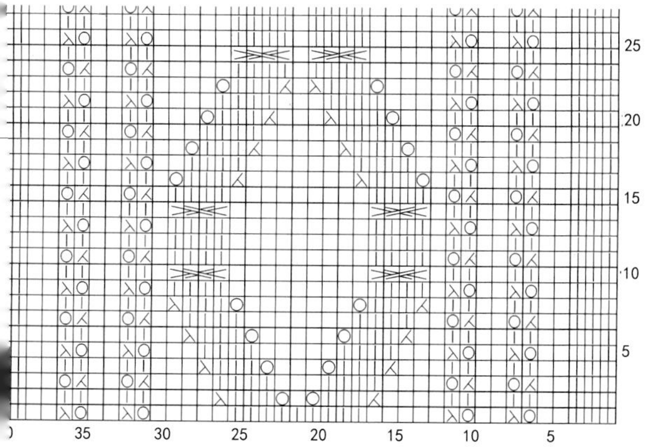

/164

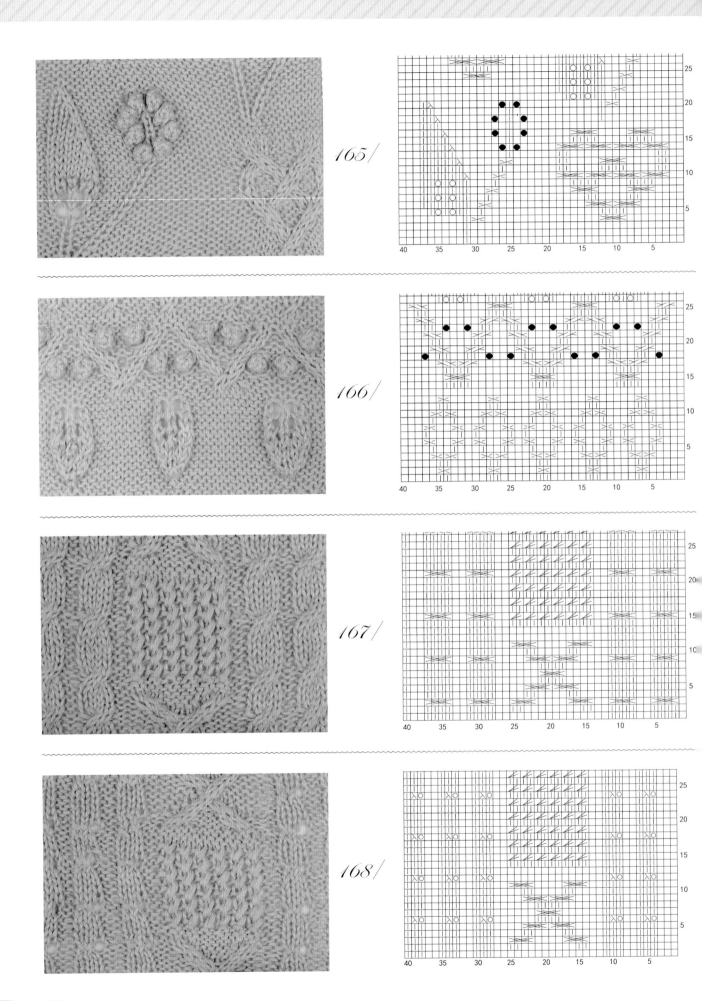

165/

166/

167/

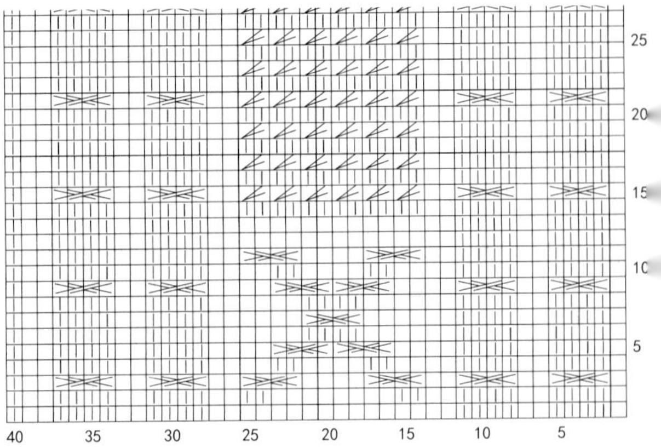

168/

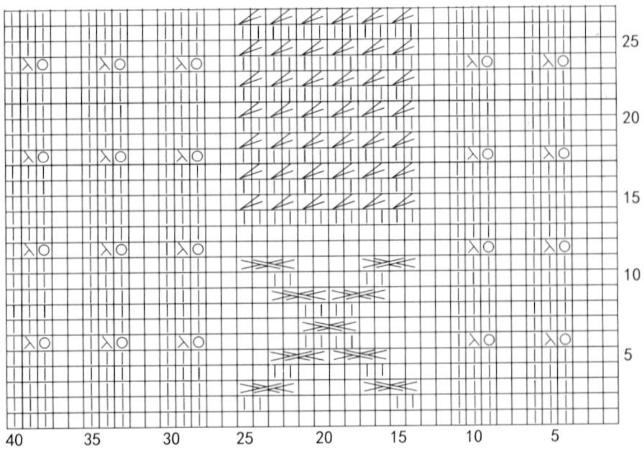

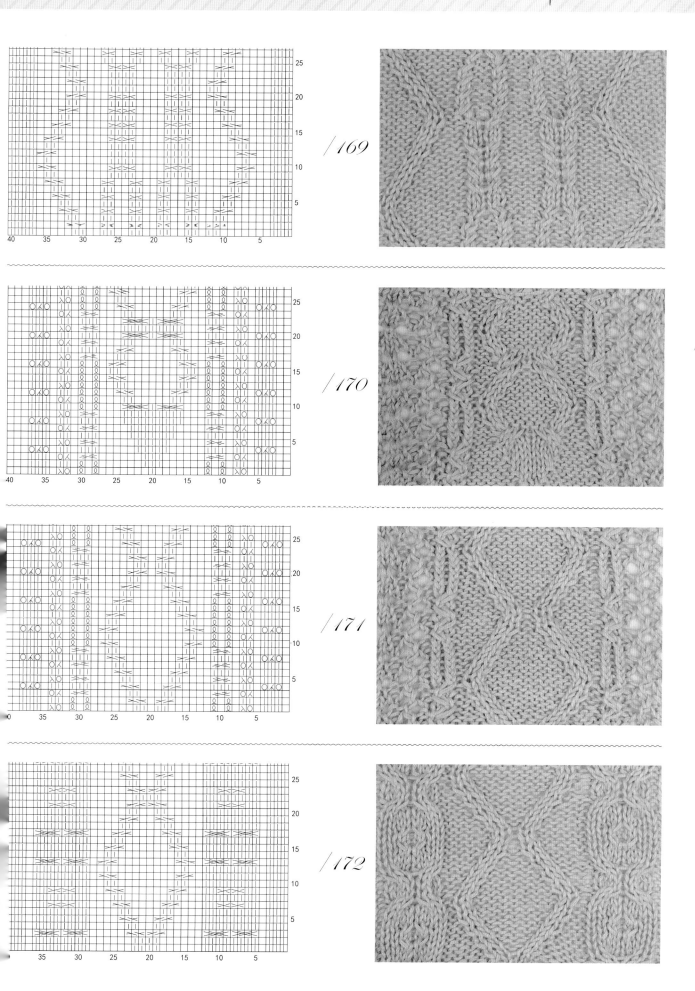

/169

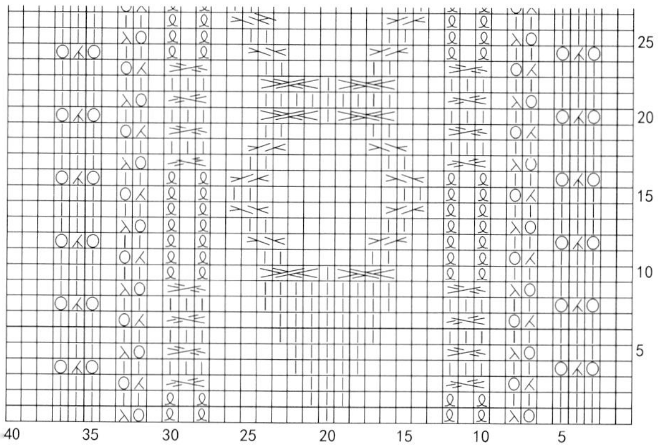

/170

/171

/172

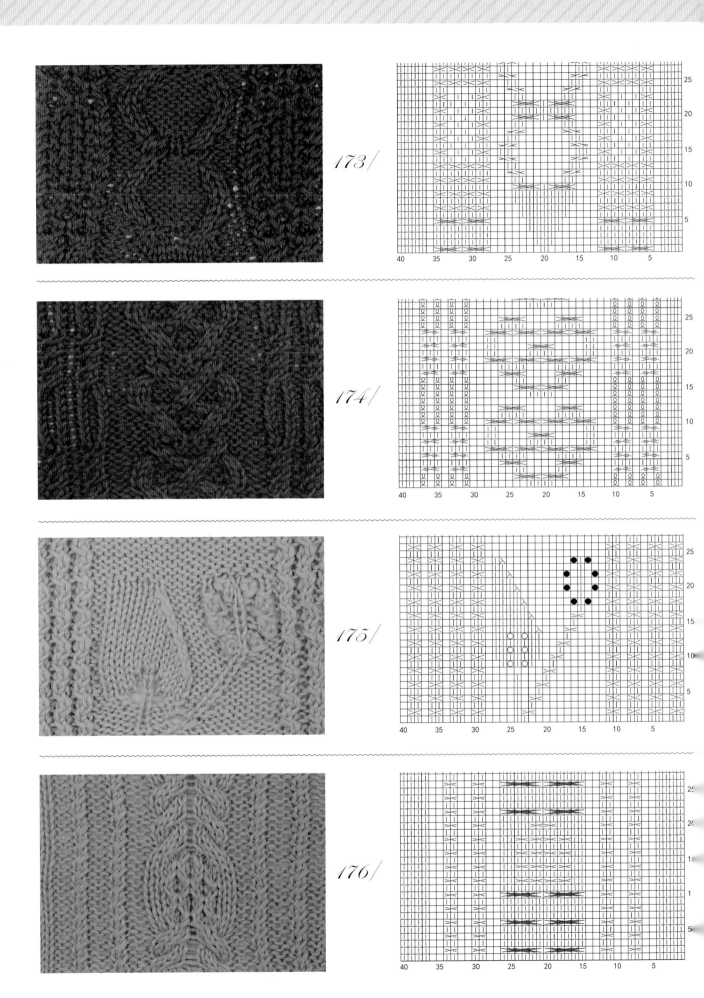

173/

174/

175/

176/

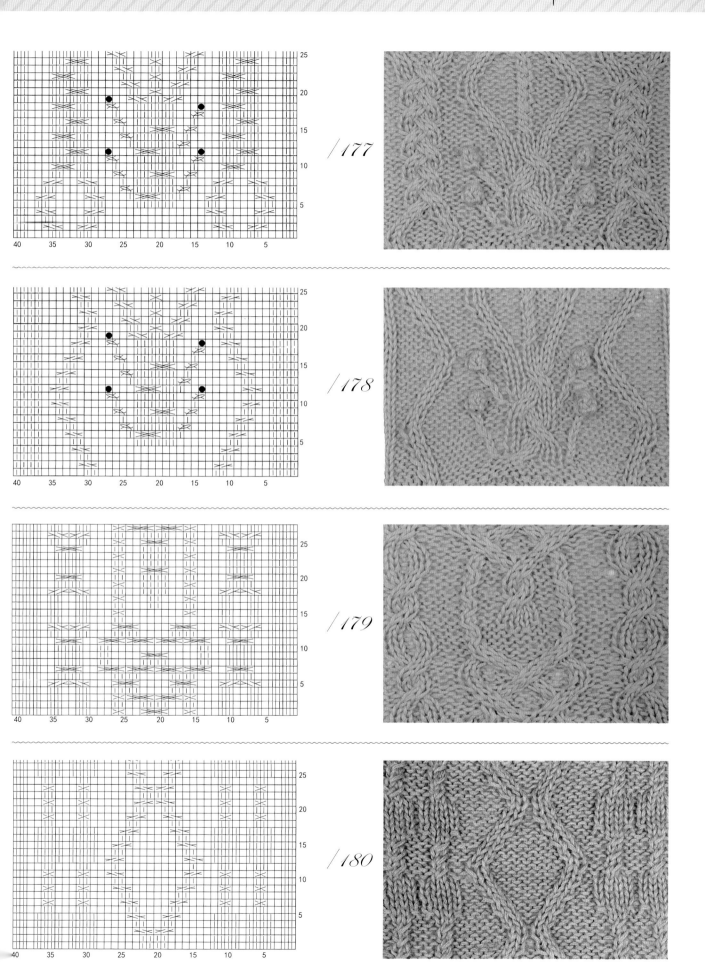

/177

/178

/179

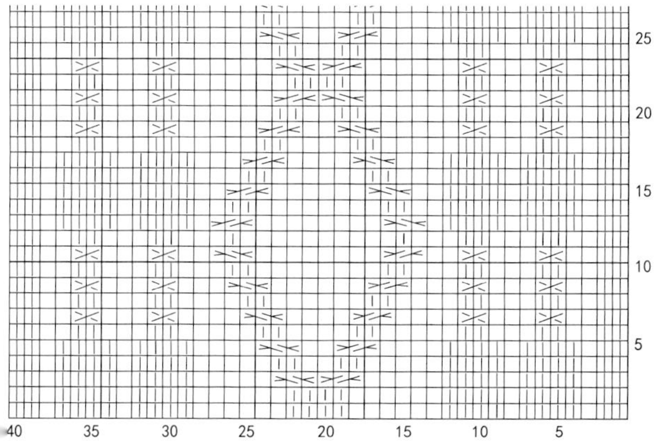

/180

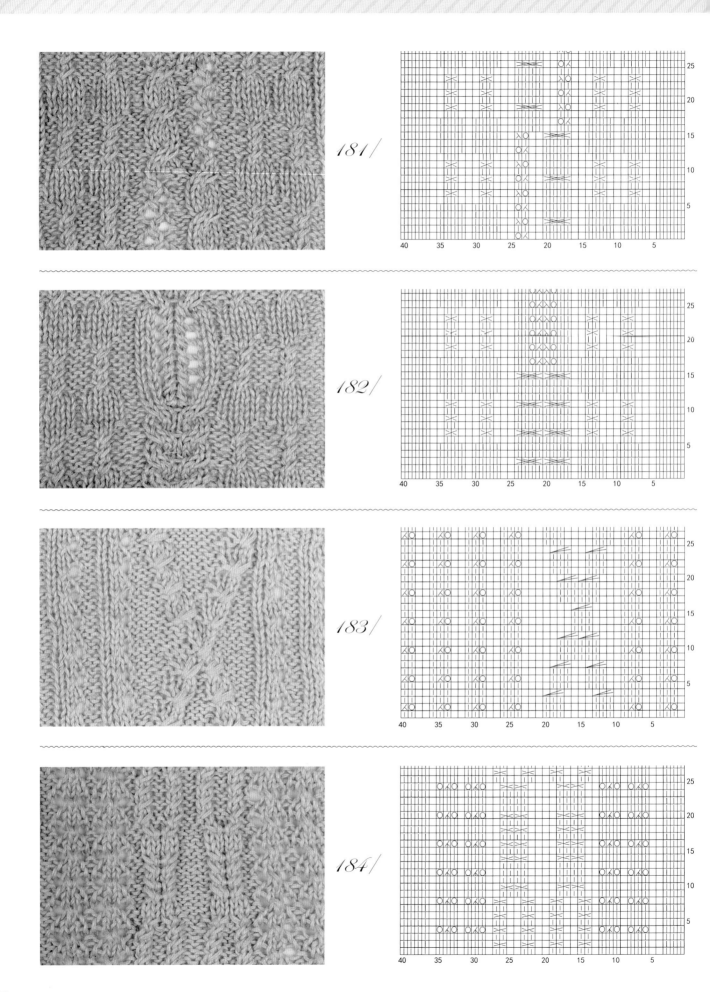

181/

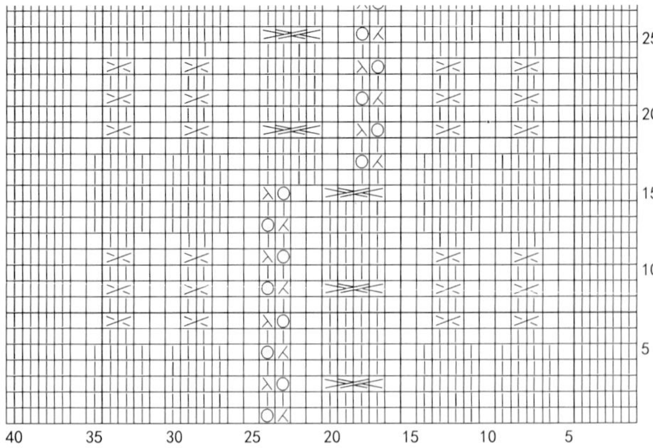

182/

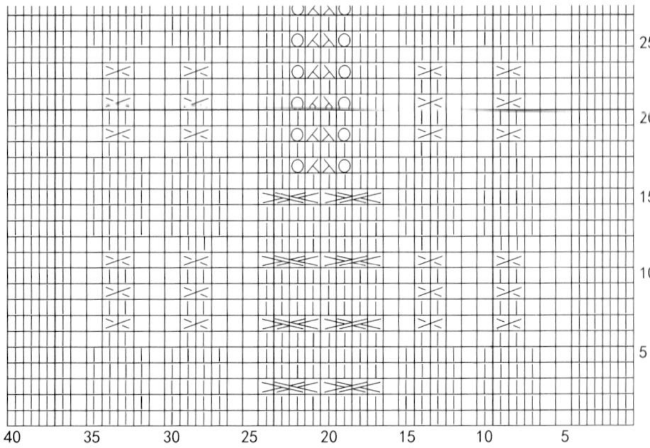

183/

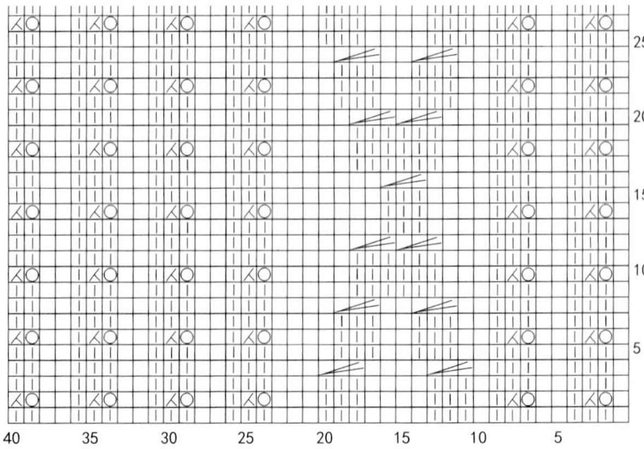

184/

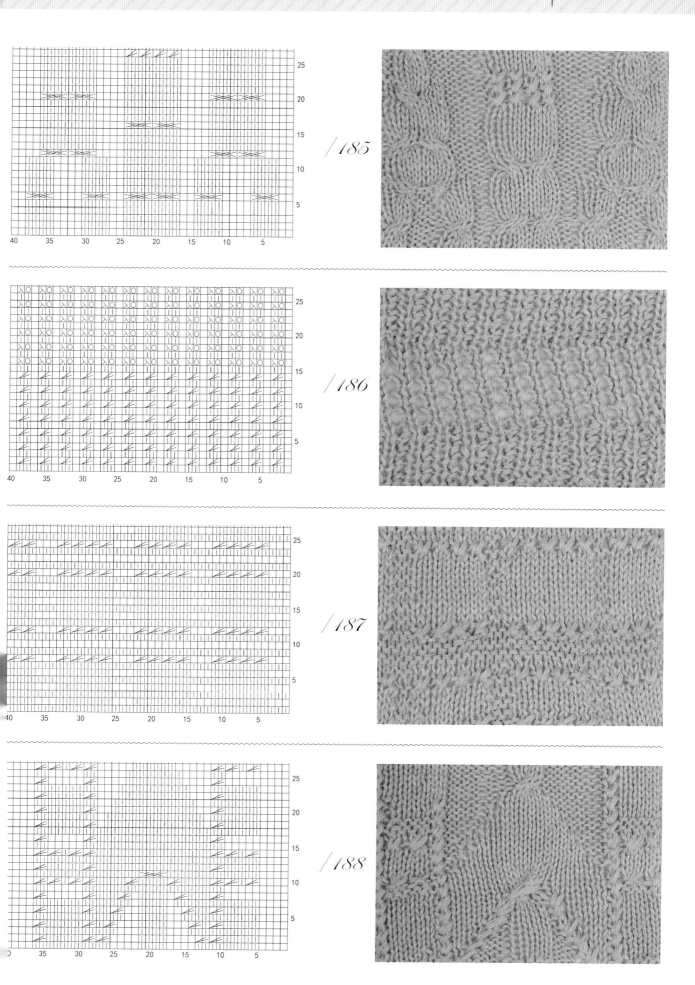

/185

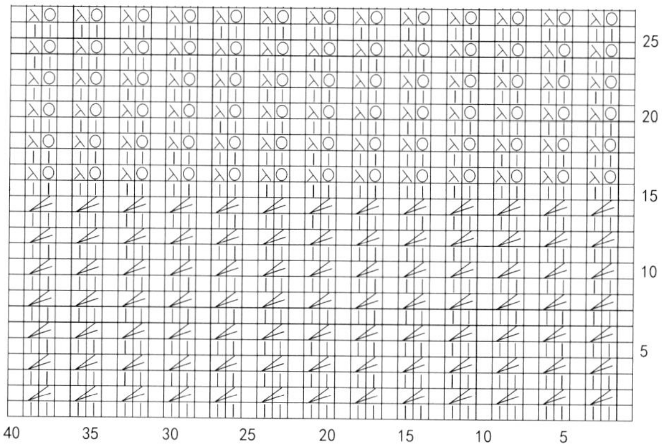

/186

/187

/188

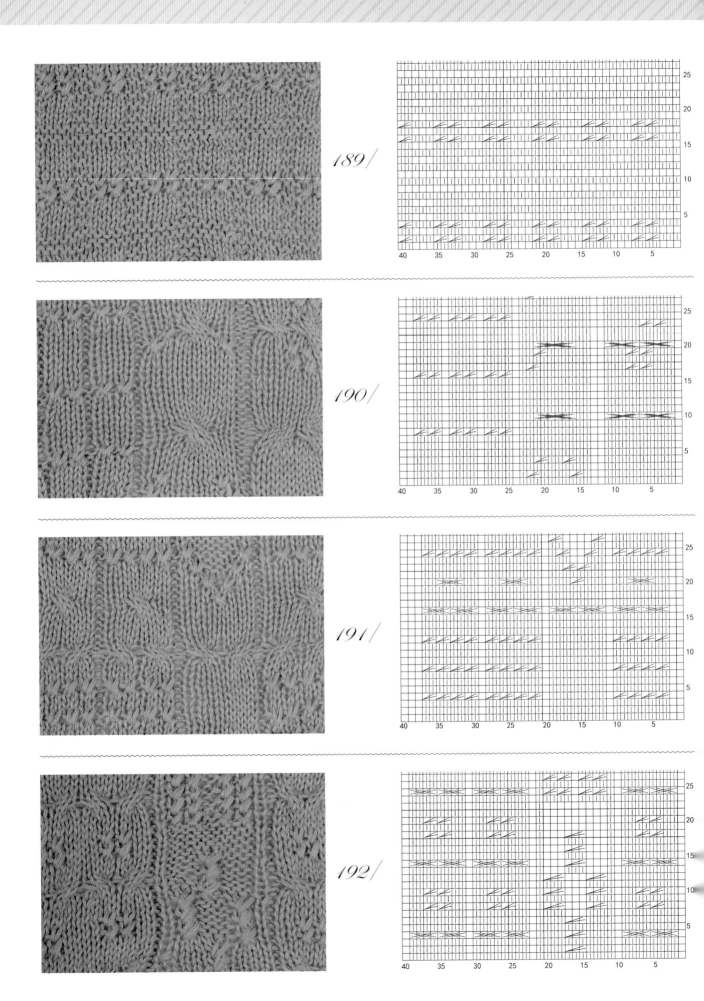

189/

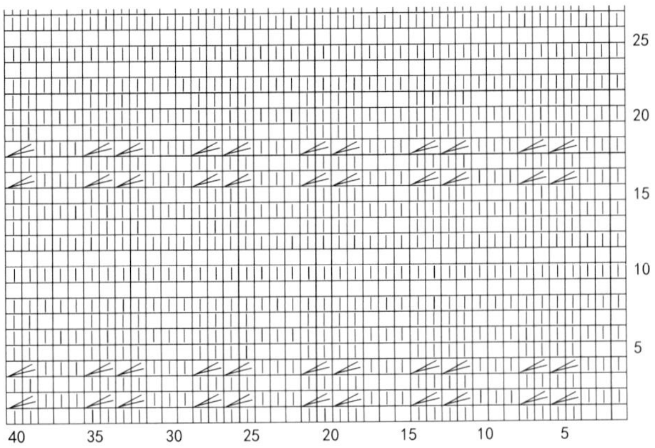

190/

191/

192/

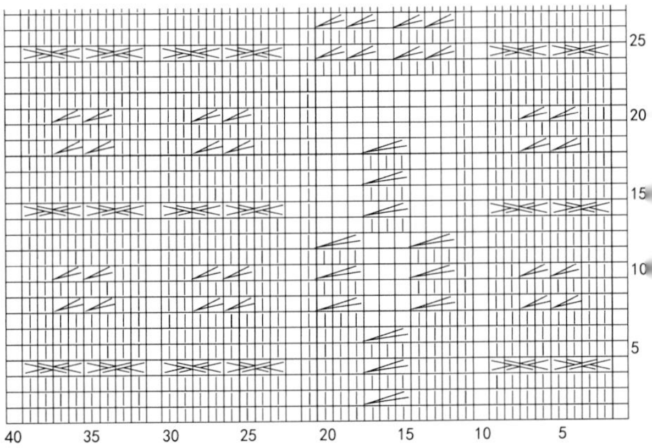

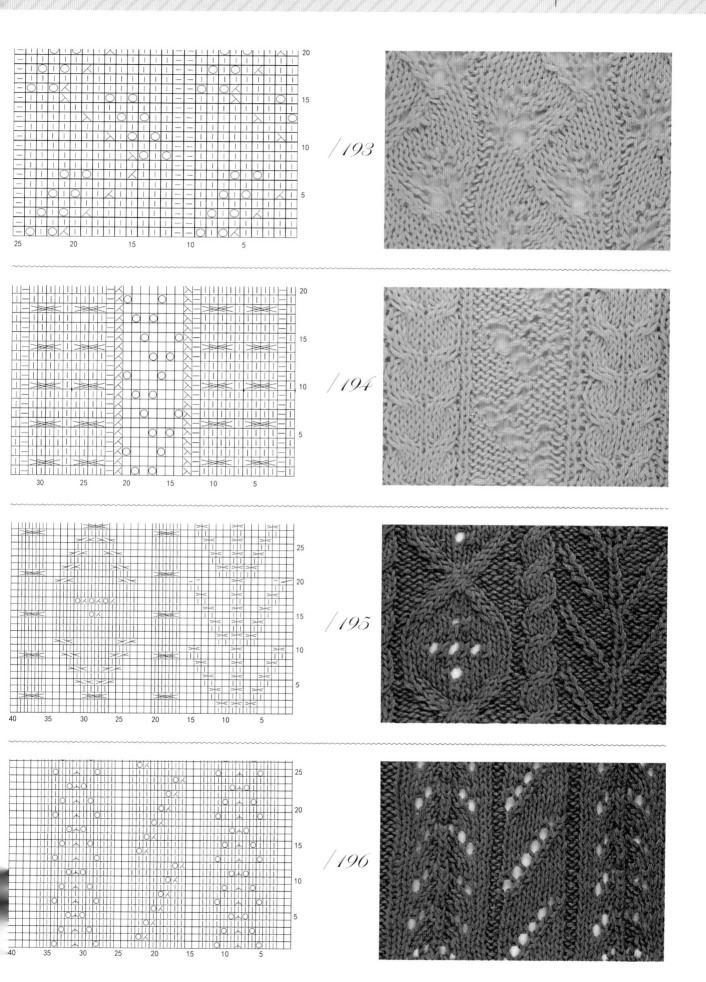

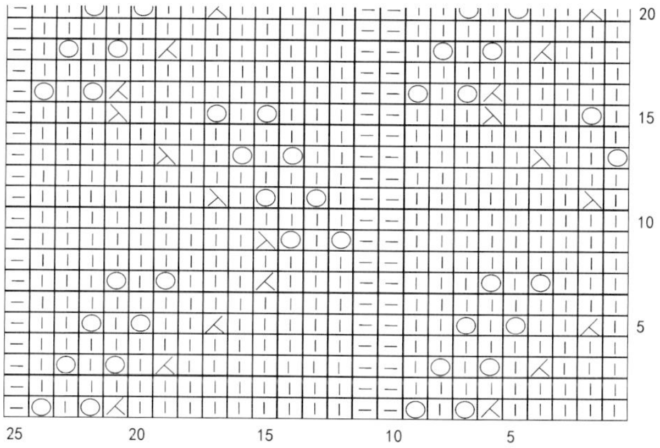

/193

/194

/195

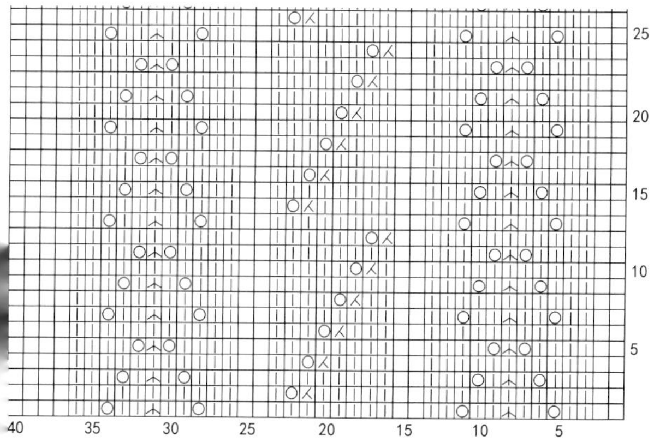

/196

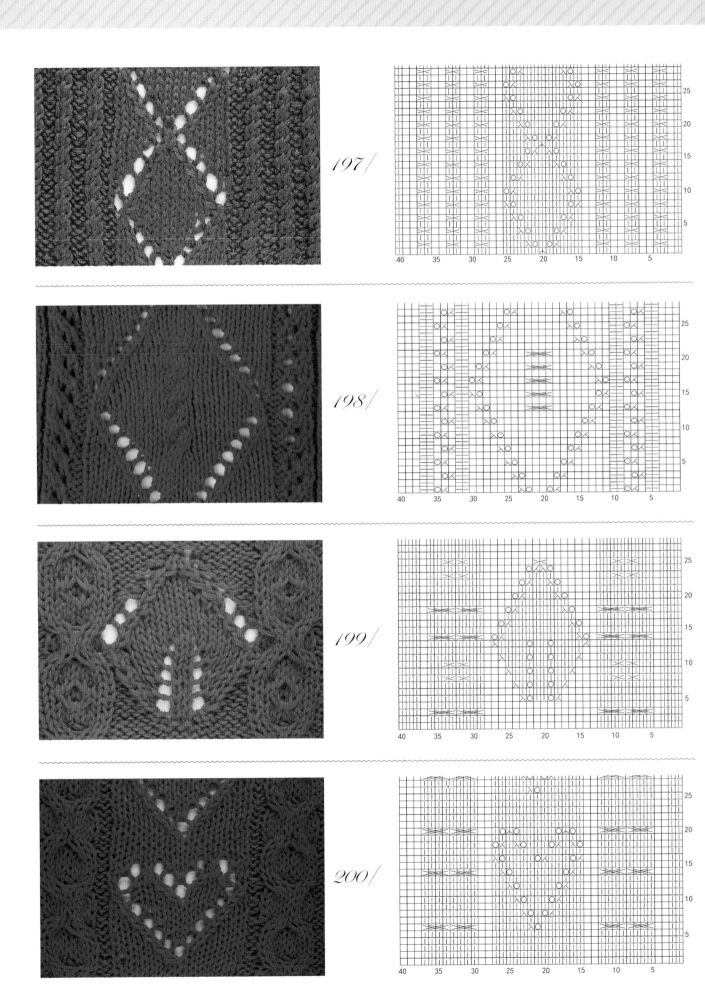

197/

198/

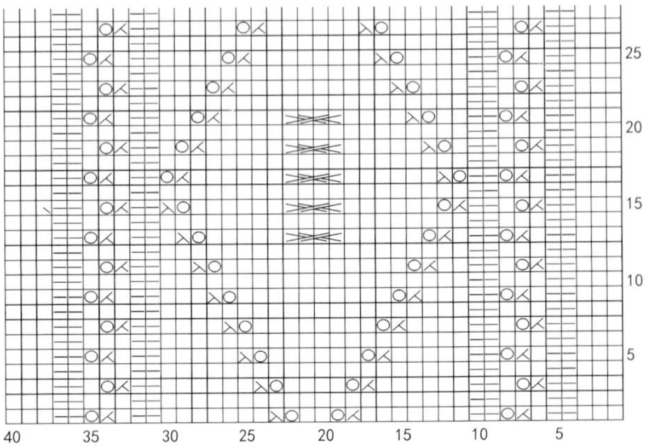

199/

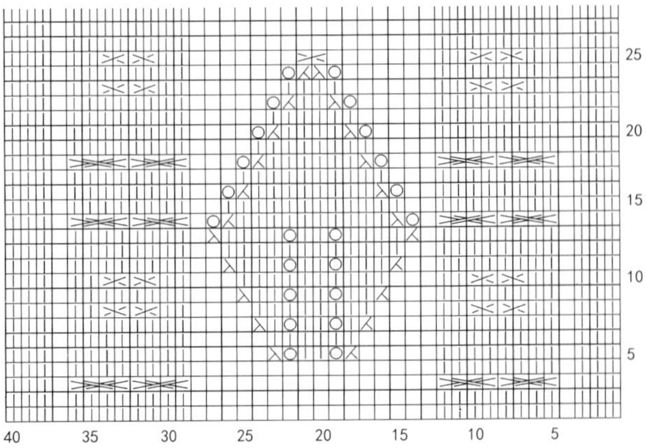

200/

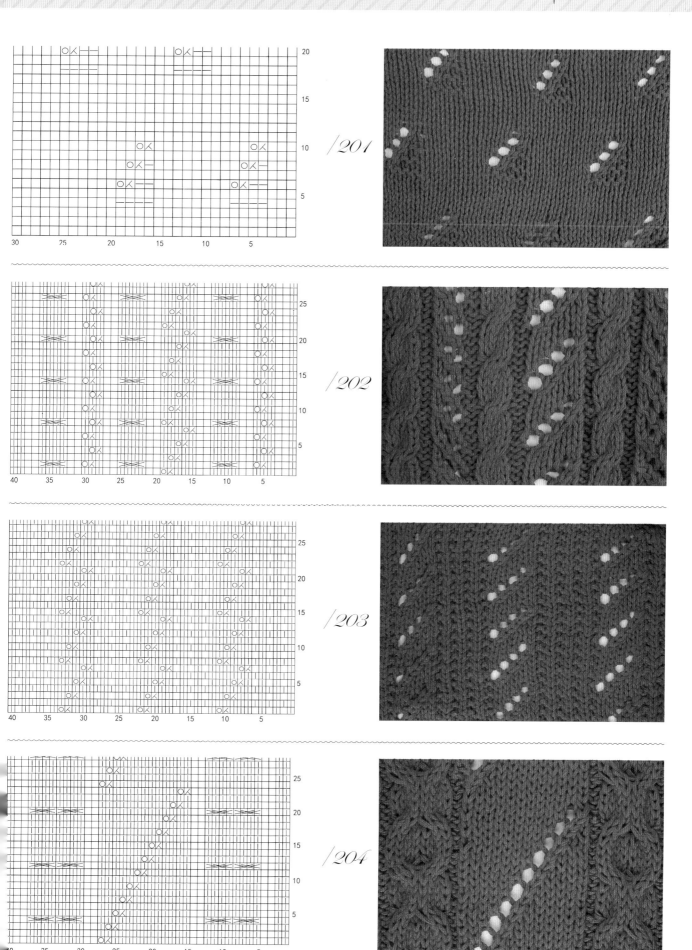

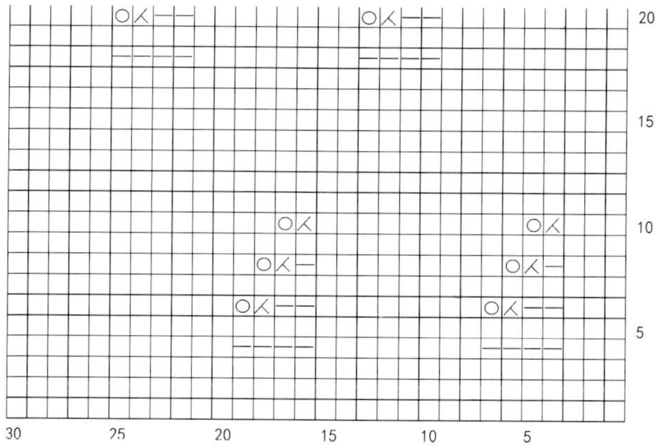

/201

/202

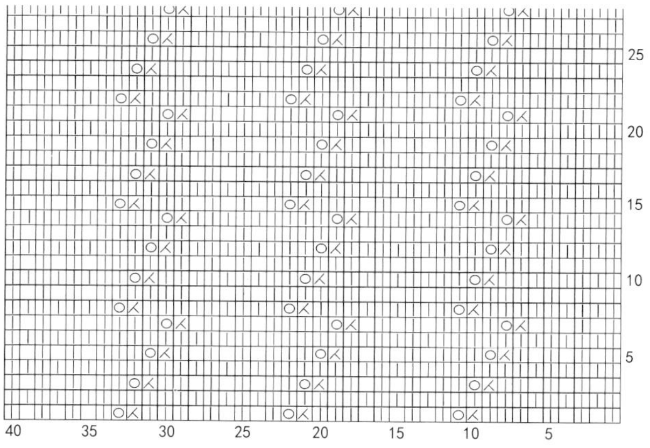

/203

/204

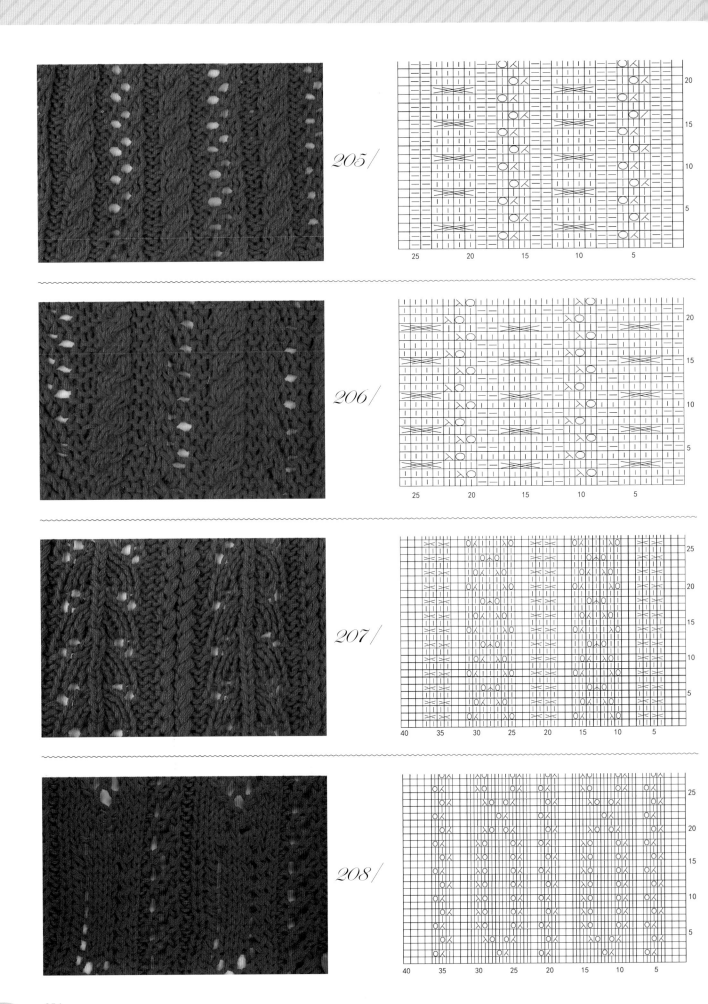

205 /

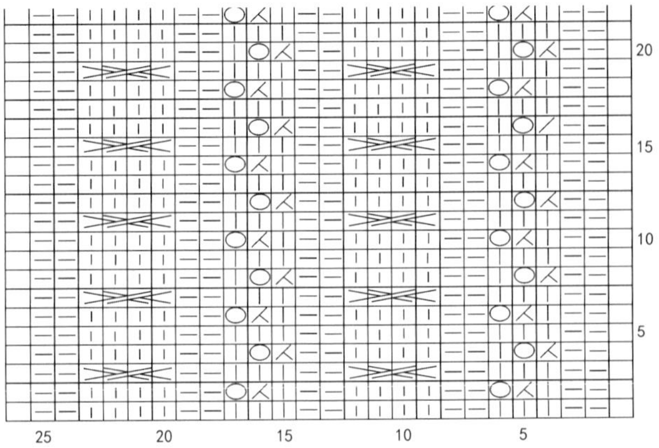

206 /

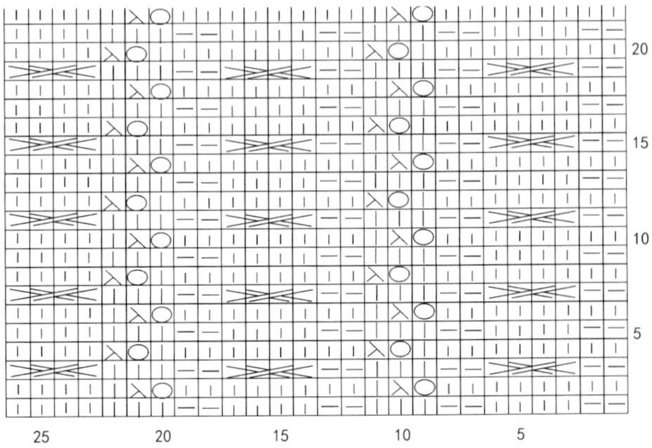

207 /

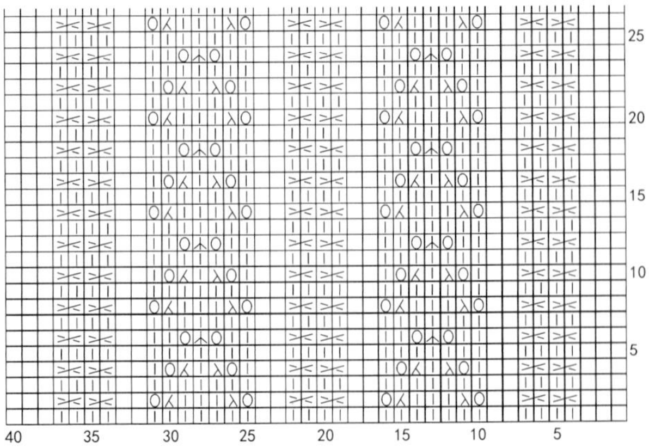

208 /

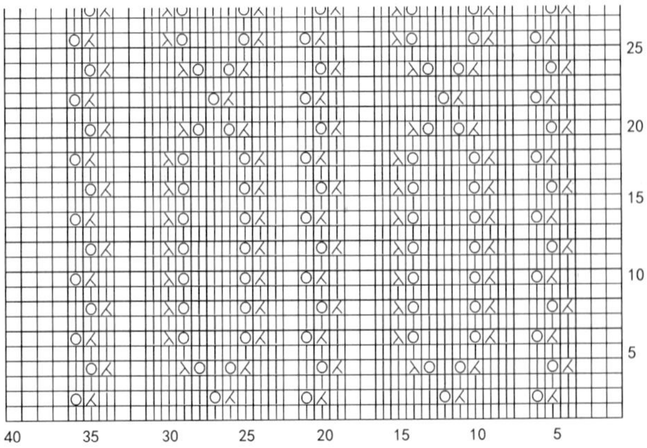

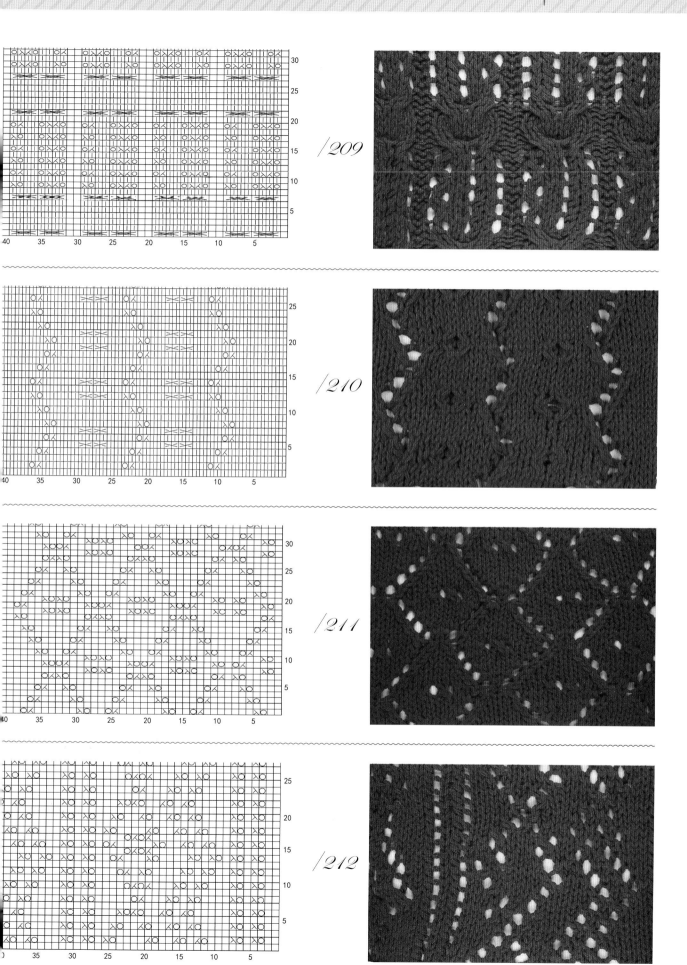

/209

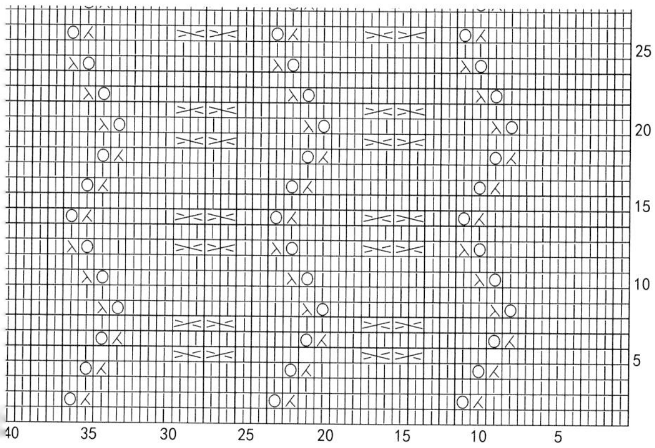

/210

/211

/212

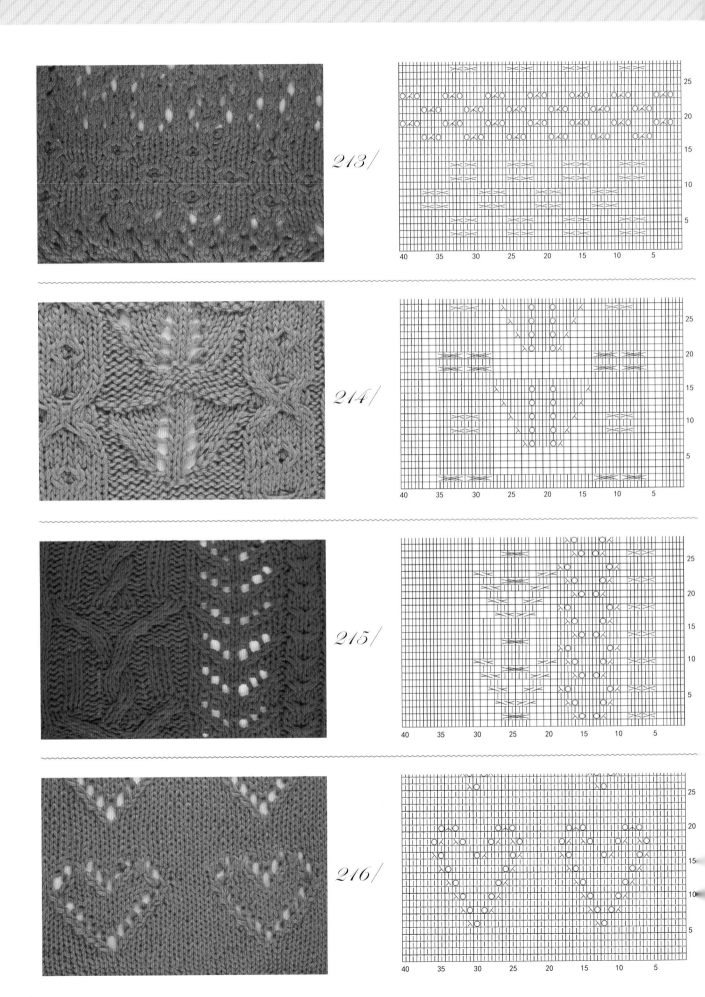

213/

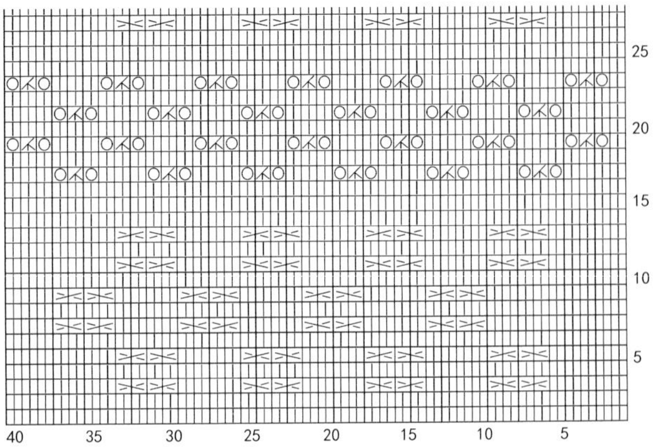

214/

215/

216/

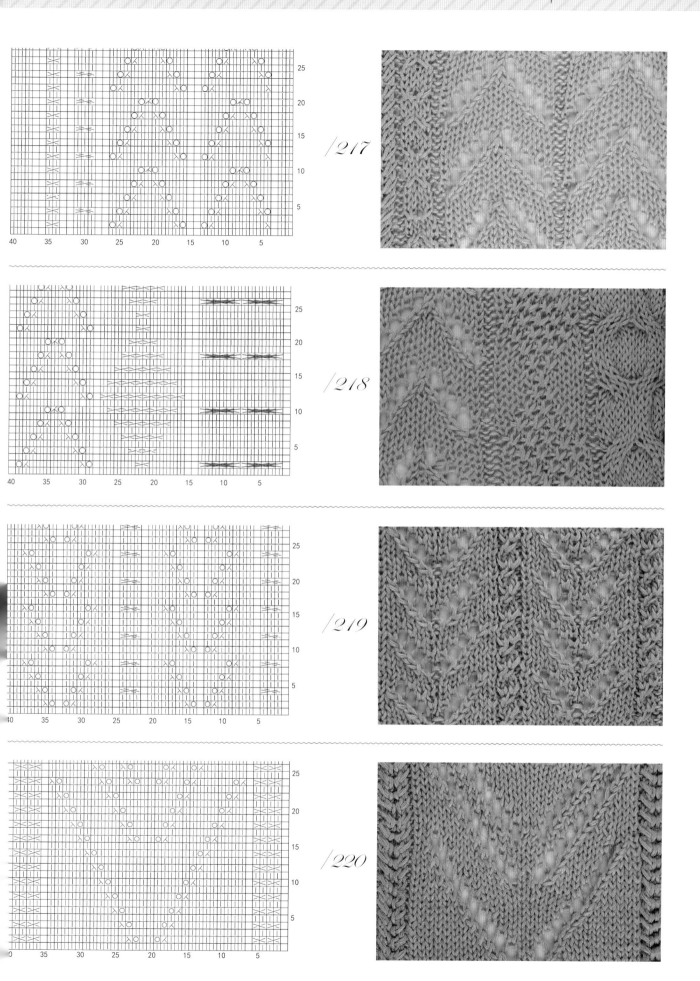

/217

/218

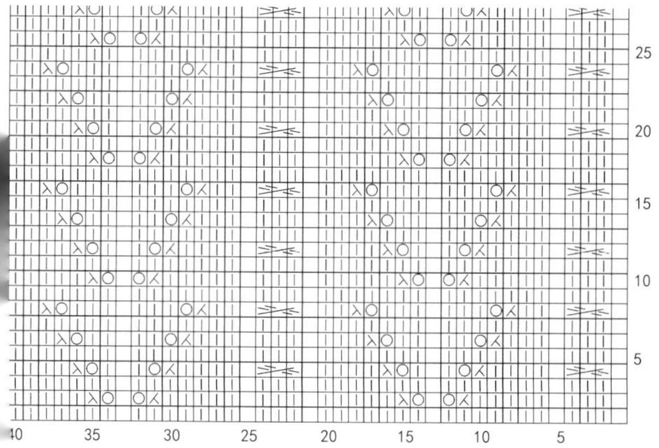

/219

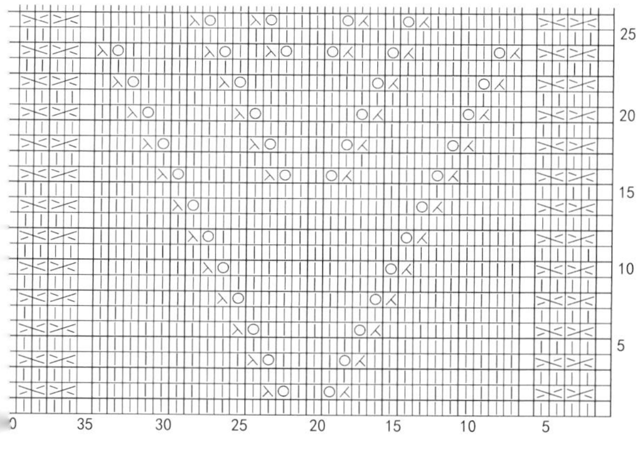

/220

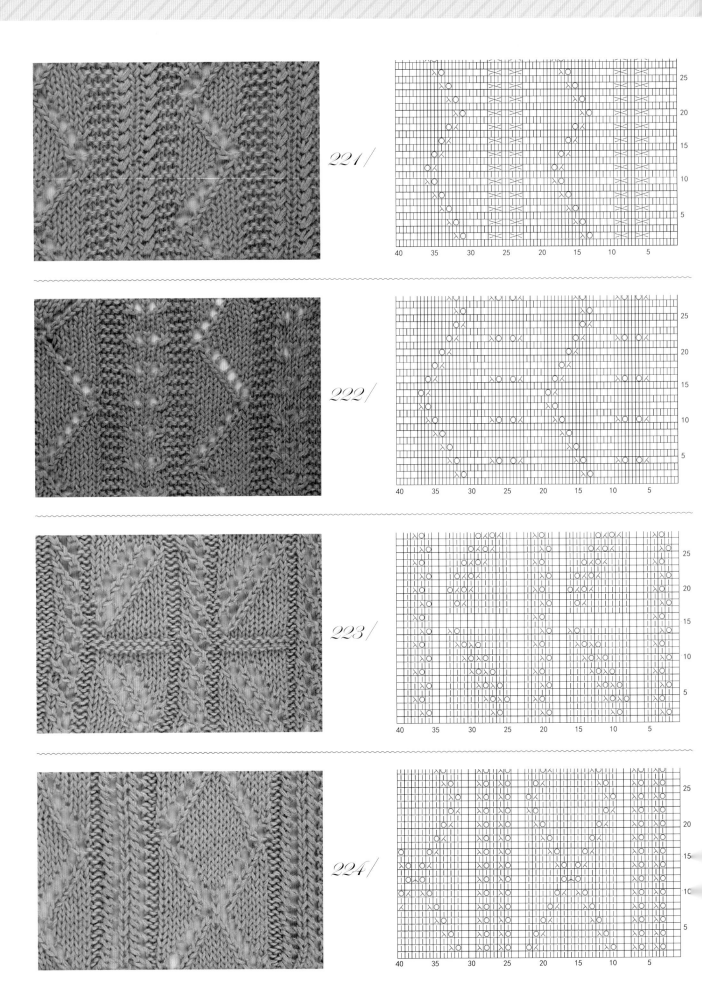

221/

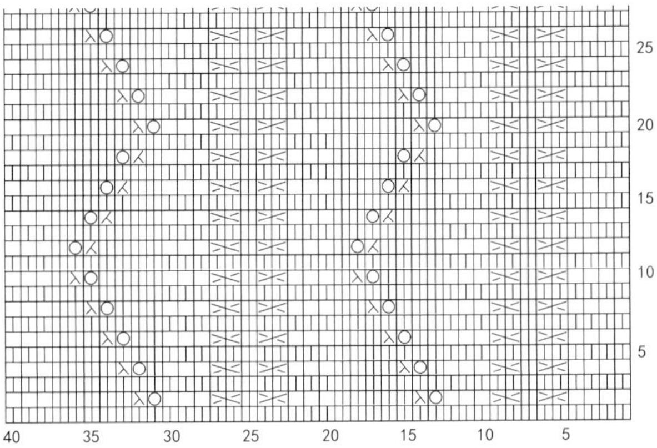

222/

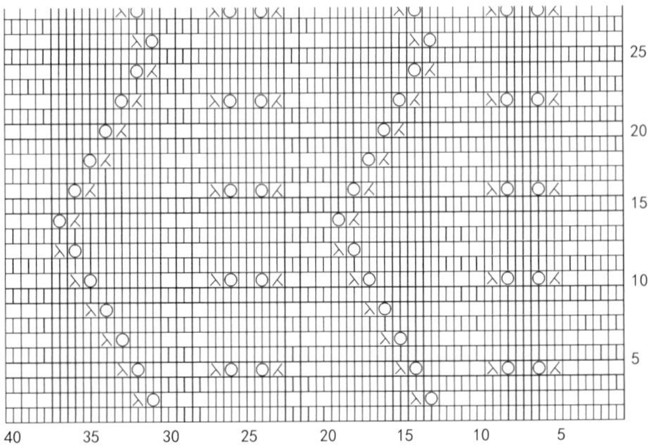

223/

224/

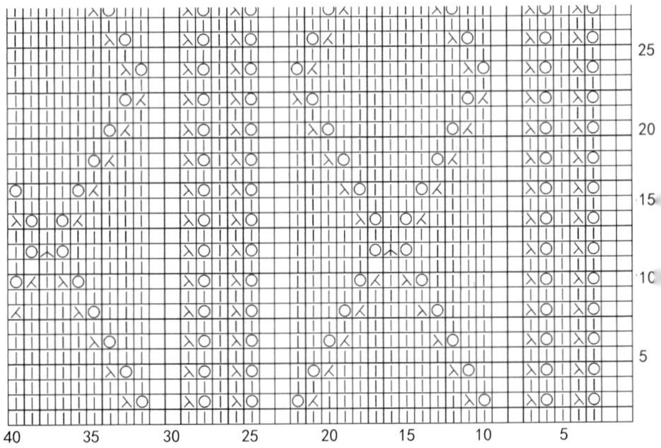

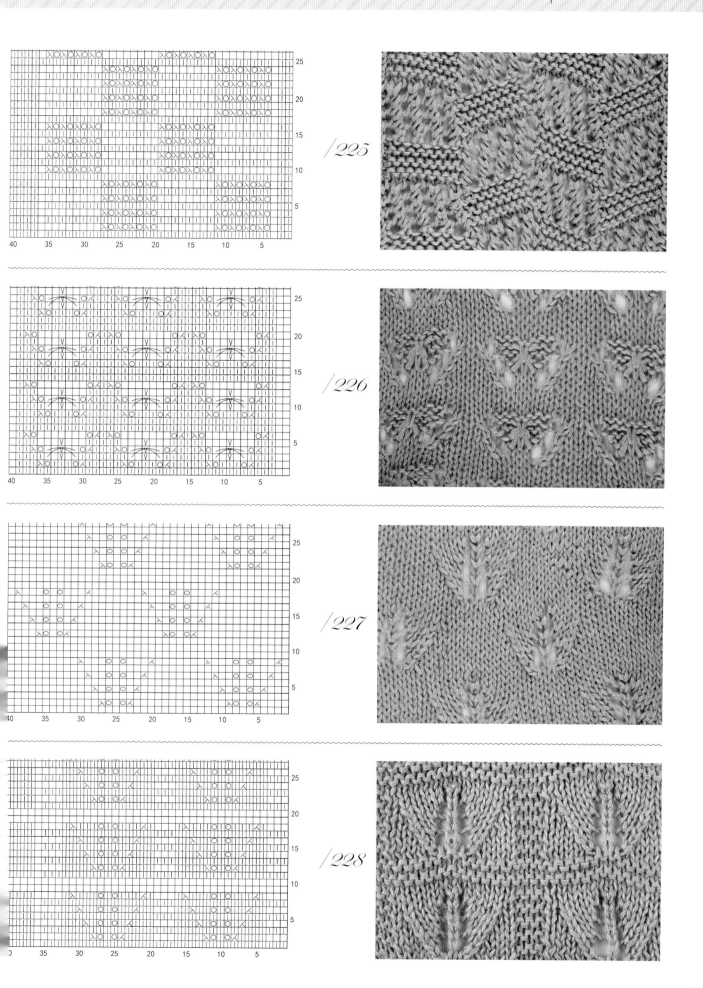

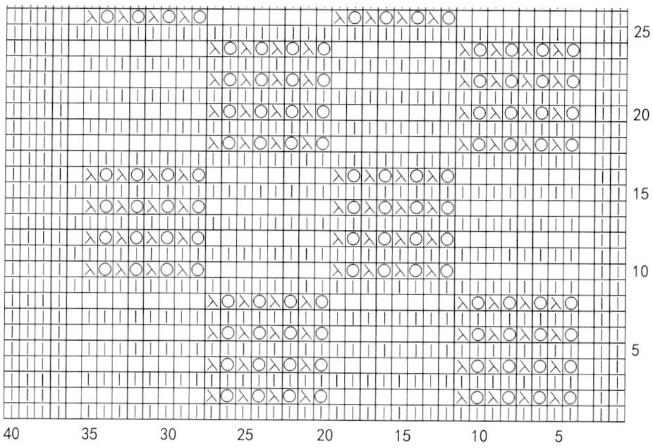

/225

/226

/227

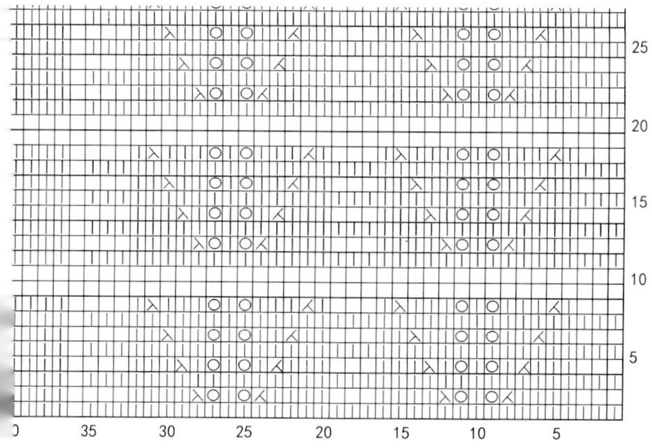

/228

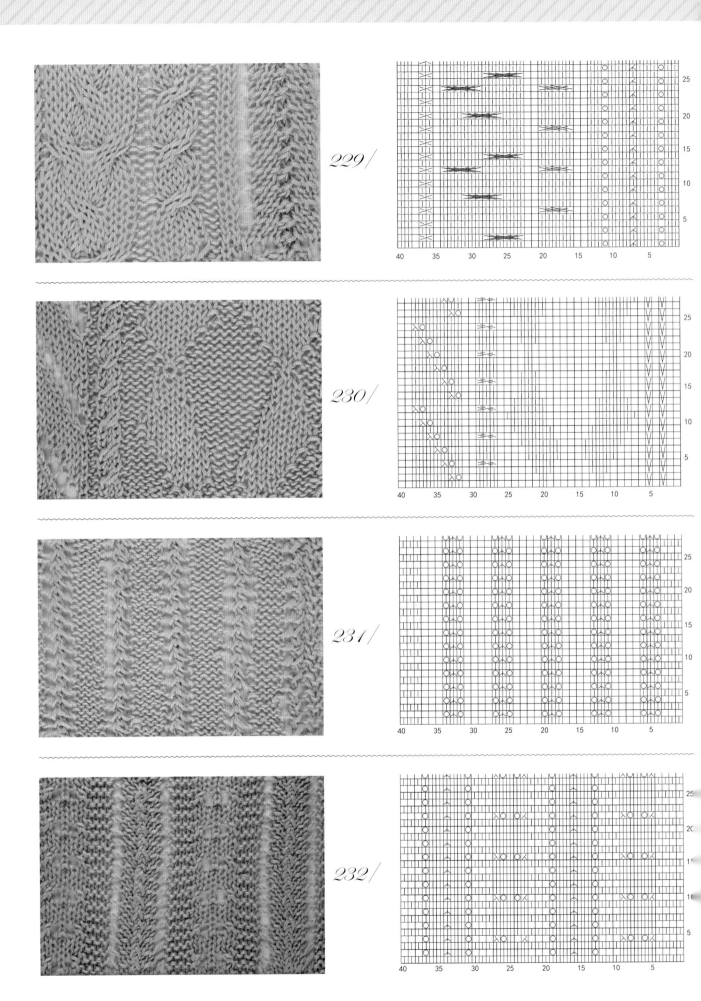

229/

230/

231/

232/

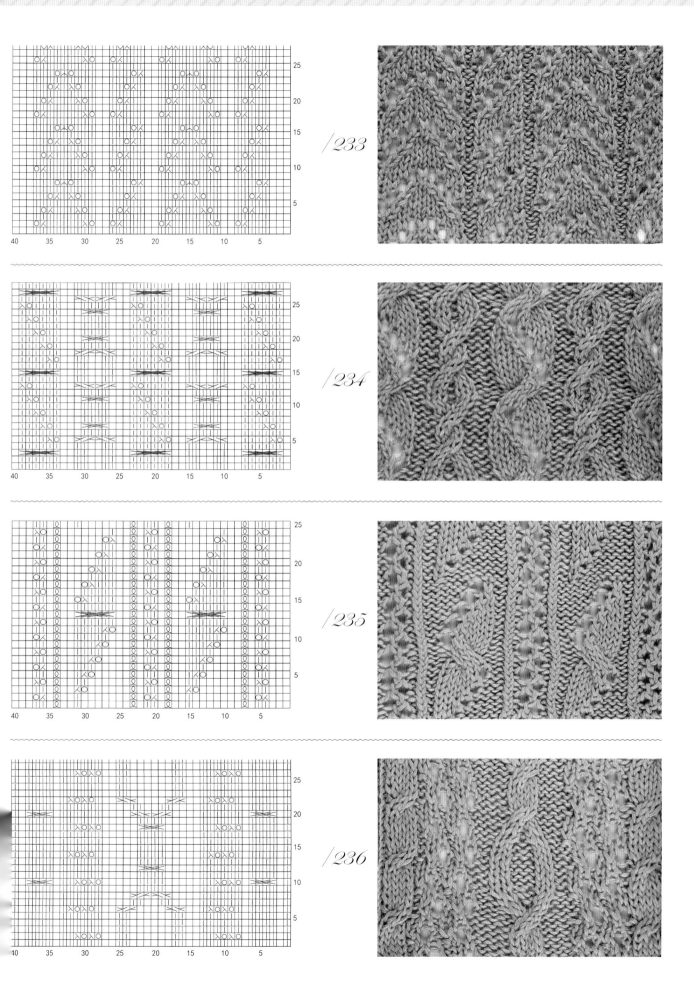

/233

/234

/235

/236

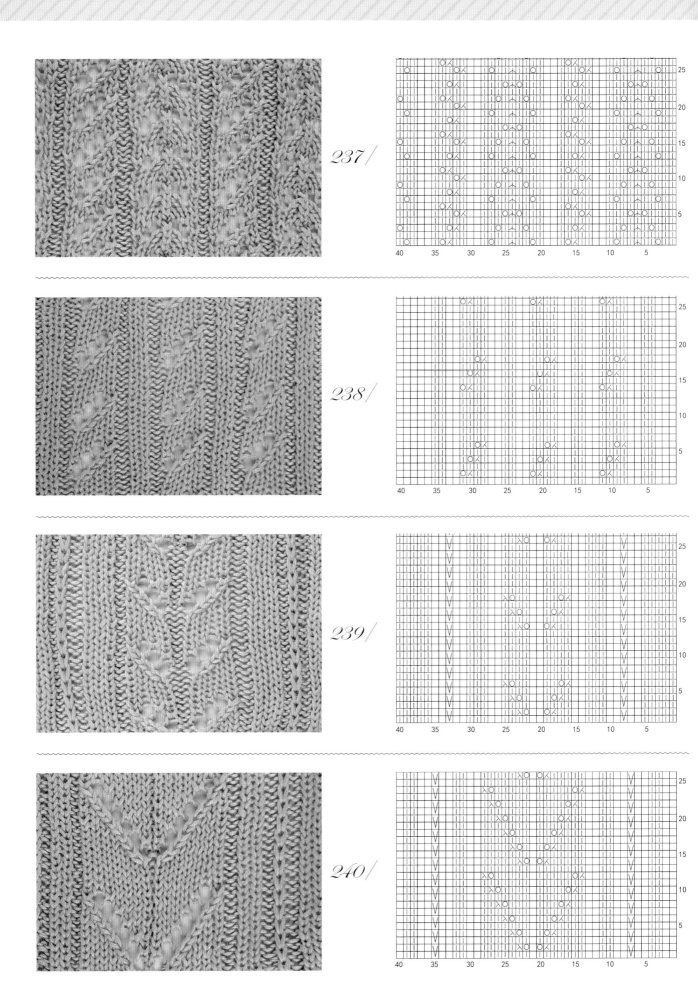

237/

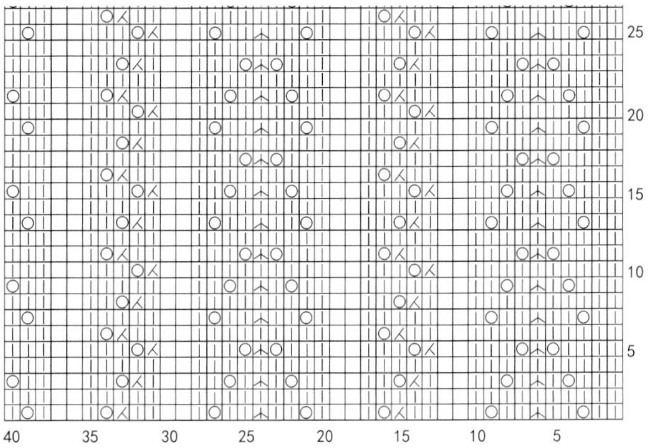

238/

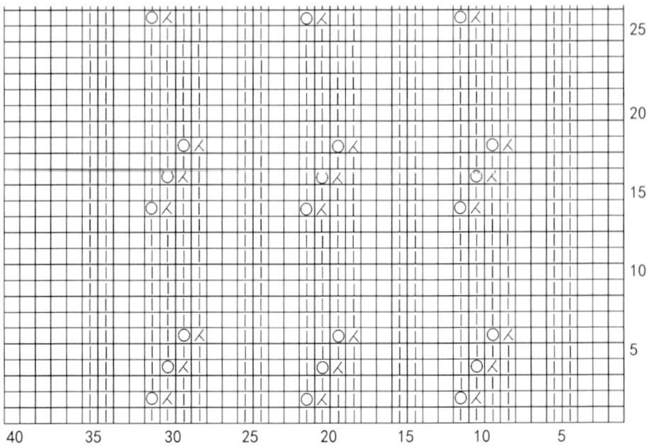

239/

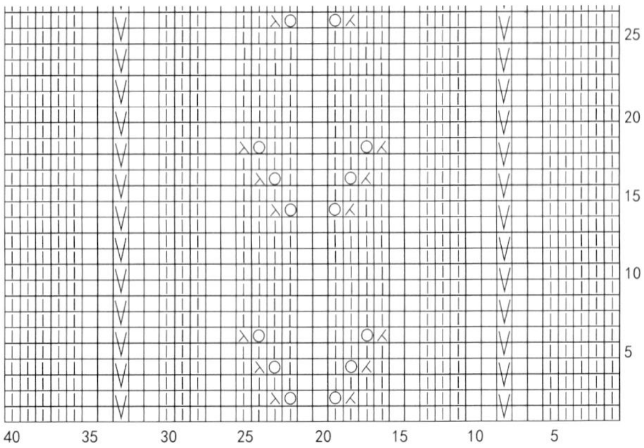

240/

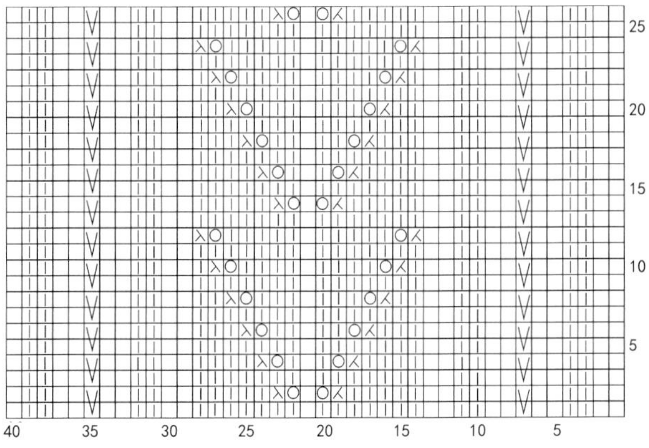

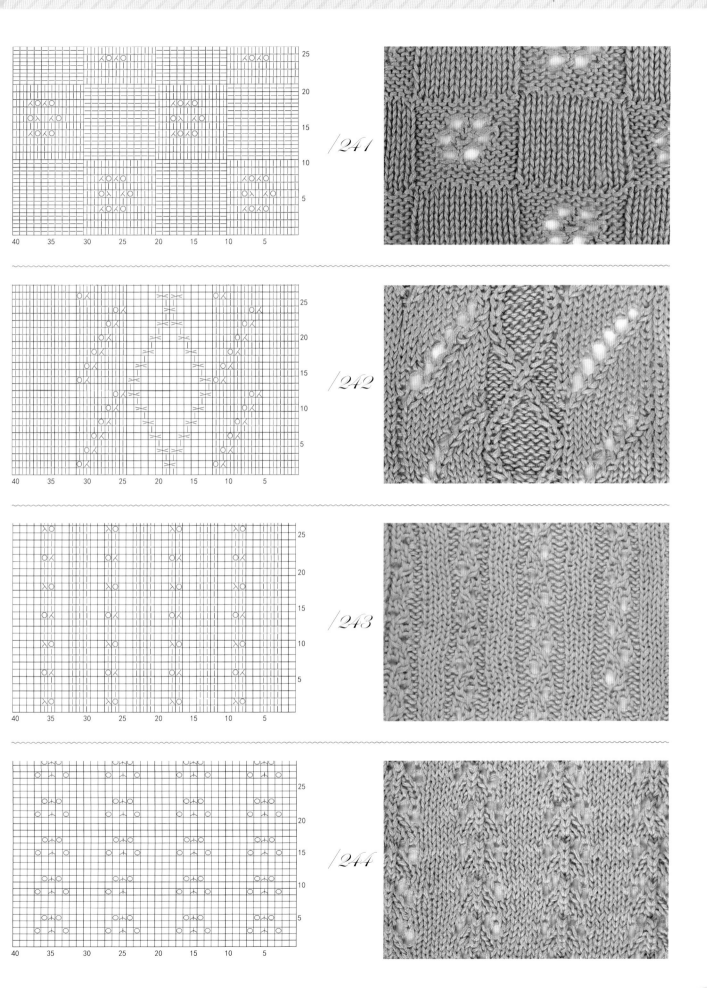

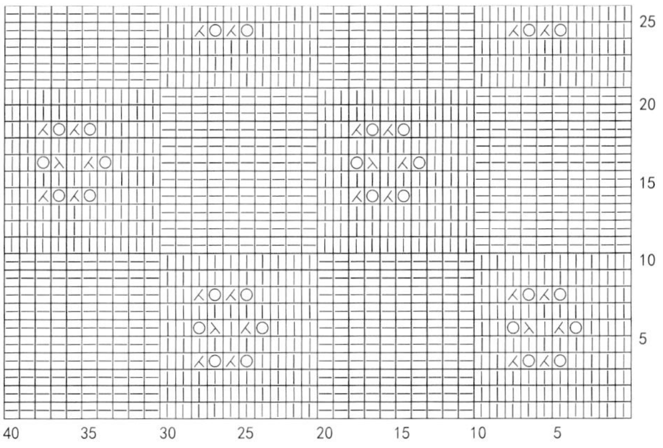

/241

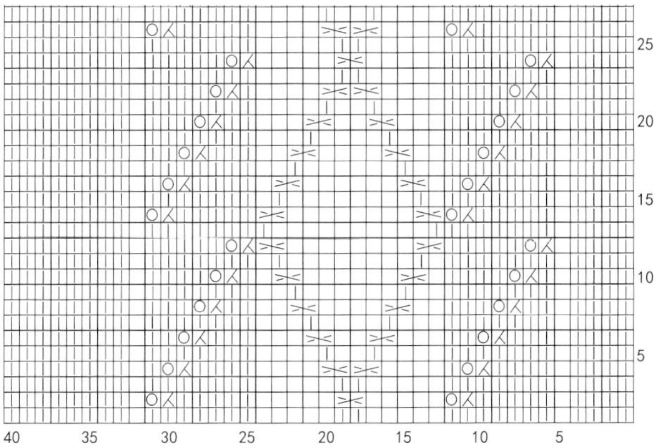

/242

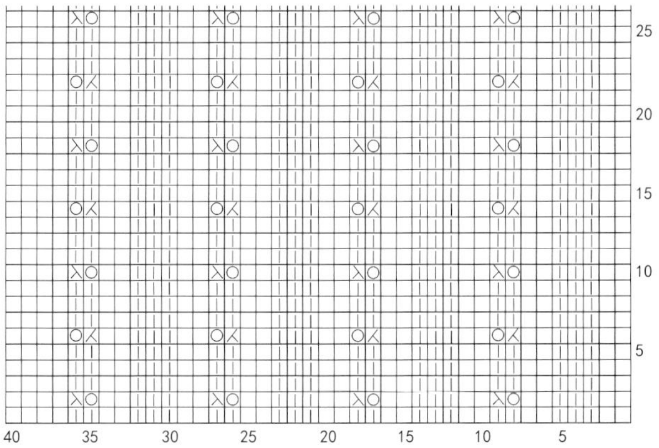

/243

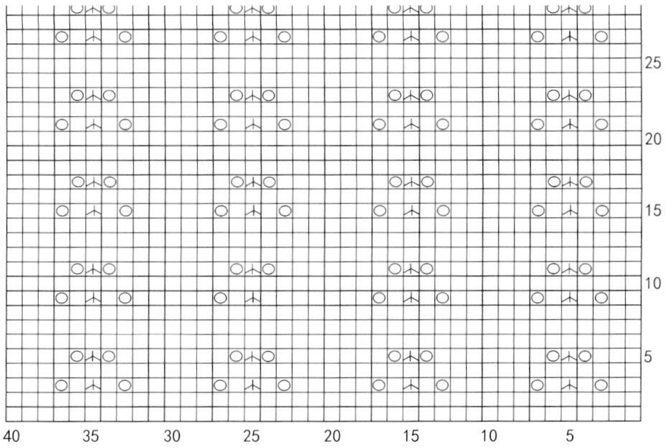

/244

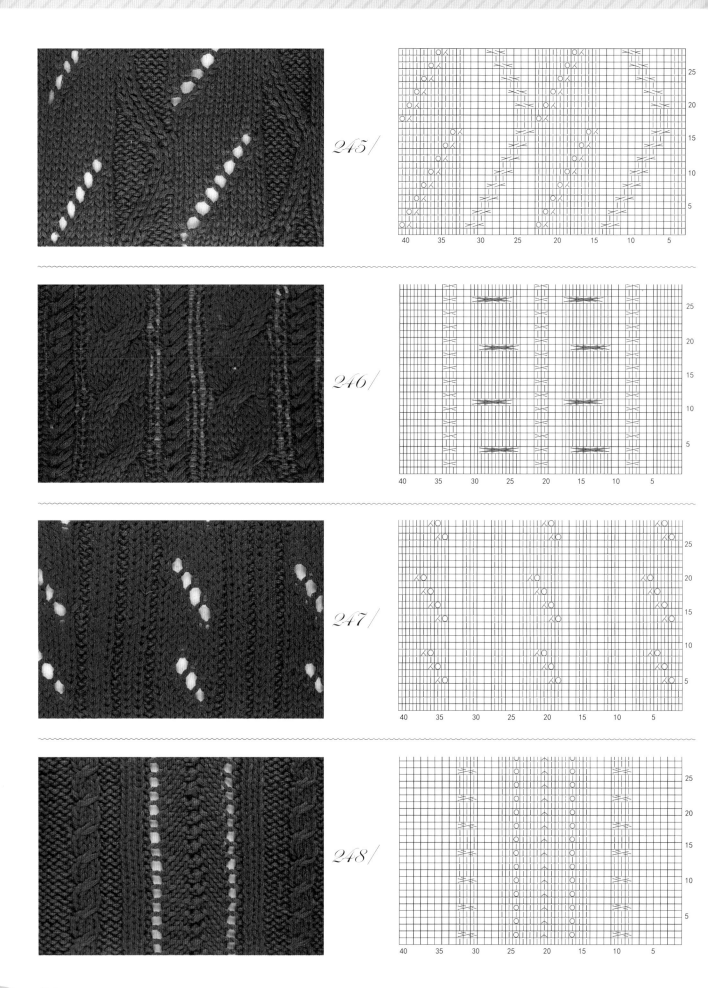

245/

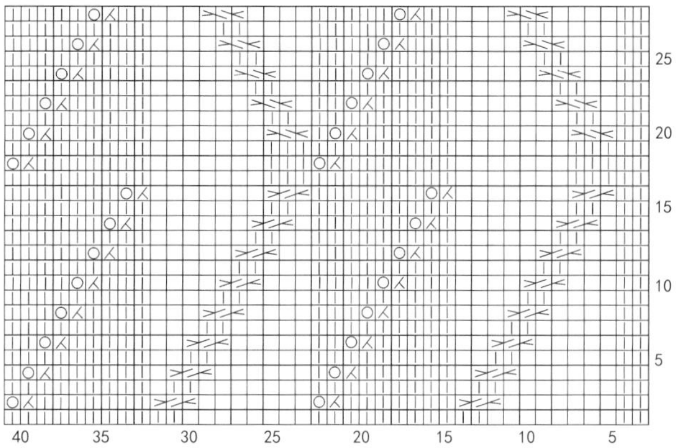

246/

247/

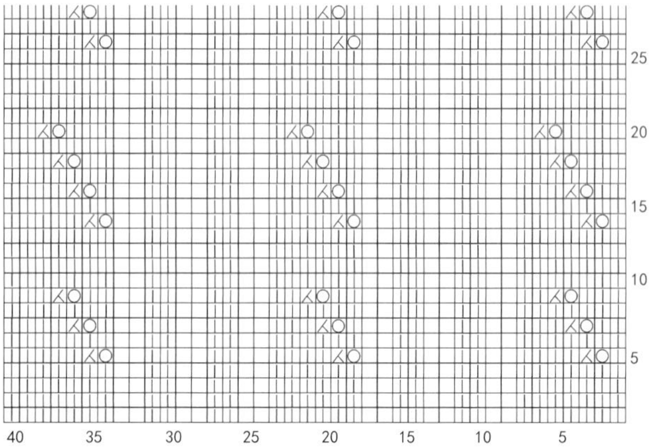

248/

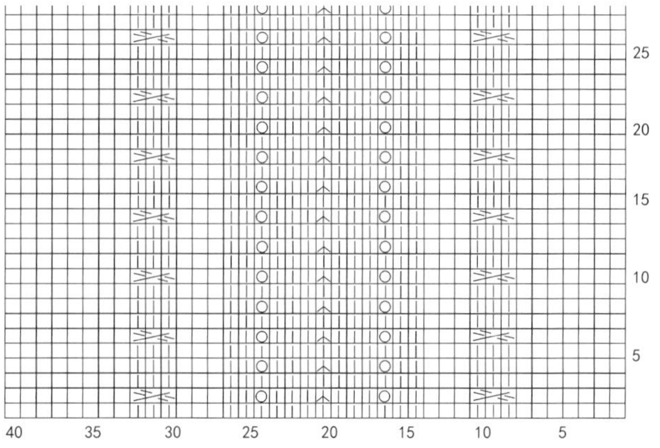

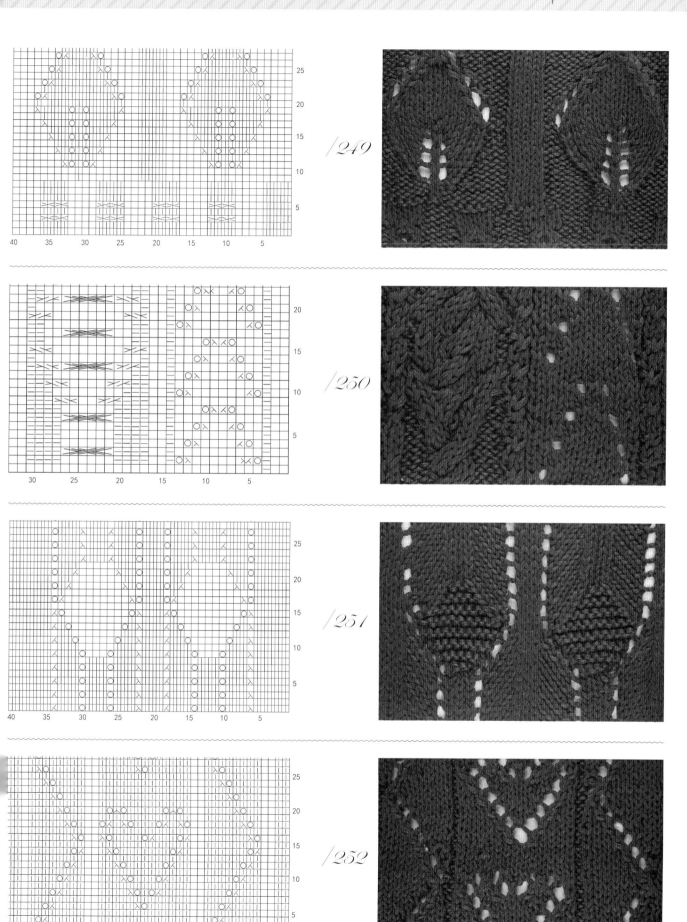

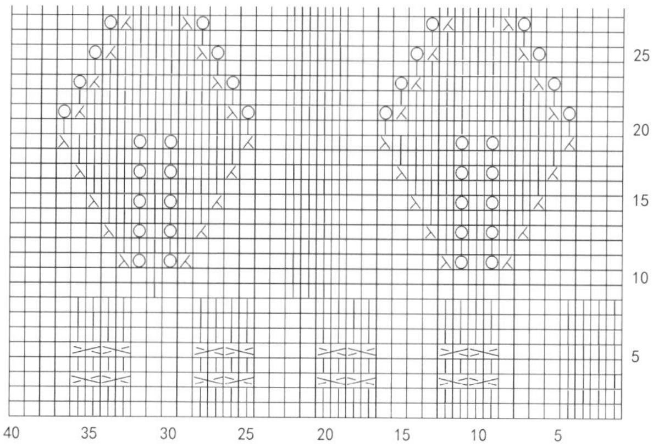

/249

/250

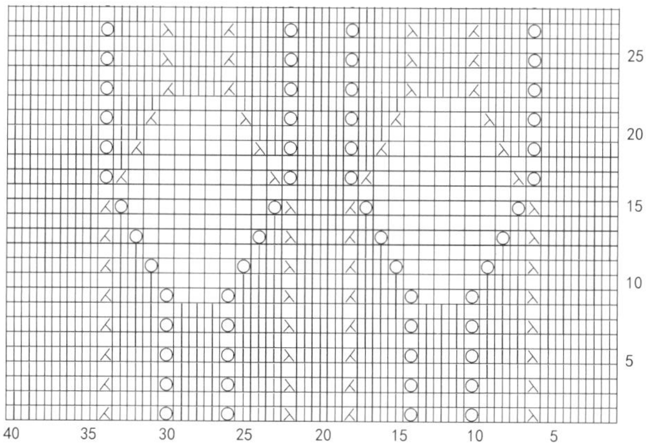

/251

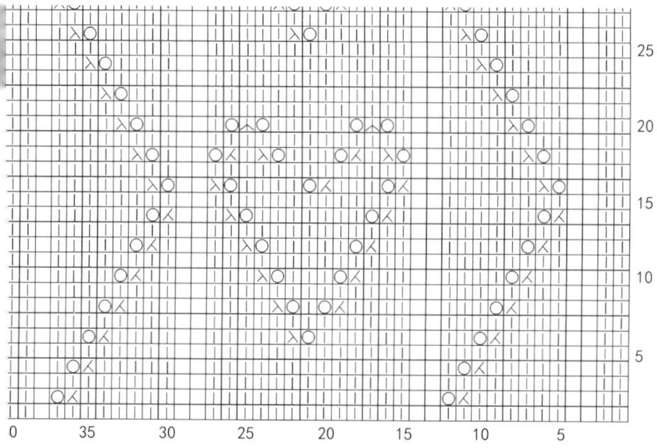

/252

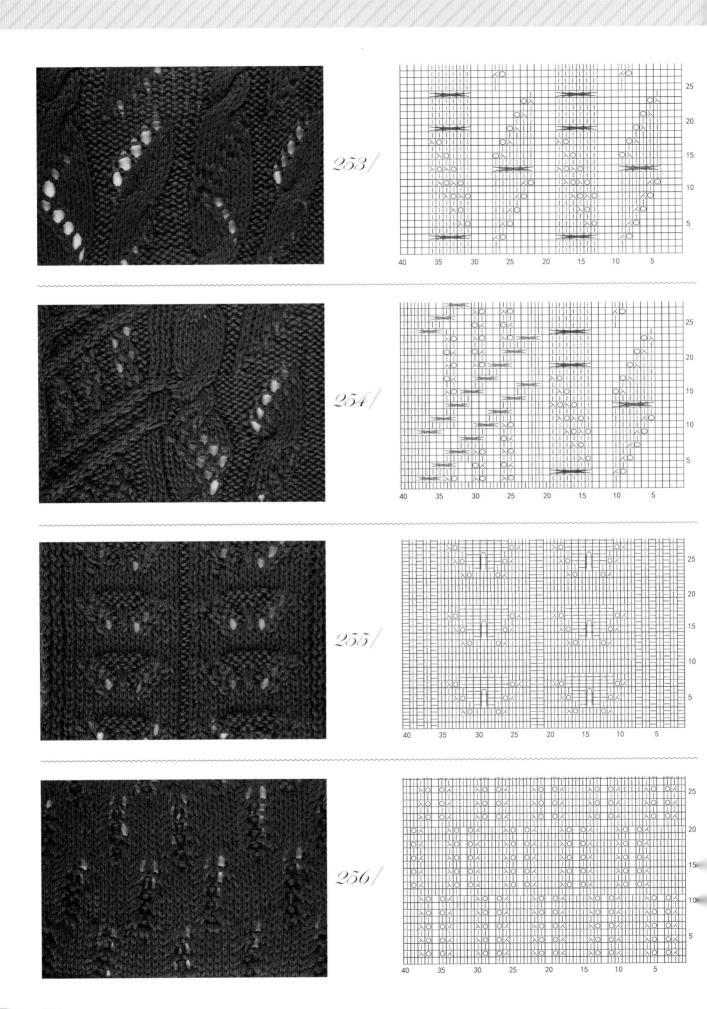

253/

254/

255/

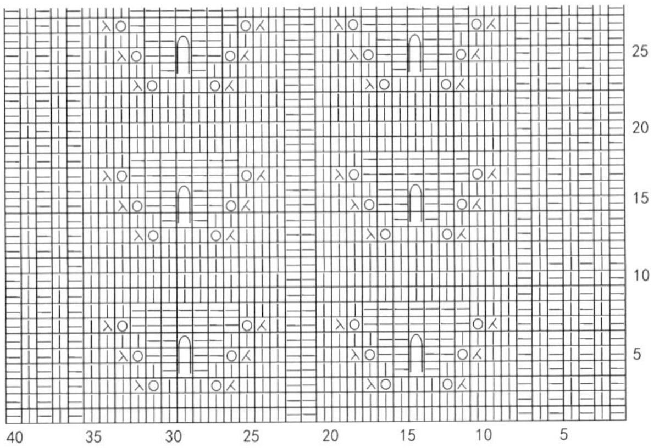

256/

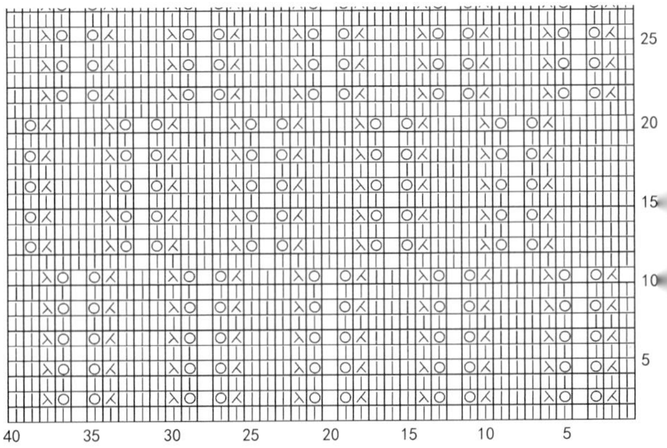

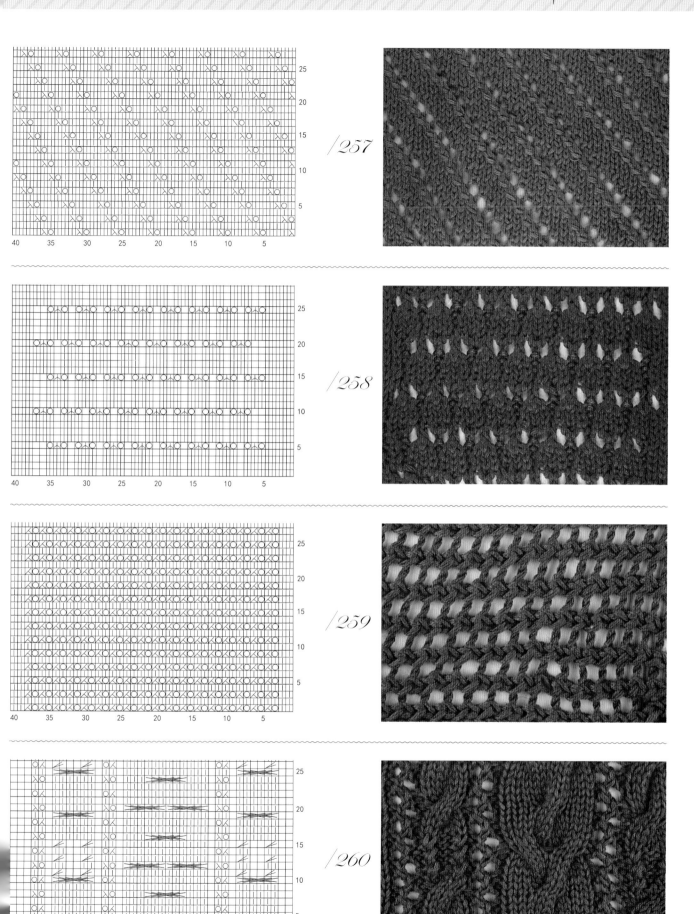

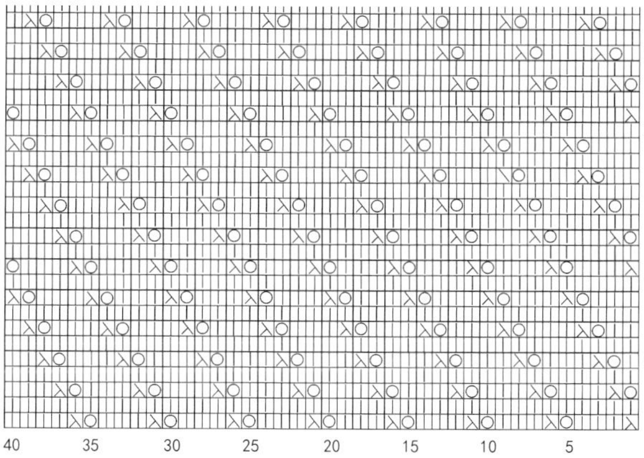

/257

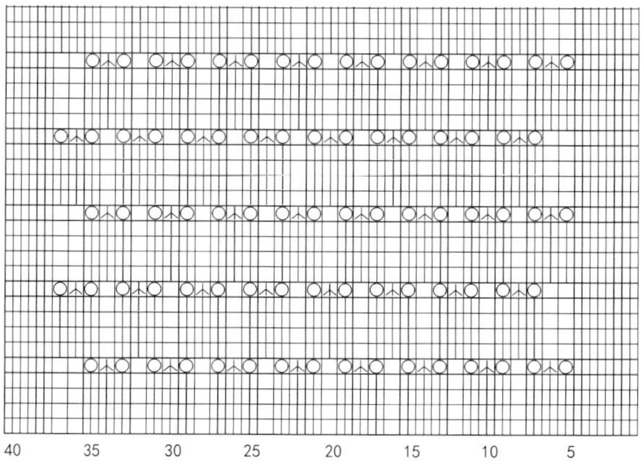

/258

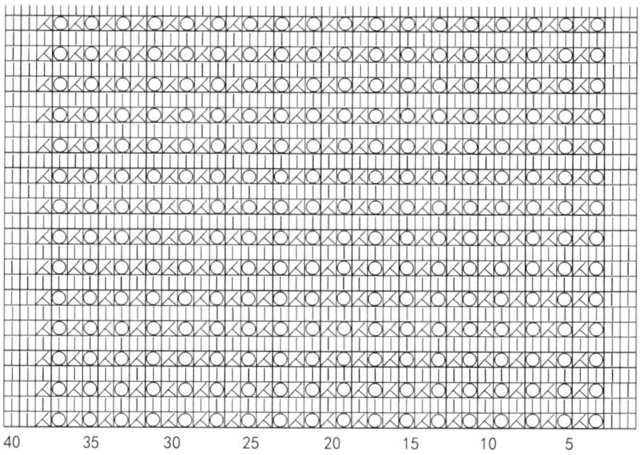

/259

/260

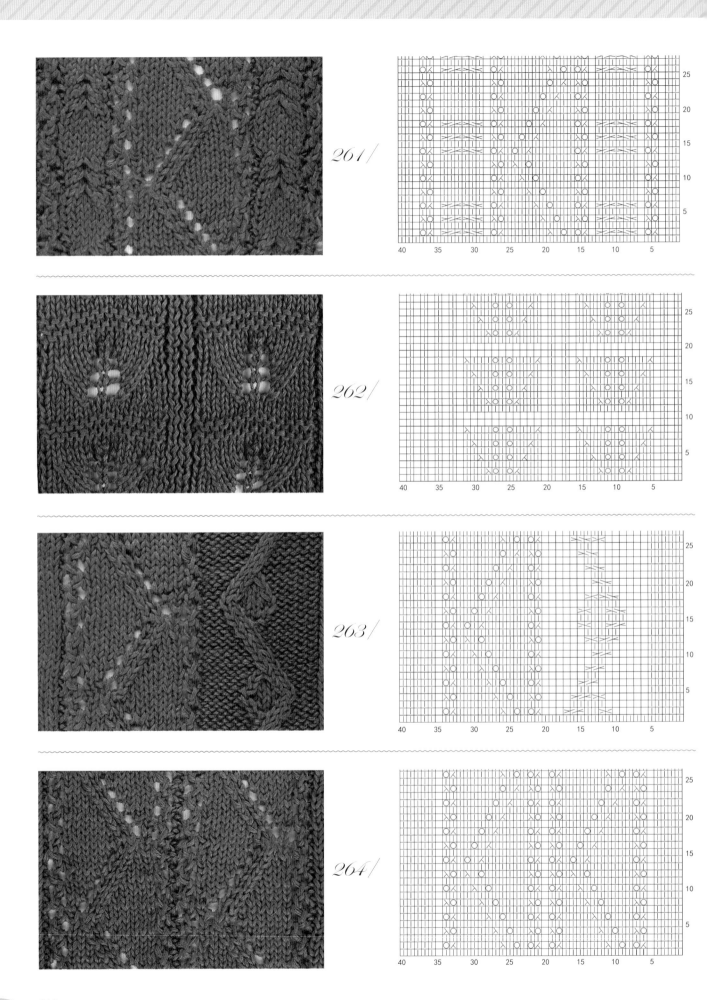

261/

262/

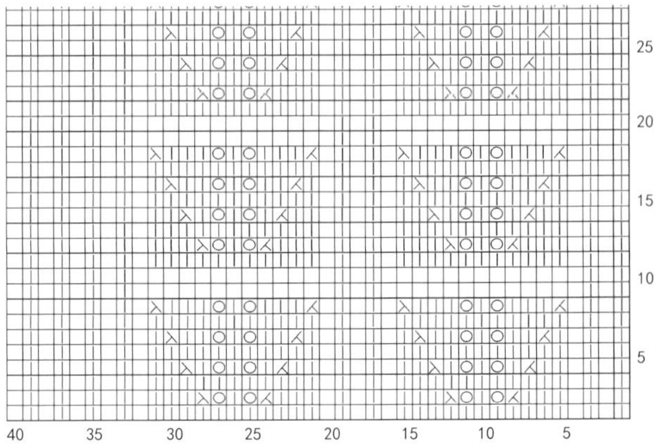

263/

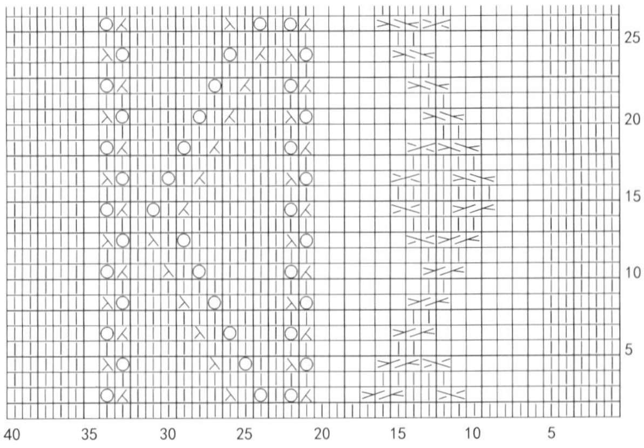

264/

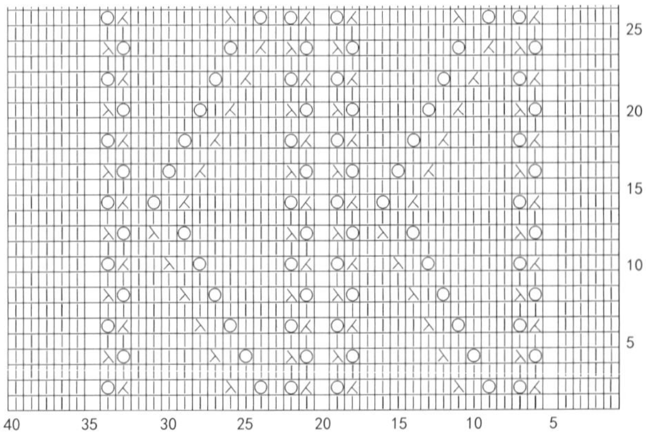

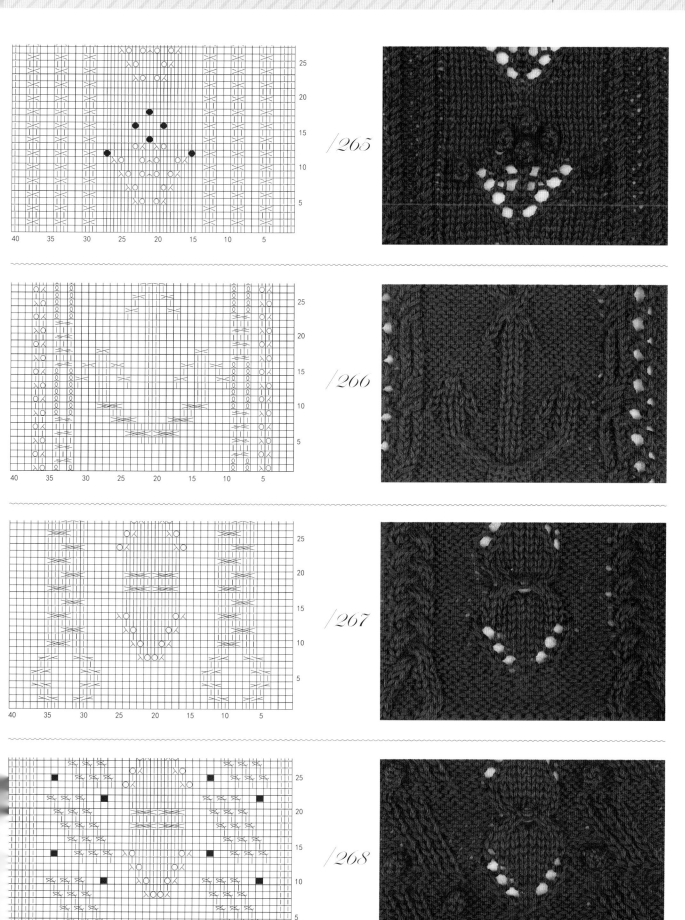

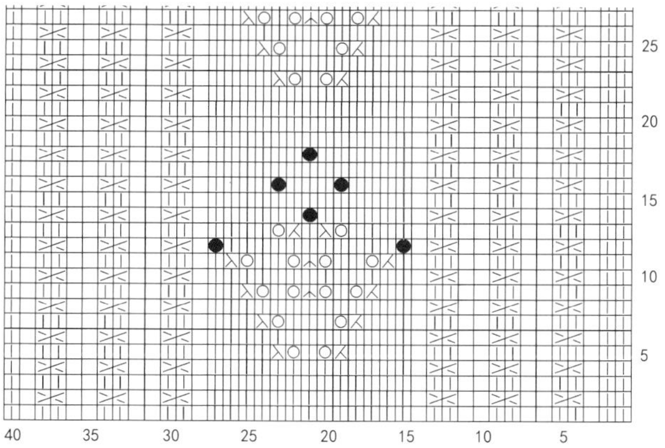

/265

/266

/267

/268

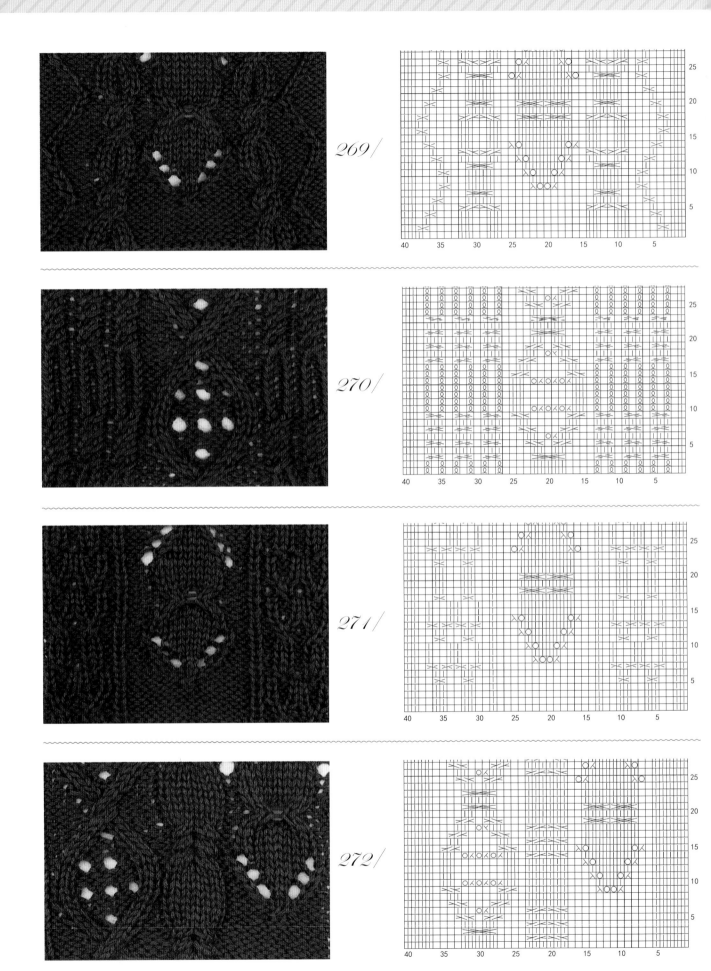

269/

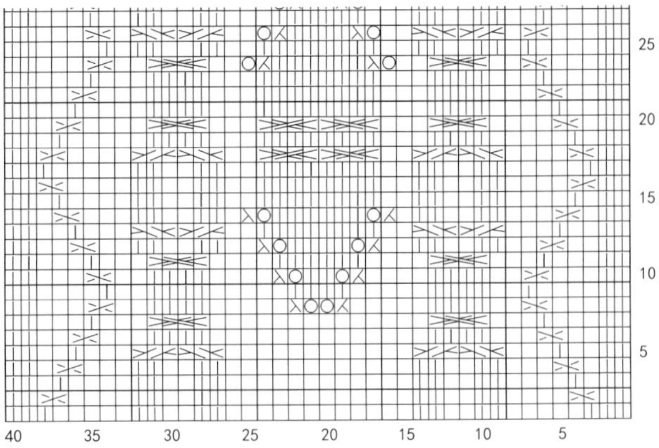

270/

271/

272/

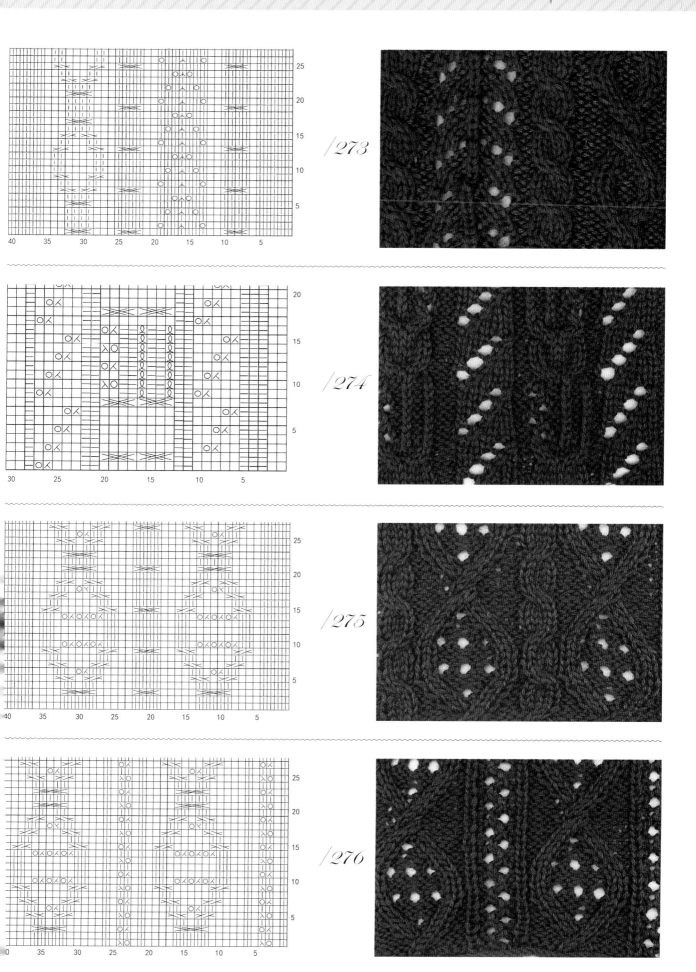

/273

/274

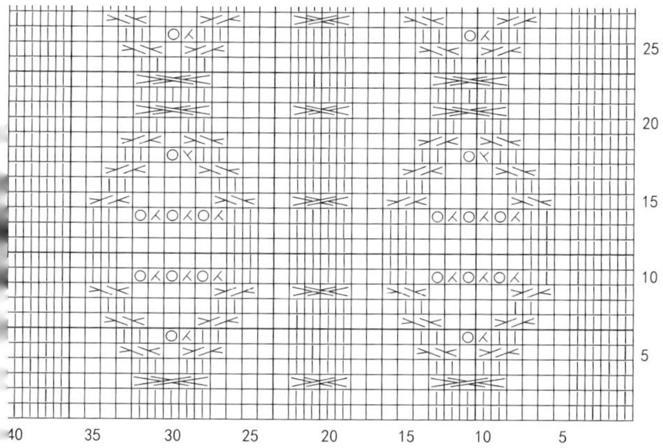

/275

/276

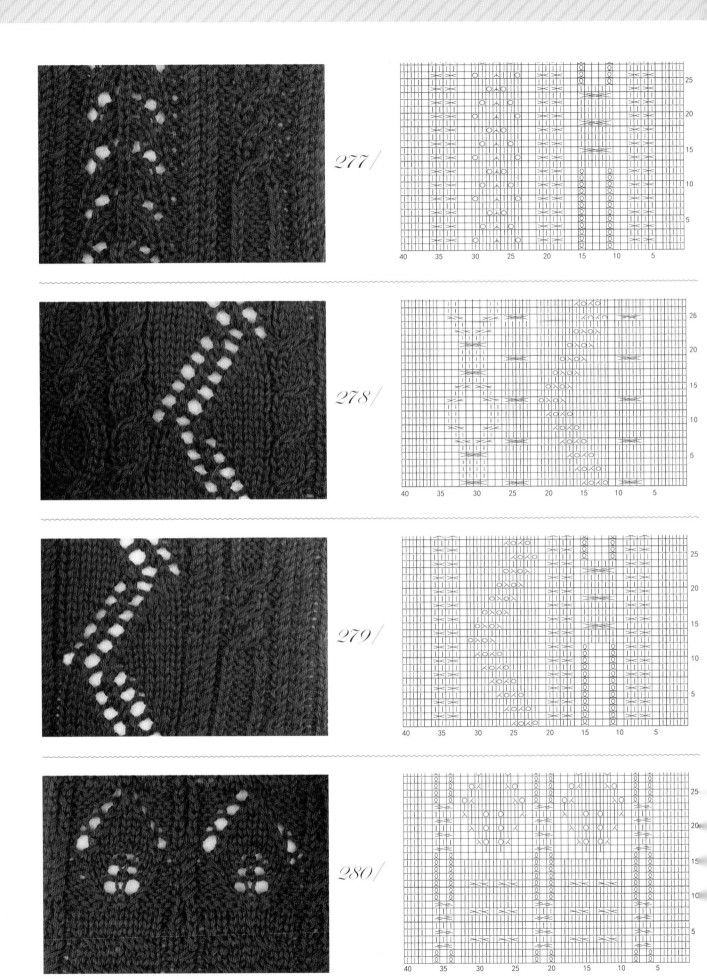

277/

278/

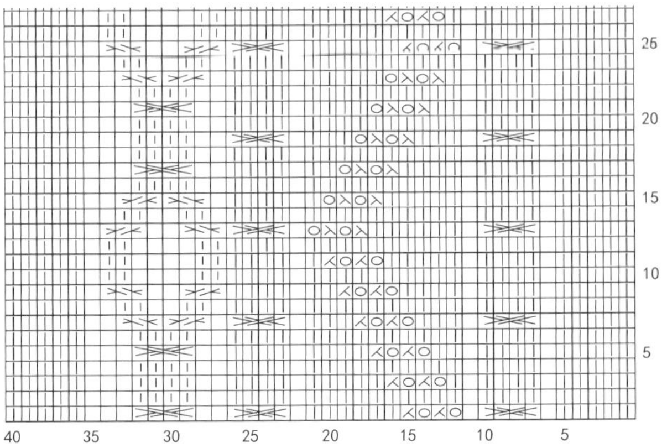

279/

280/

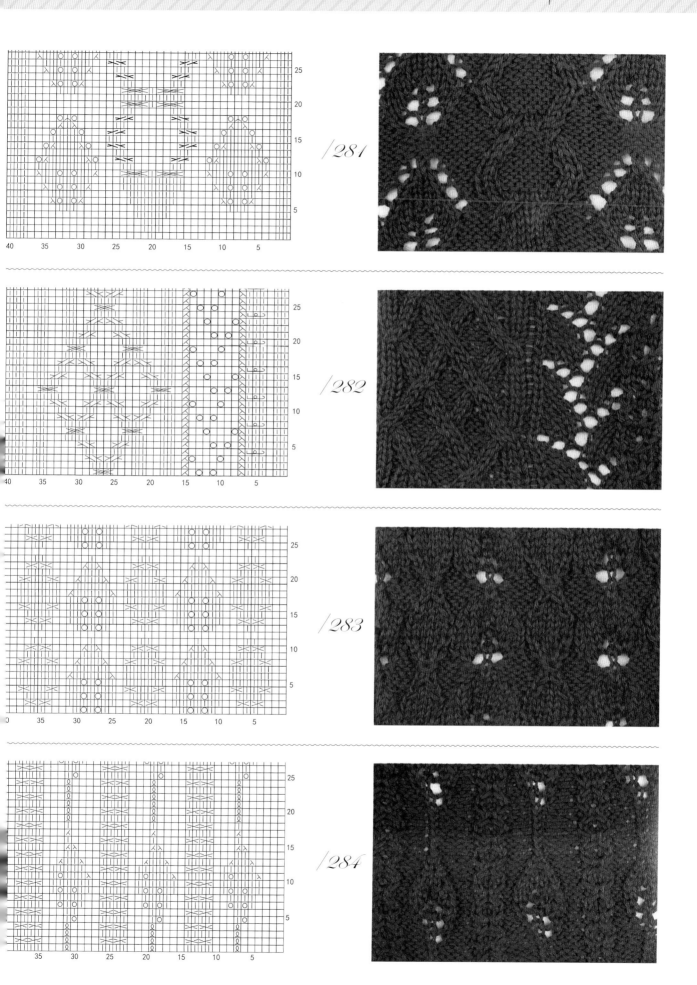

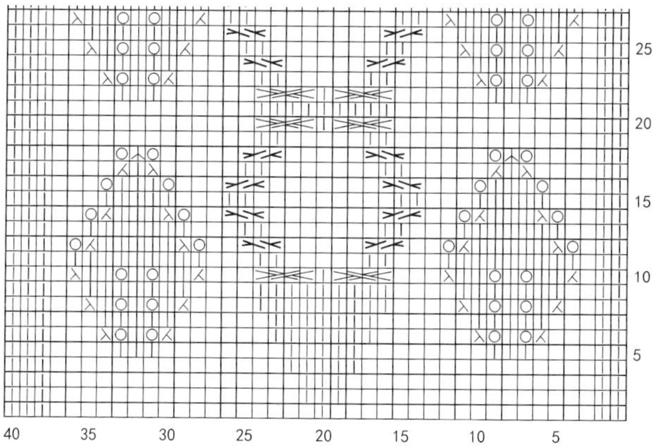

/281

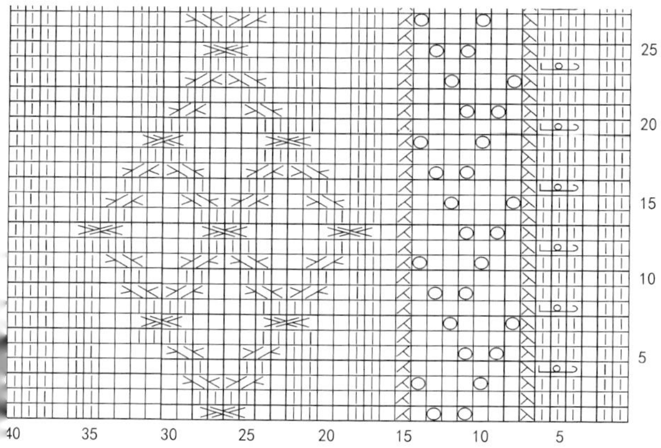

/282

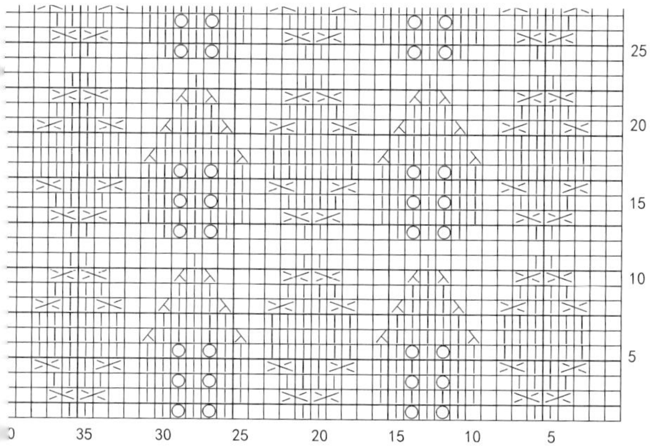

/283

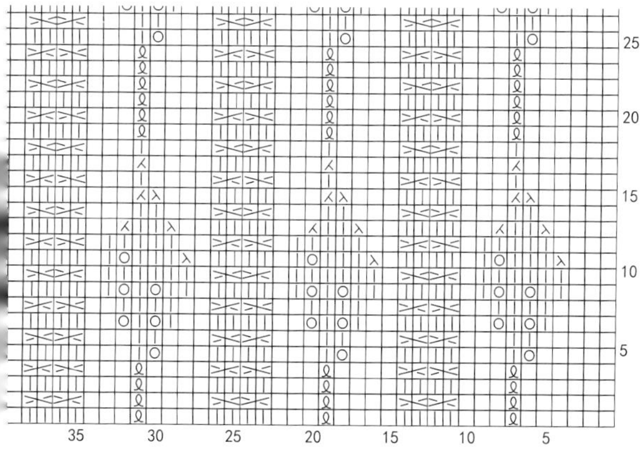

/284

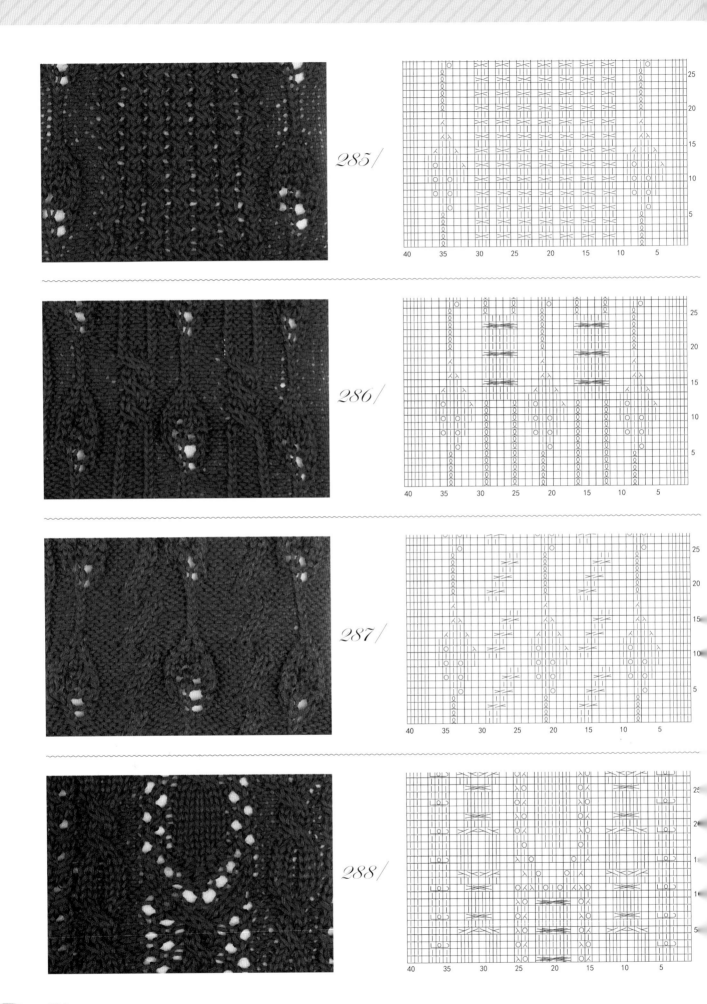

285/

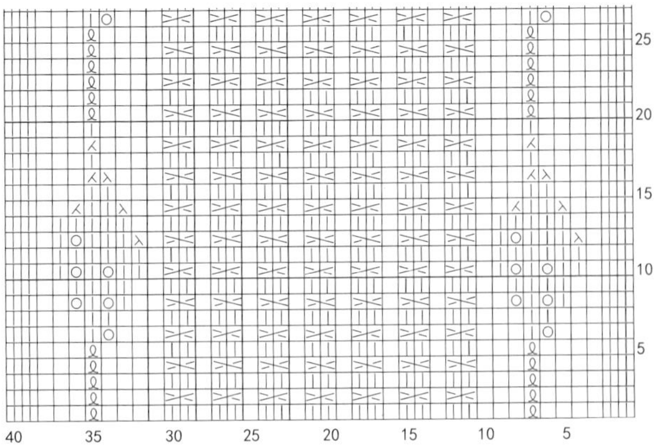

286/

287/

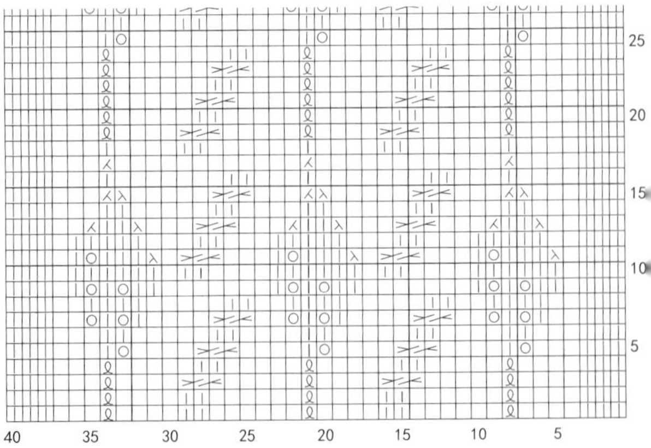

288/

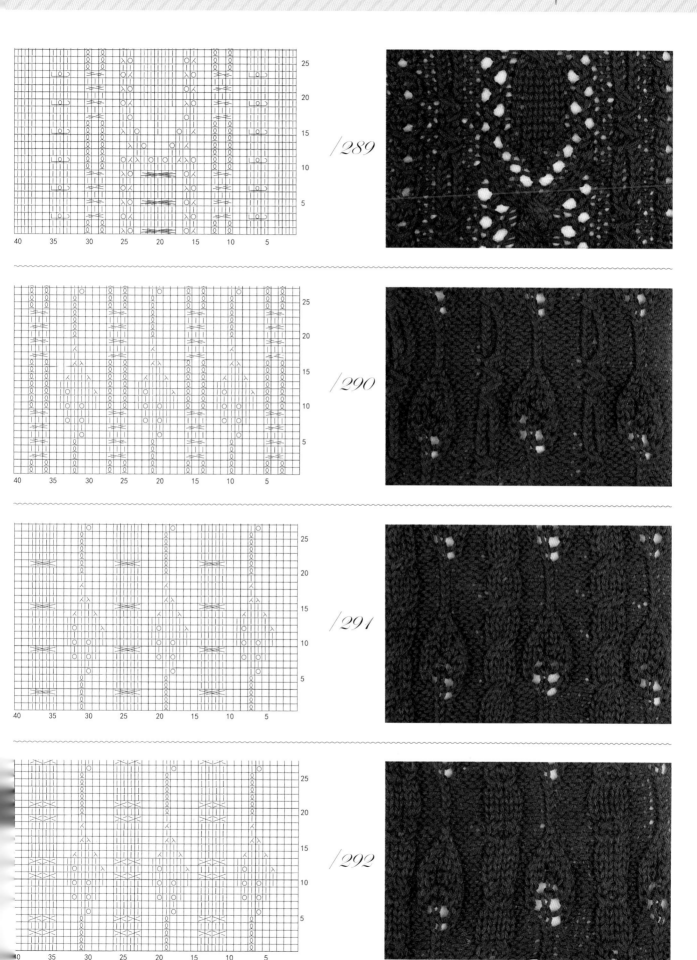

/289

/290

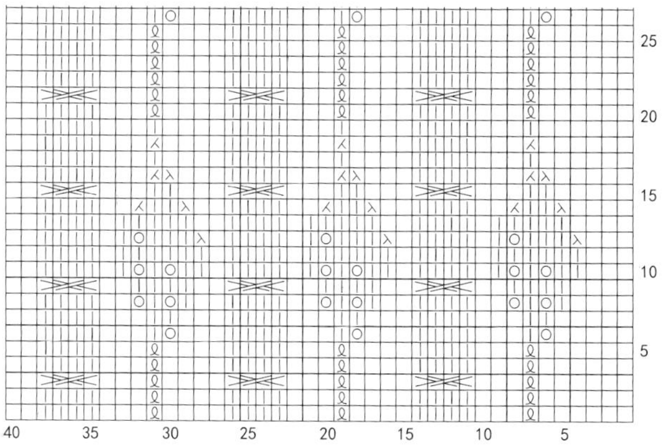

/291

/292

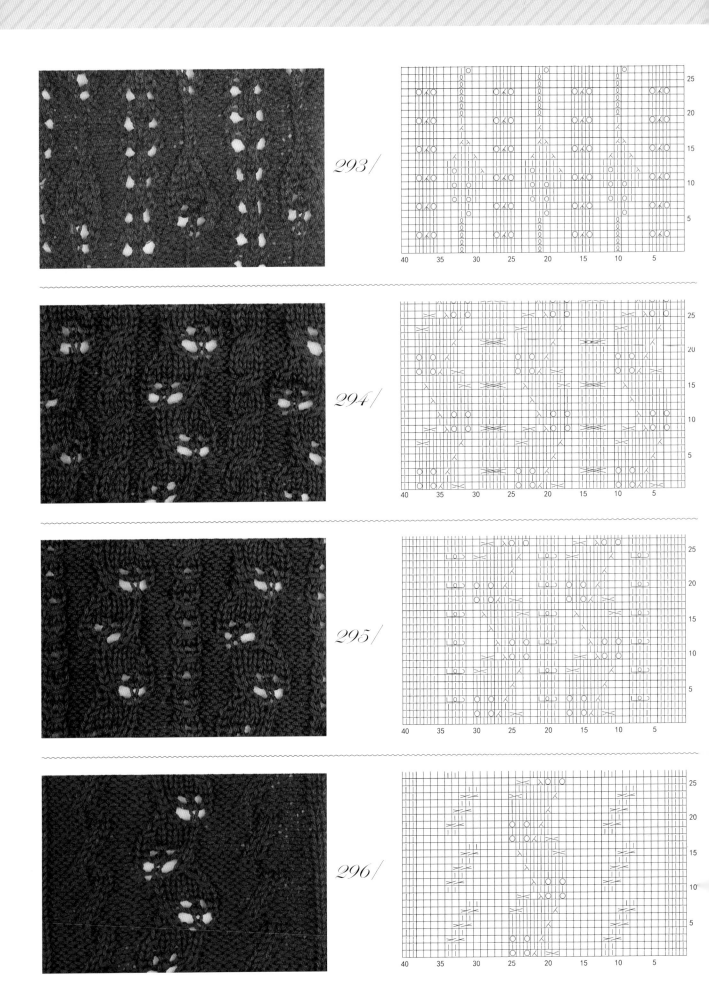

293 /

294 /

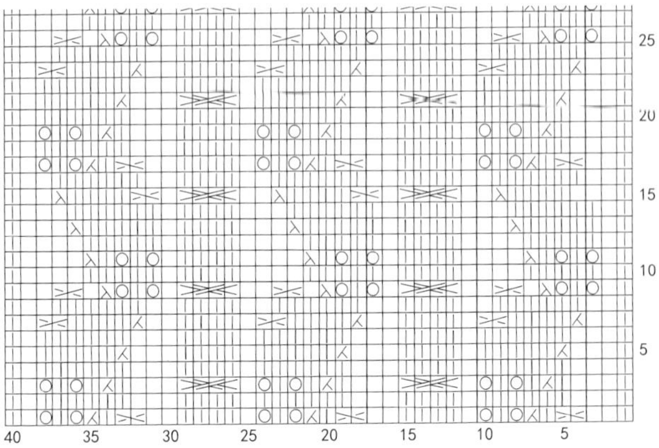

295 /

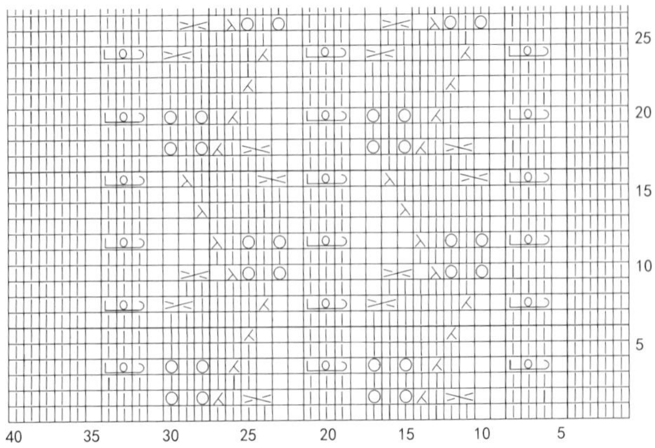

296 /

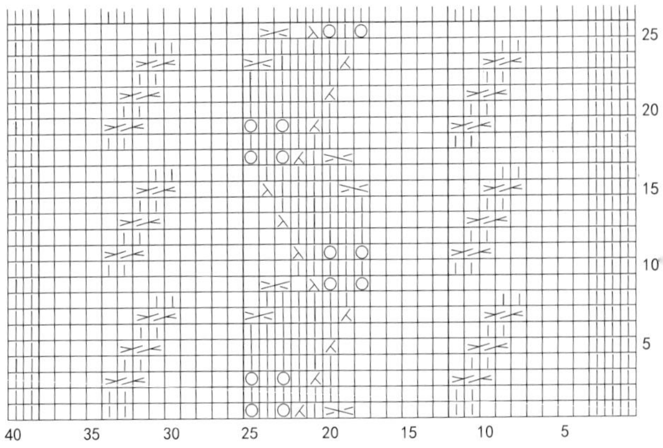

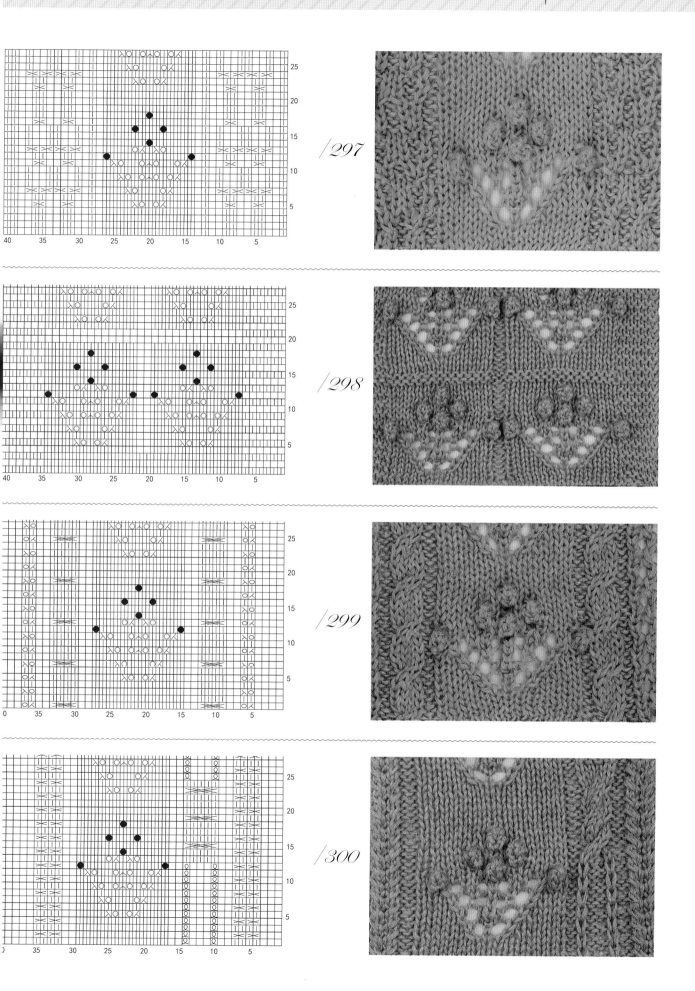

/297

/298

/299

/300

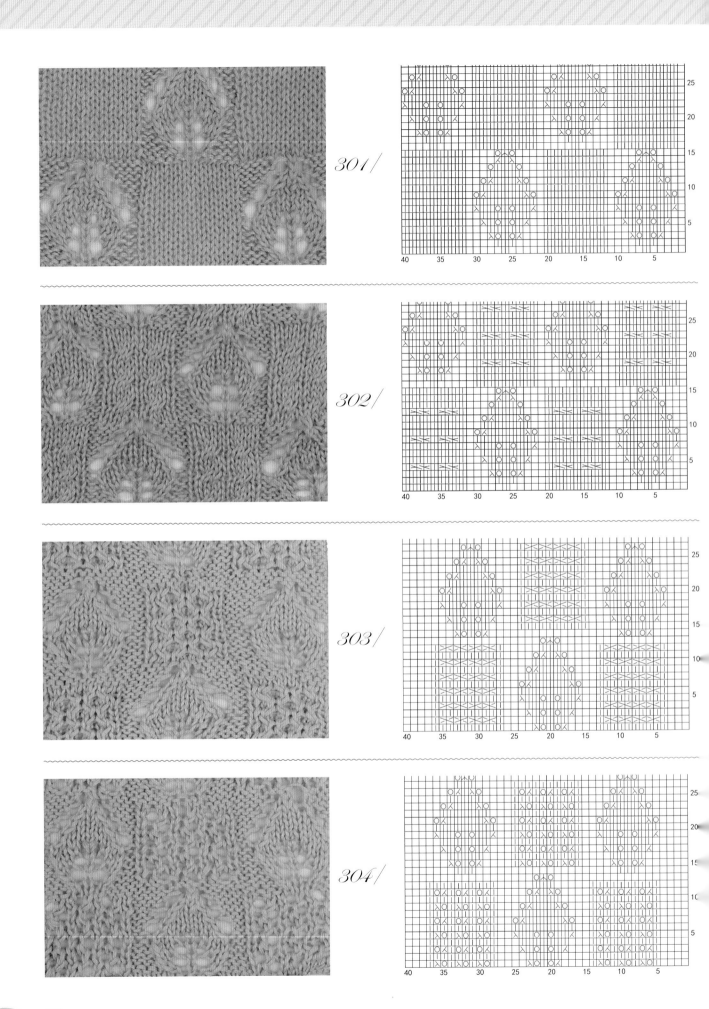

301/

302/

303/

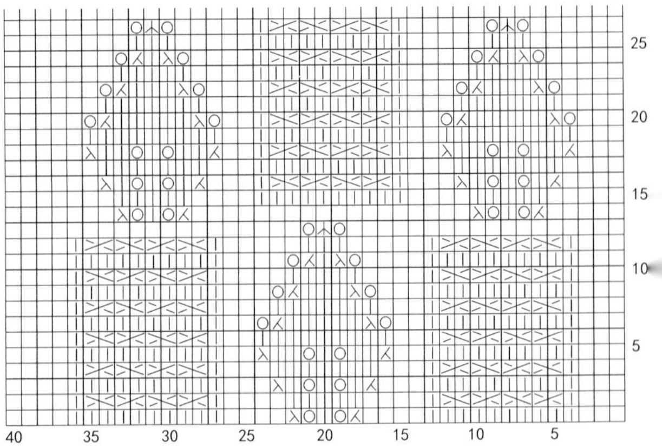

304/

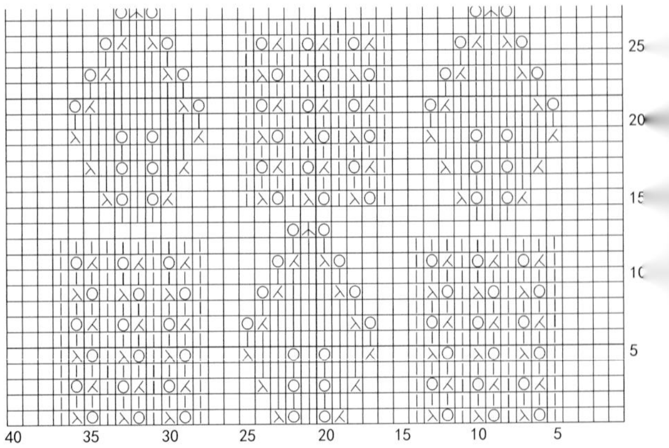

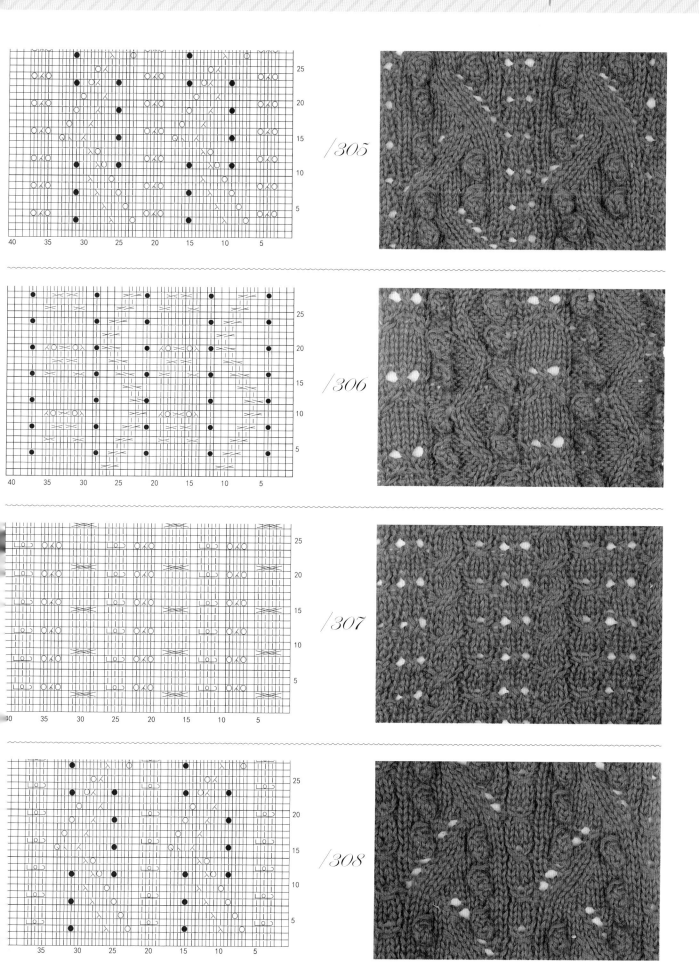

/305

/306

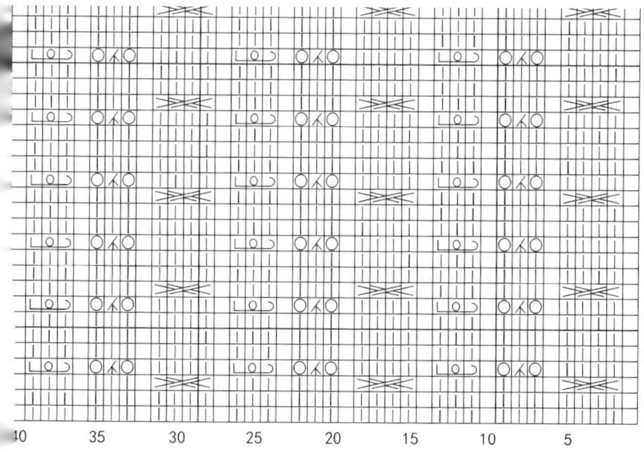

/307

/308

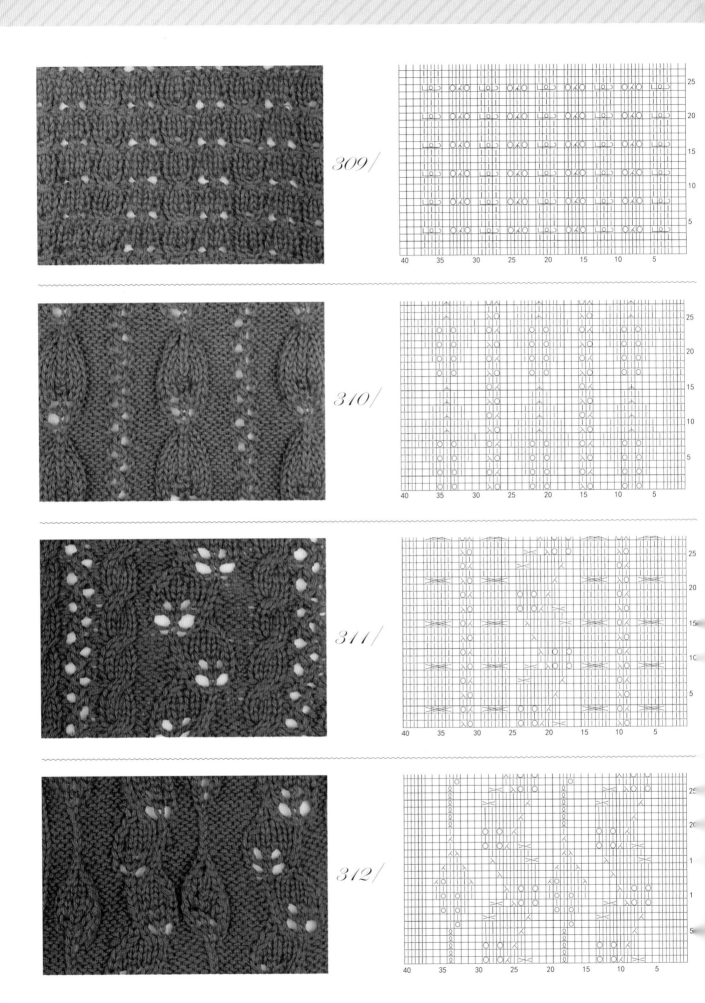

309/

310/

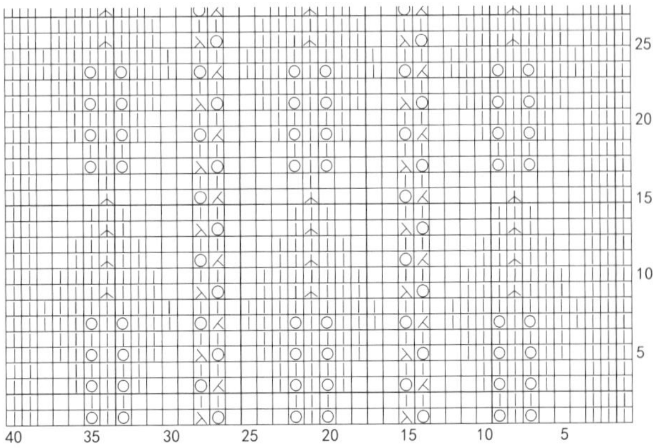

311/

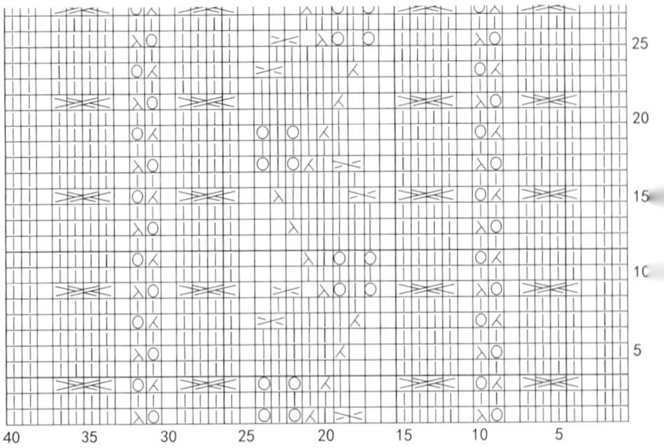

312/

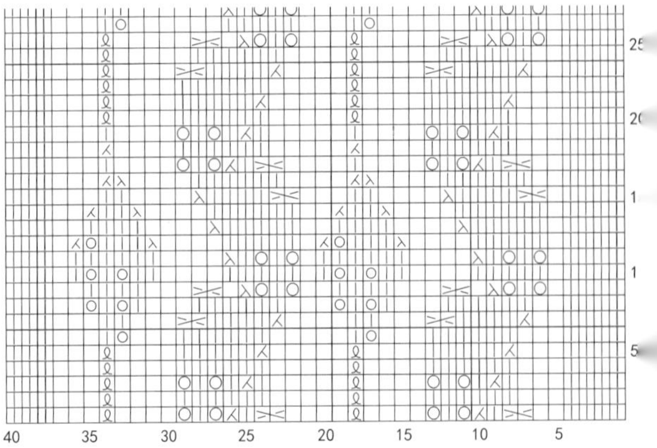

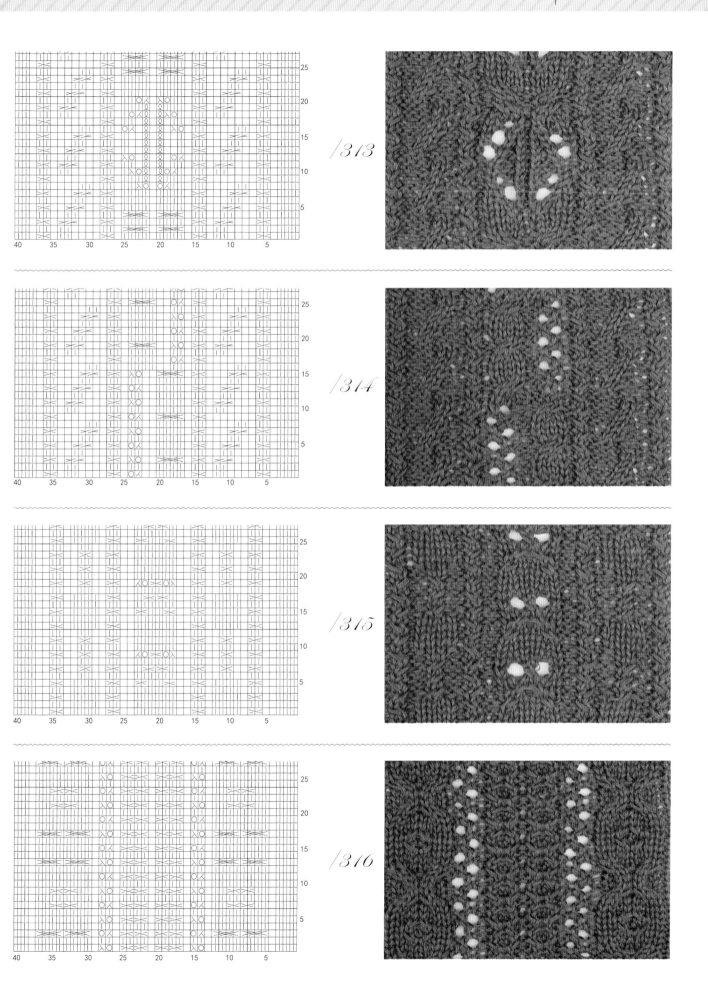

/313

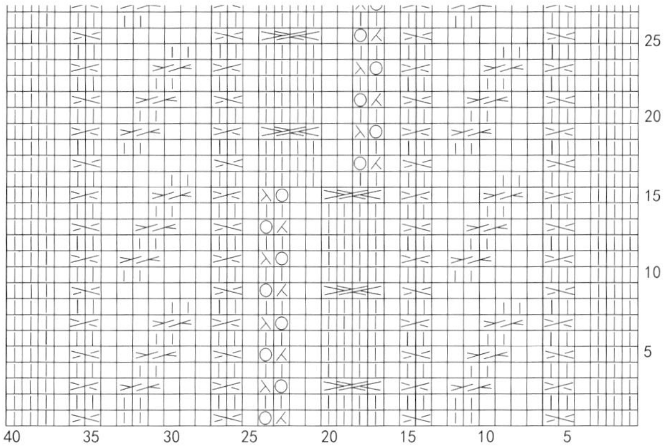

/314

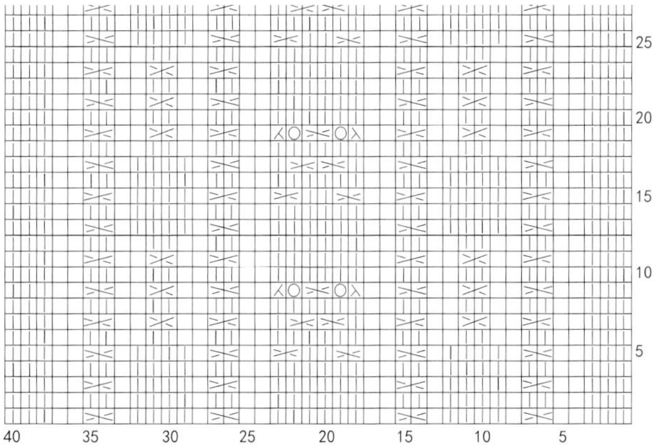

/315

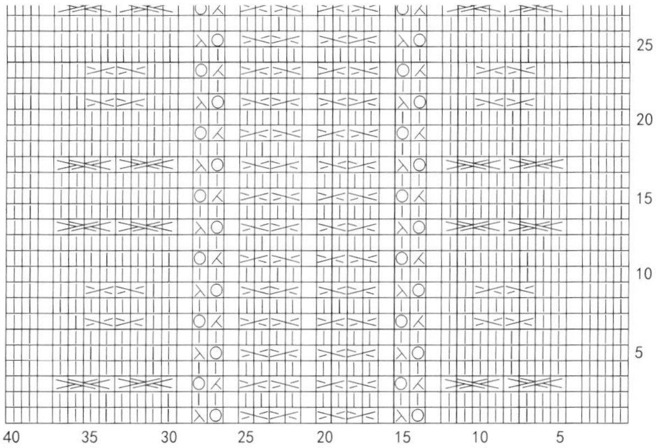

/316

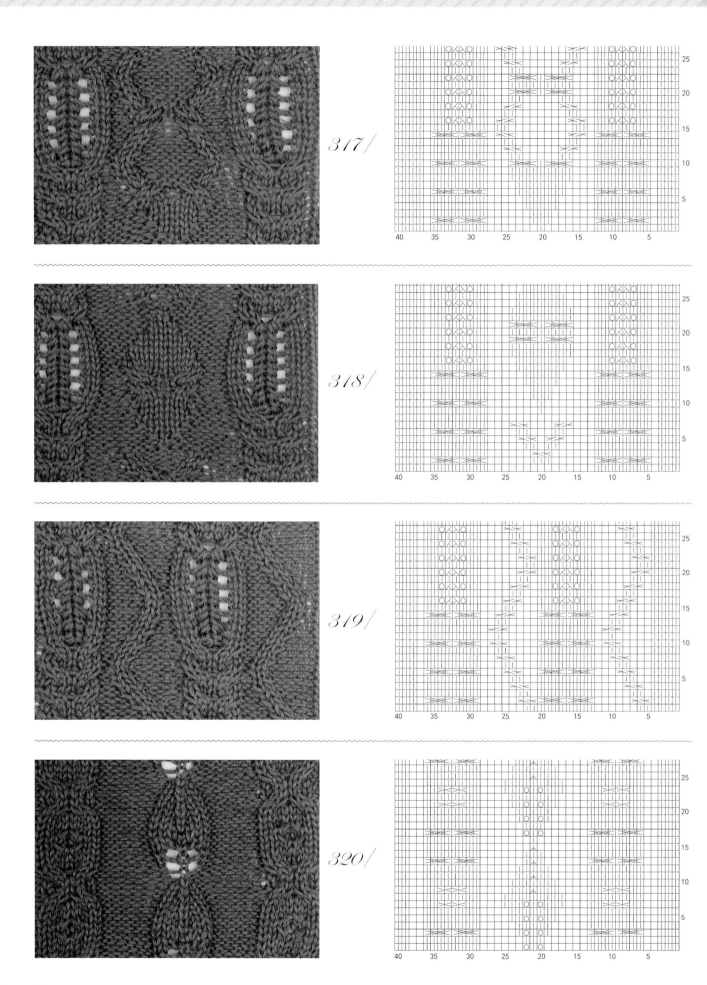

317/

318/

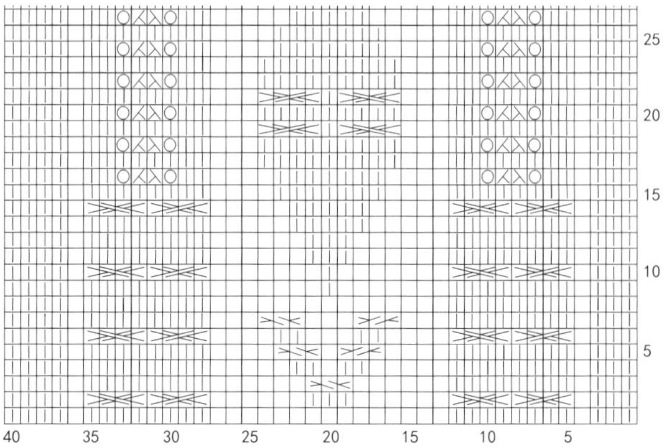

319/

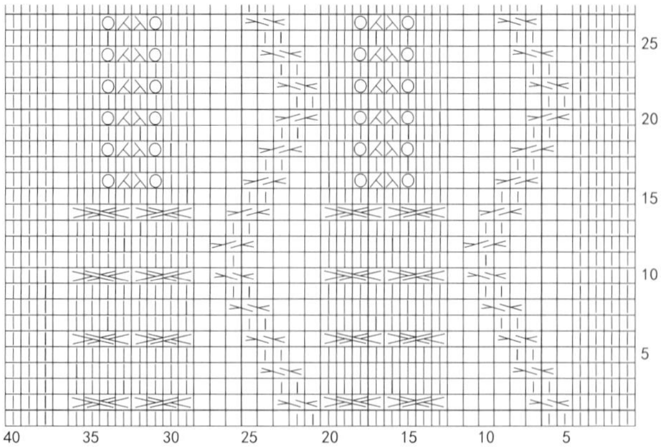

320/

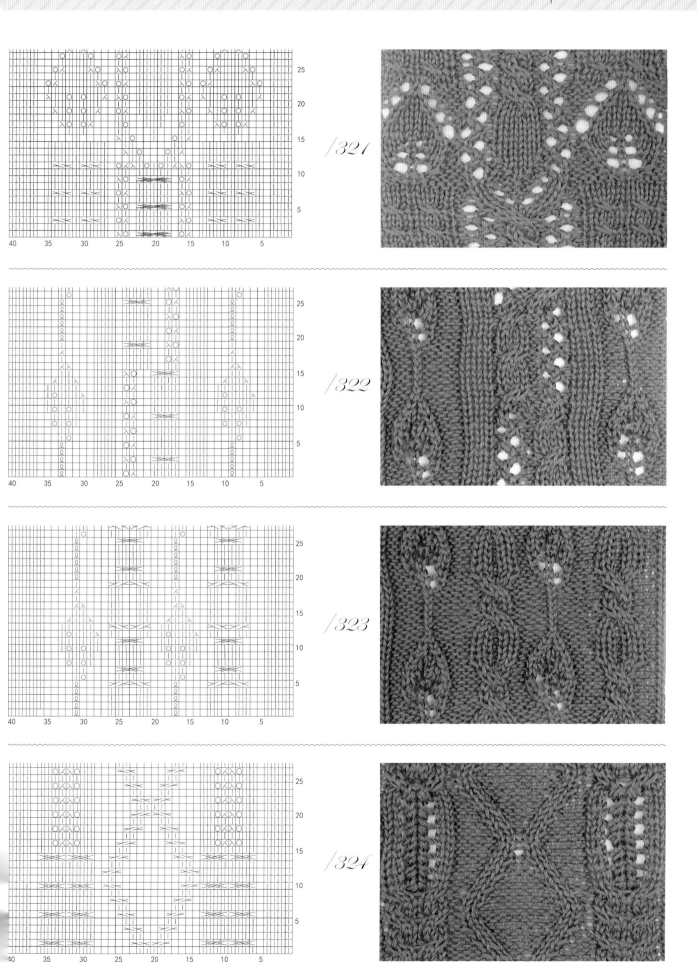

/321

/322

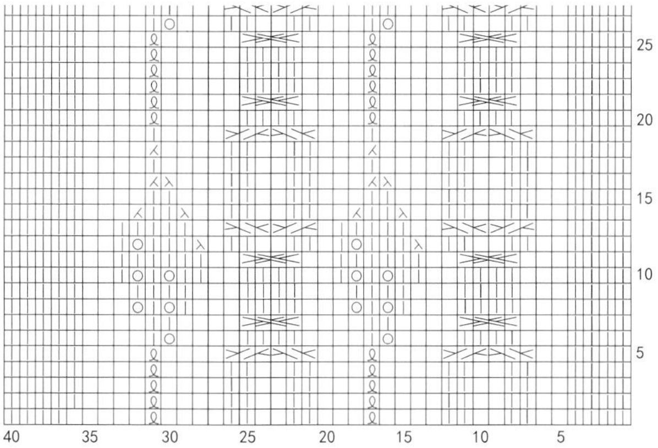

/323

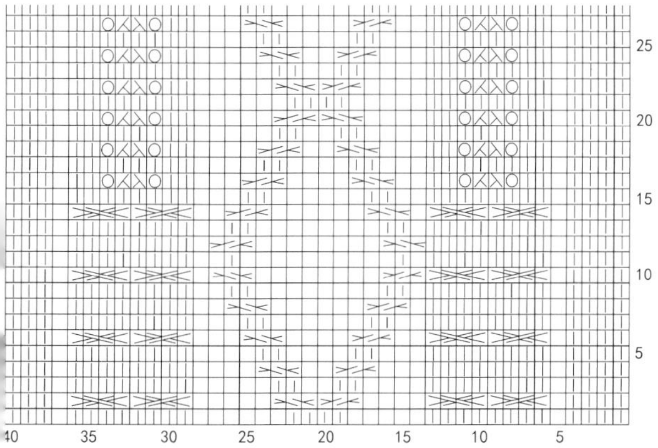

/324

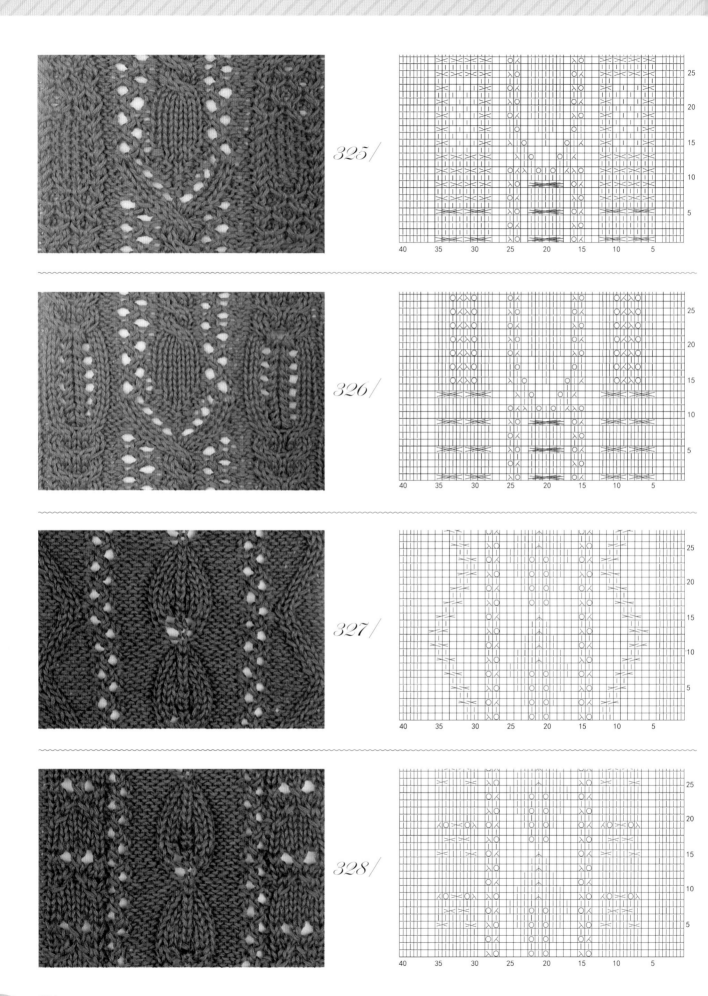

325/

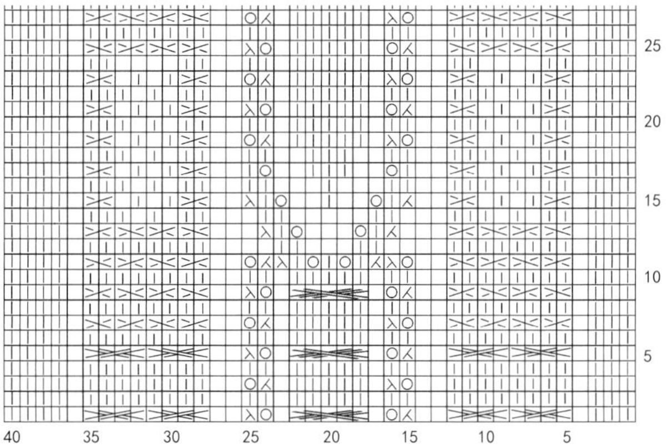

326/

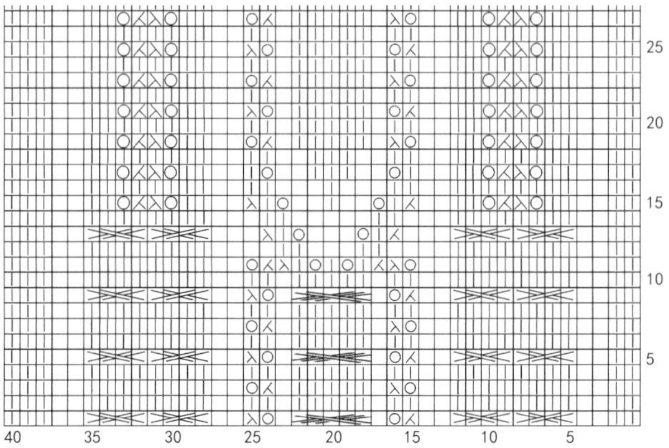

327/

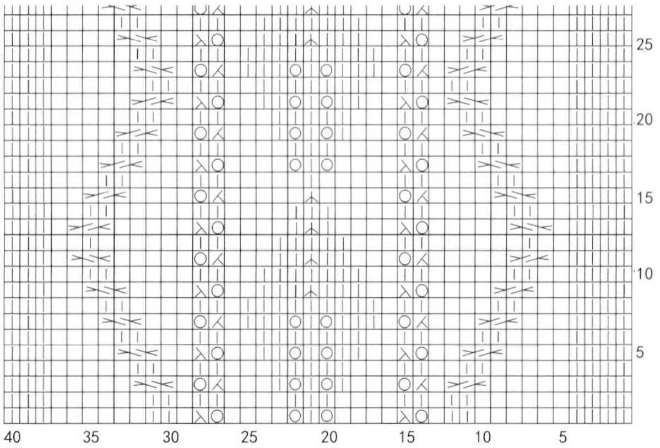

328/

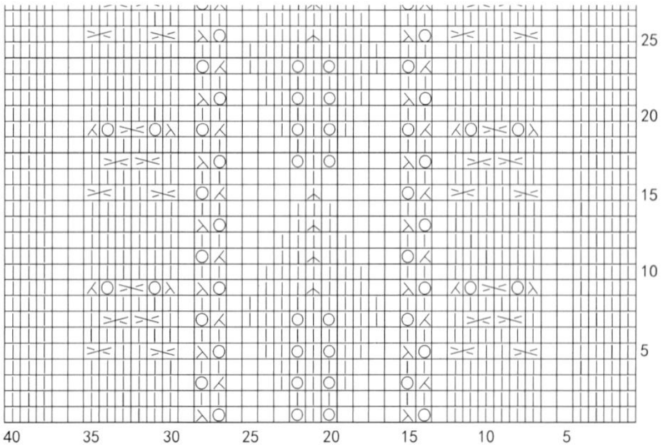

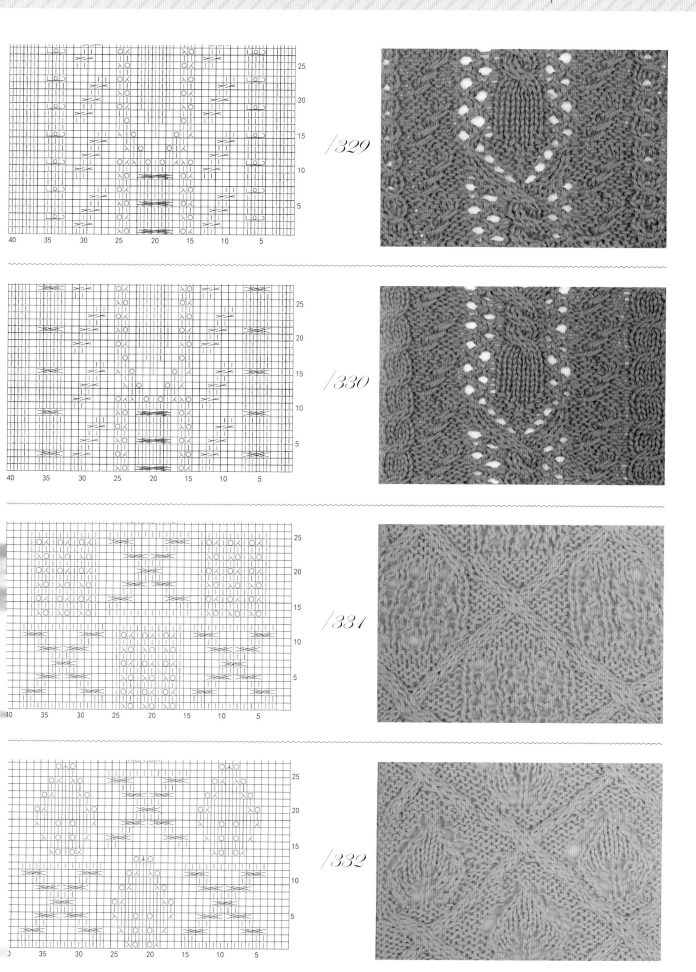

/329

/330

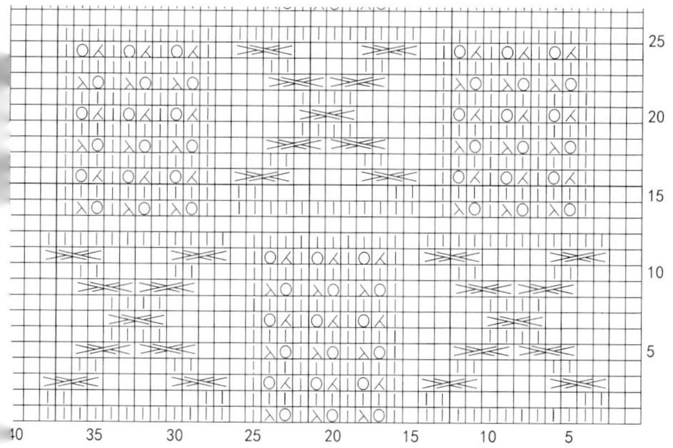

/331

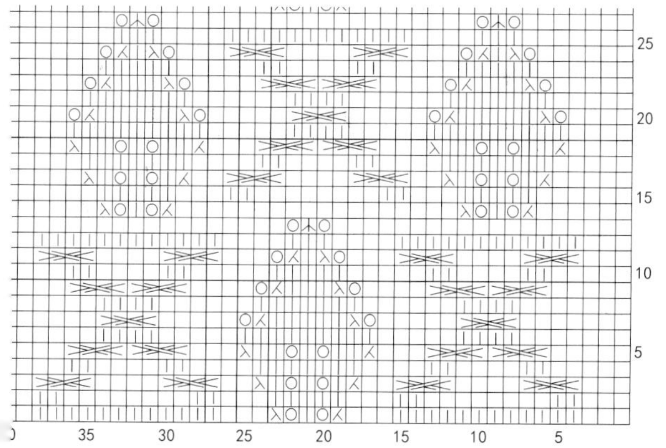

/332

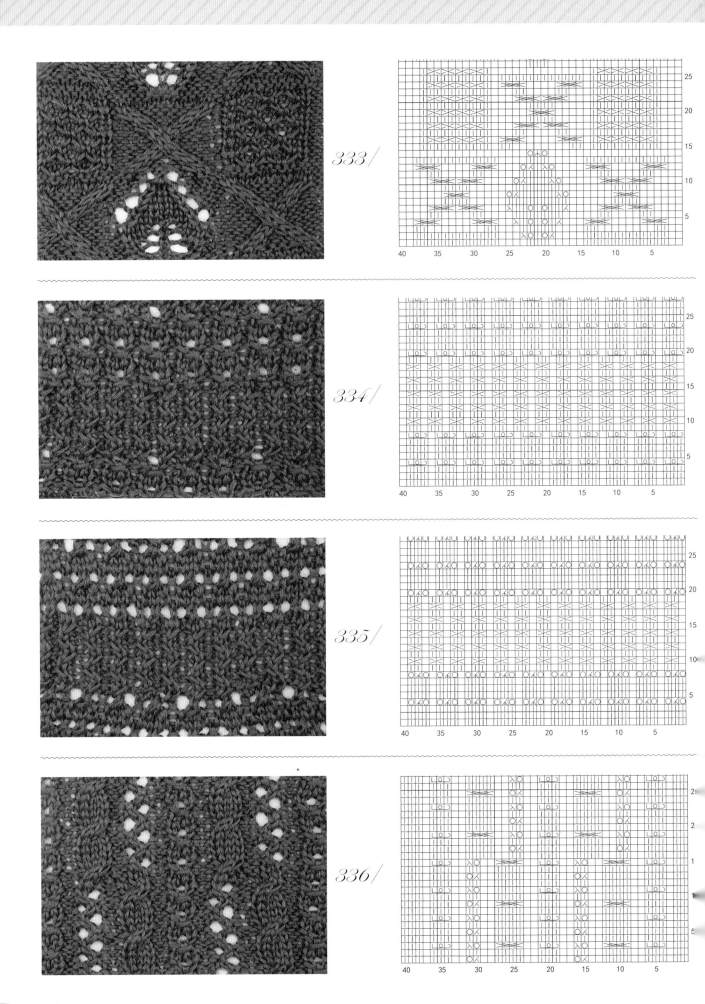

333/

334/

335/

336/

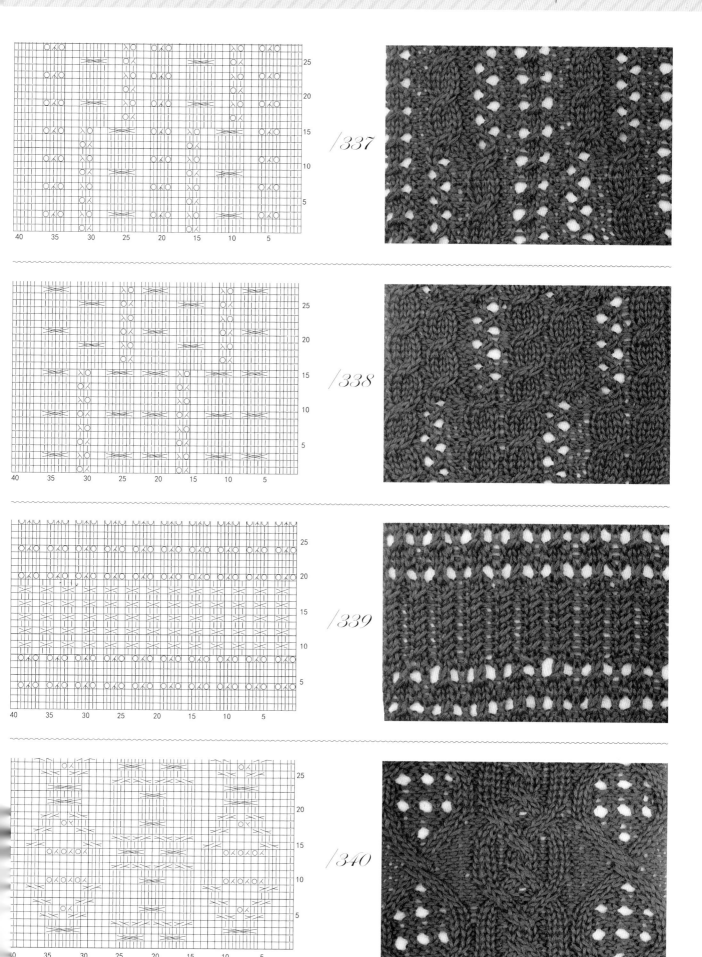

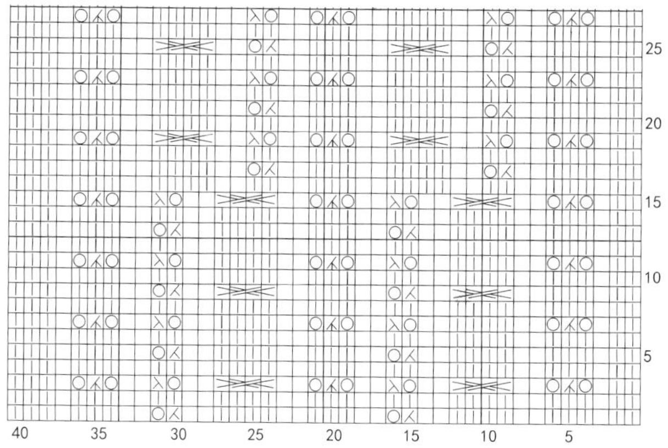

/337

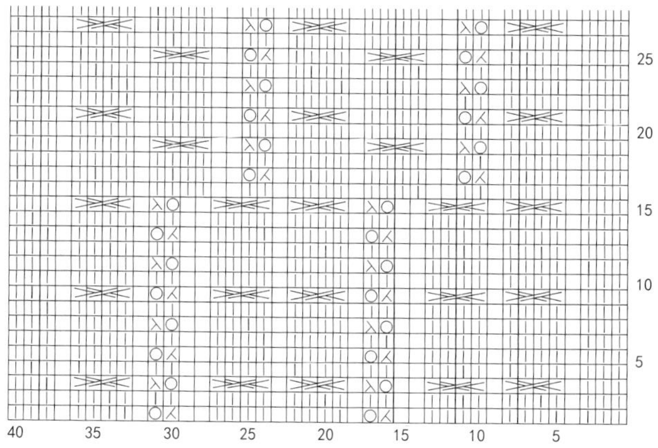

/338

/339

/340

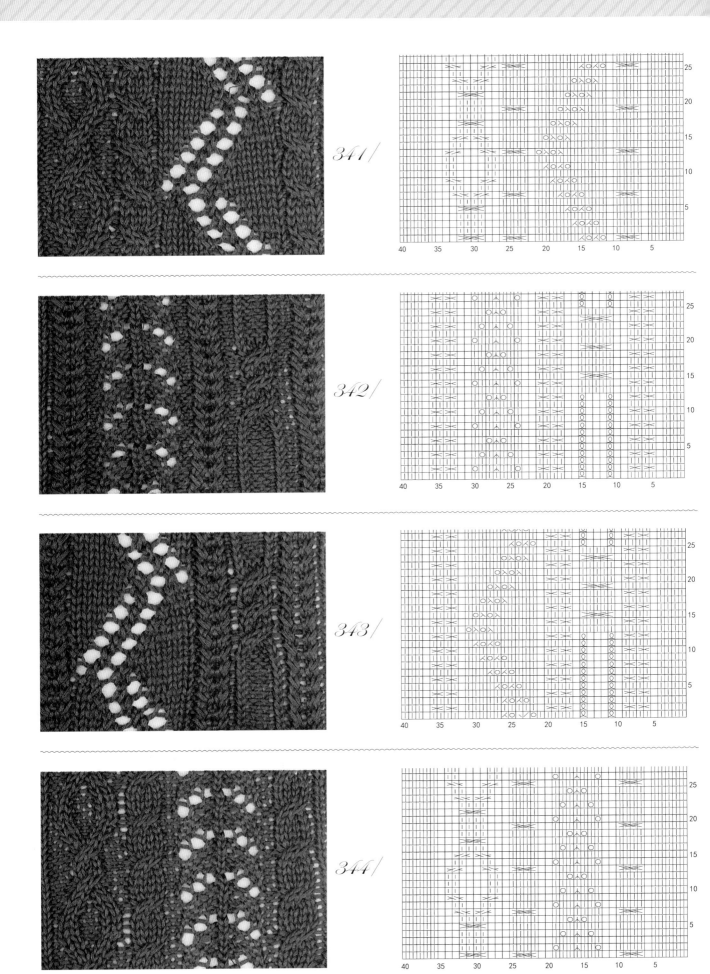

341/

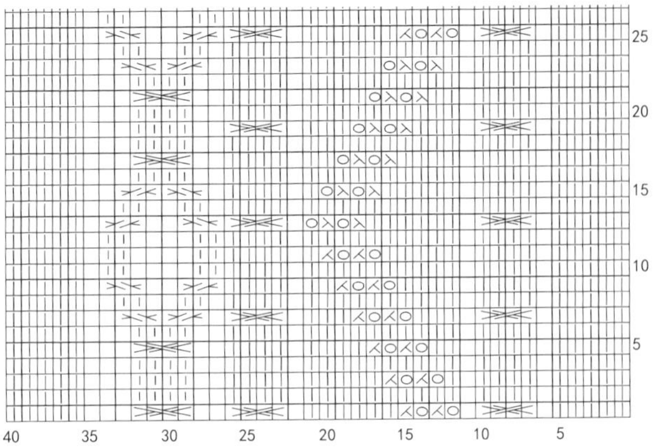

342/

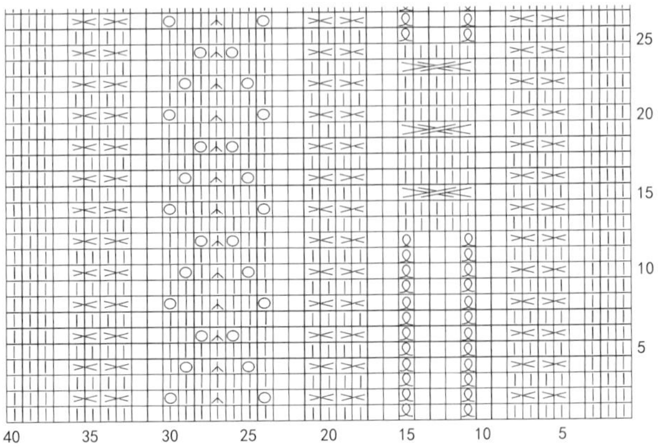

343/

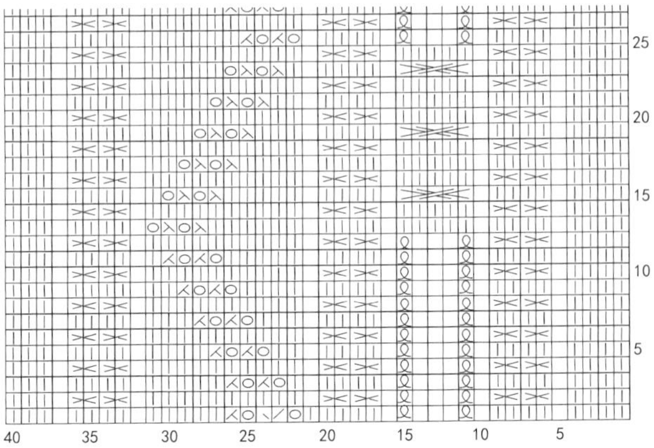

344/

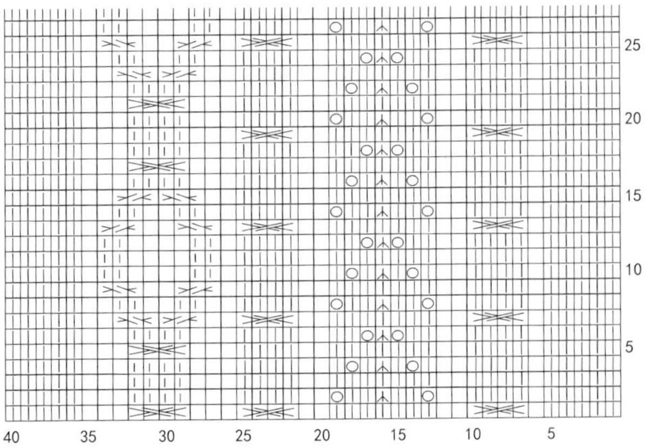

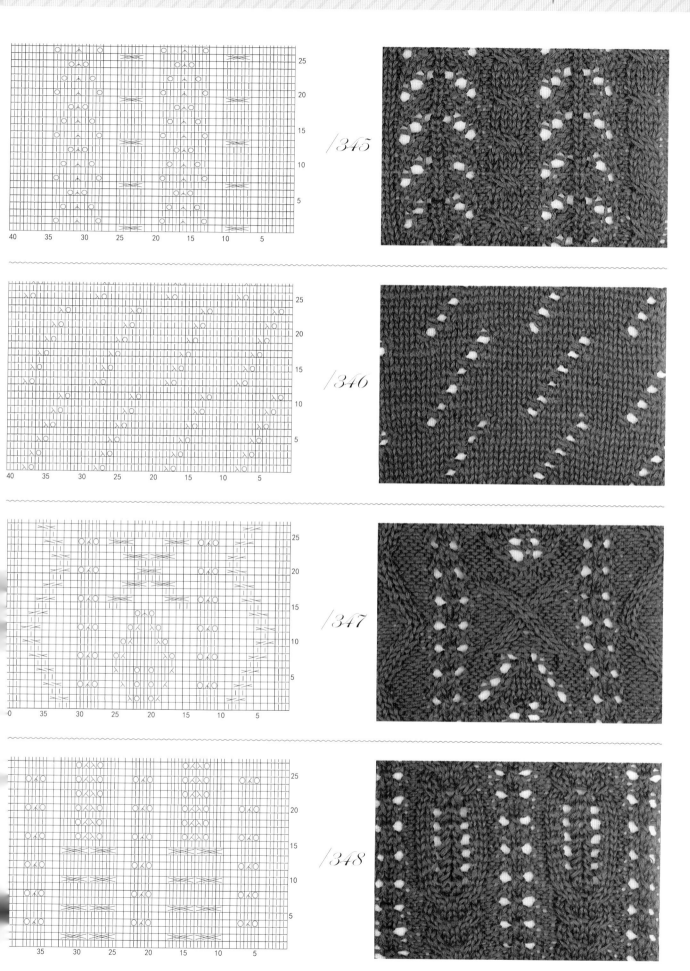

/345

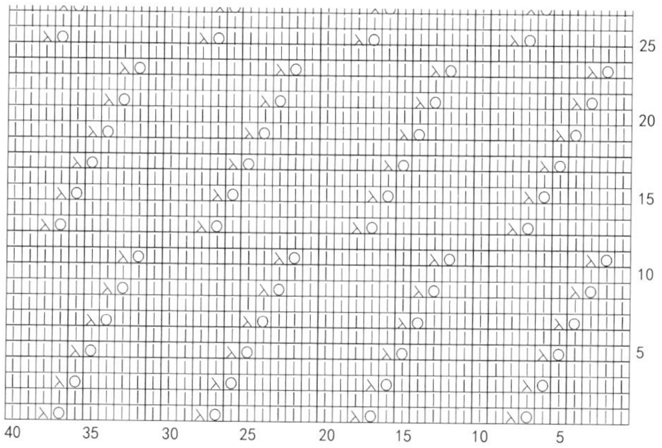

/346

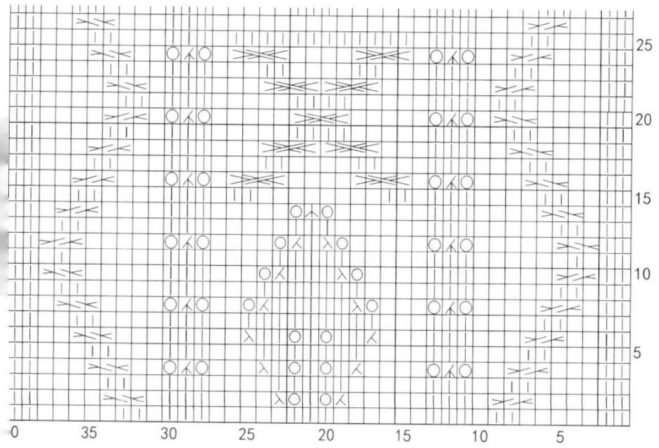

/347

/348

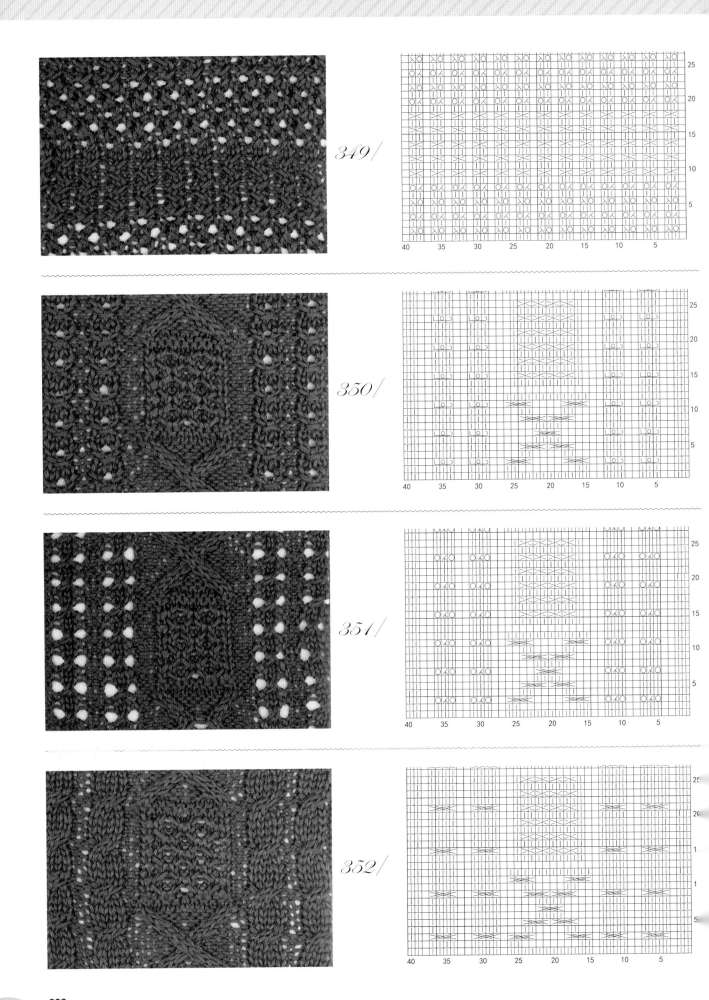

349/

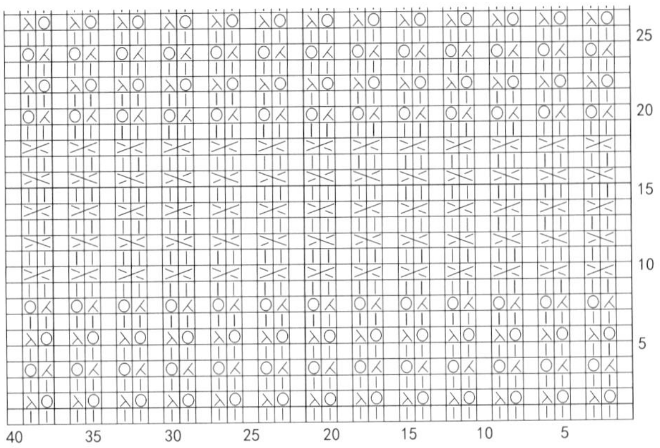

350/

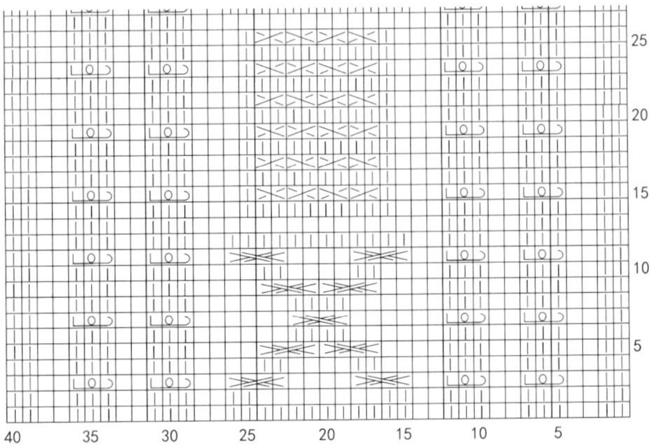

351/

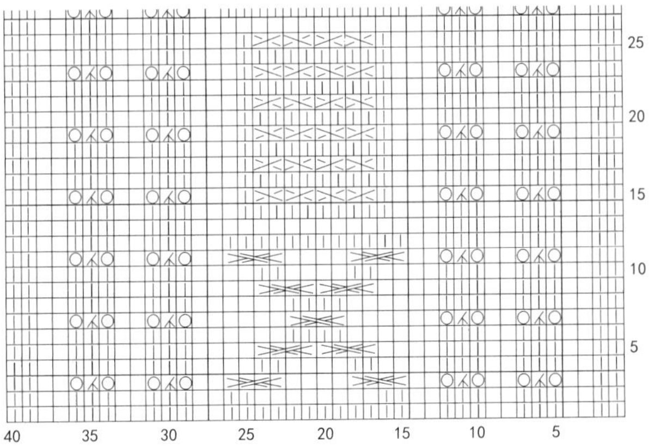

352/

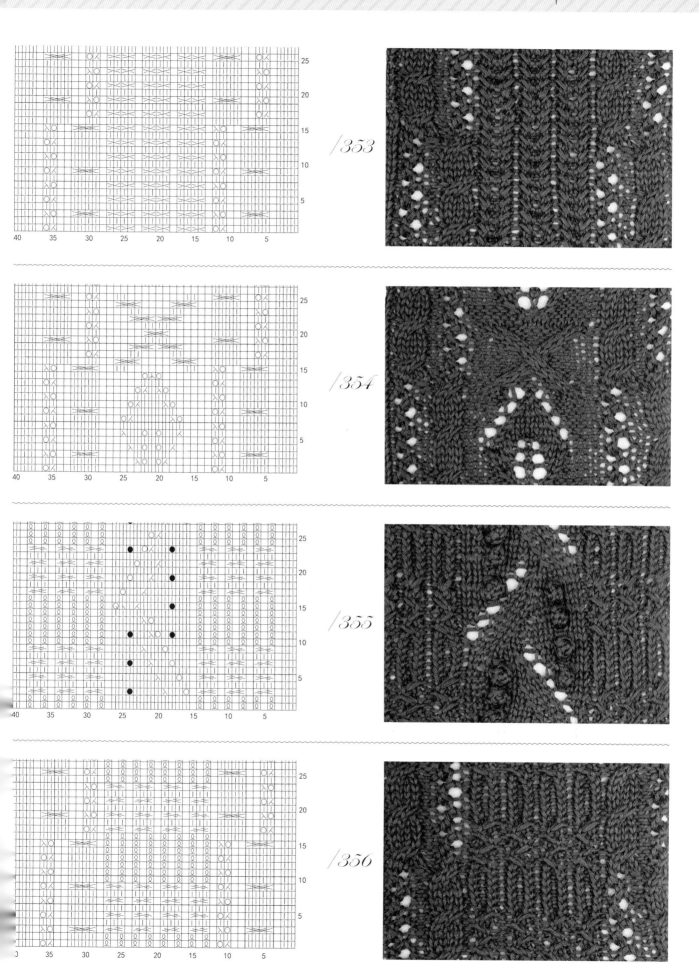

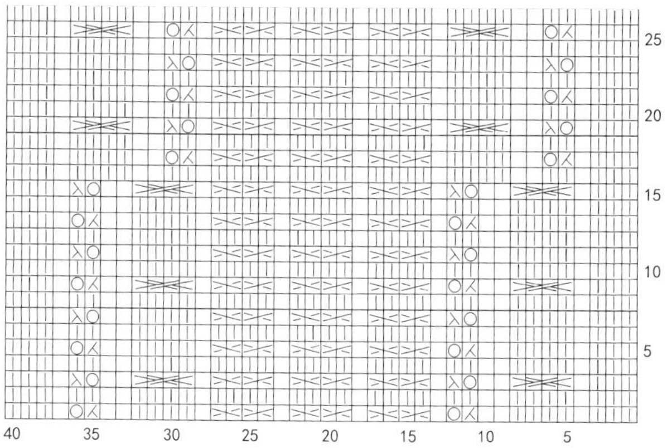

/353

/354

/355

/356

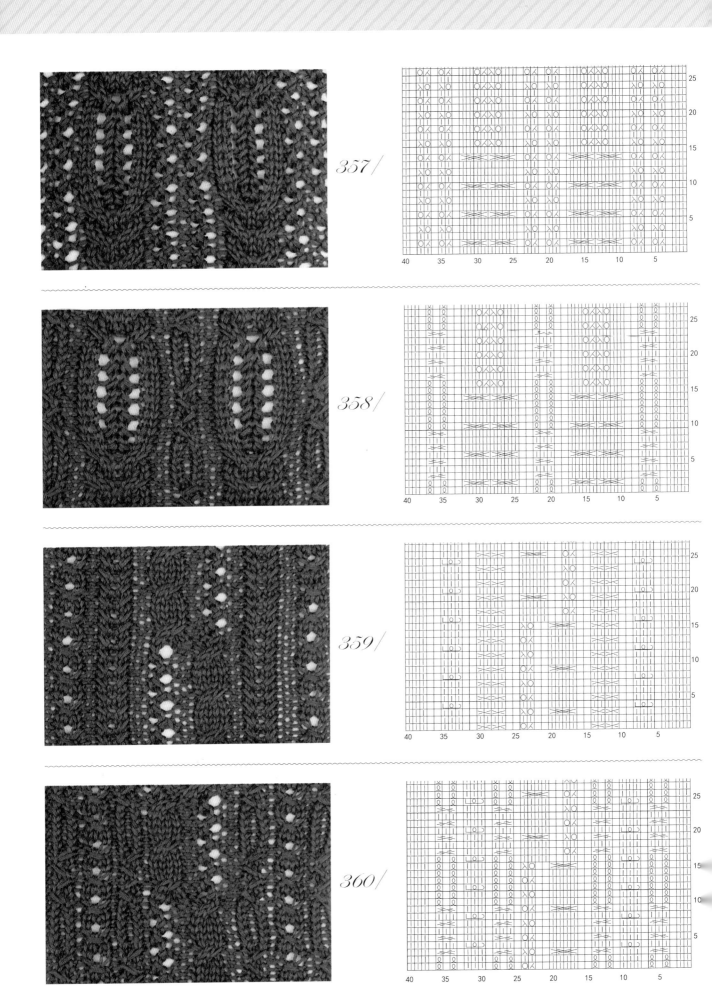

357/

358/

359/

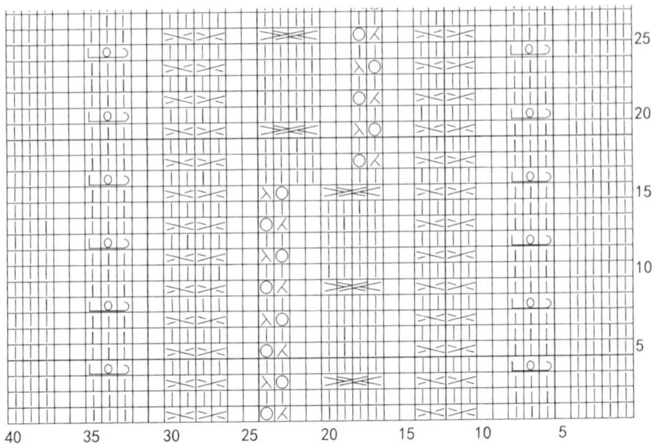

360/

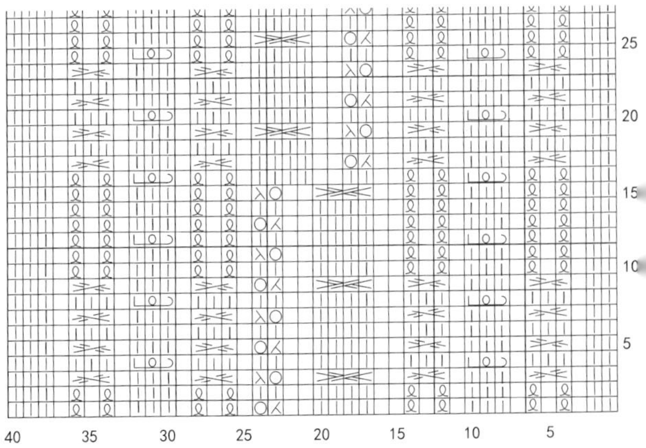

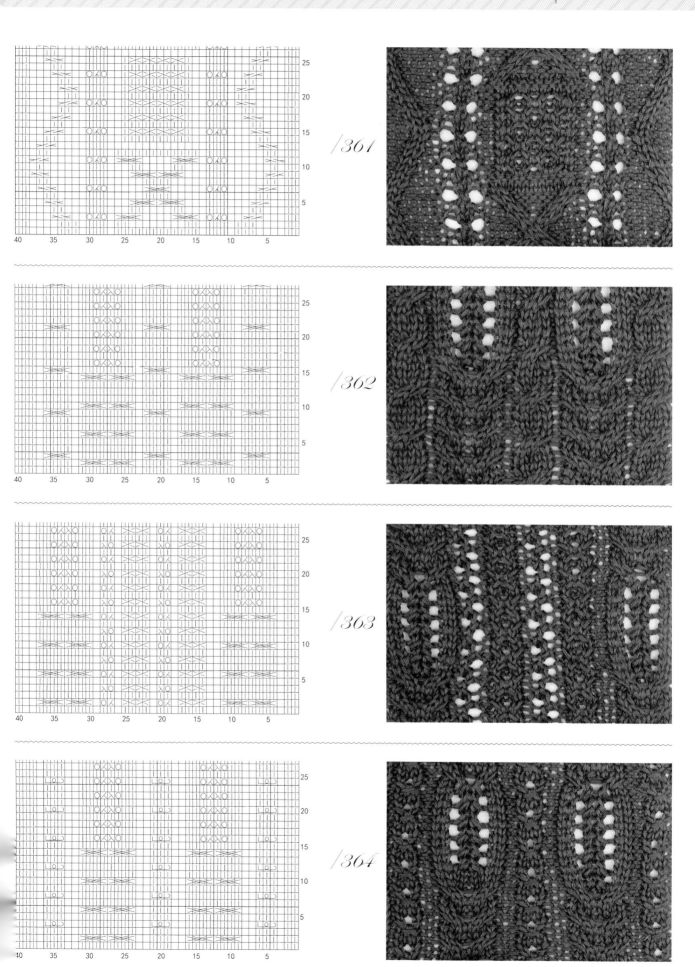

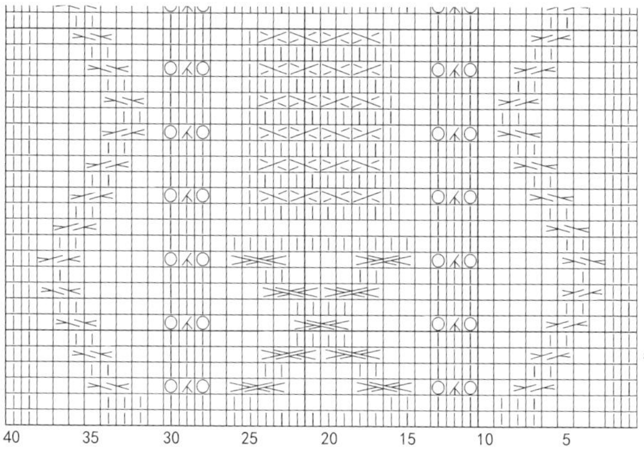

/361

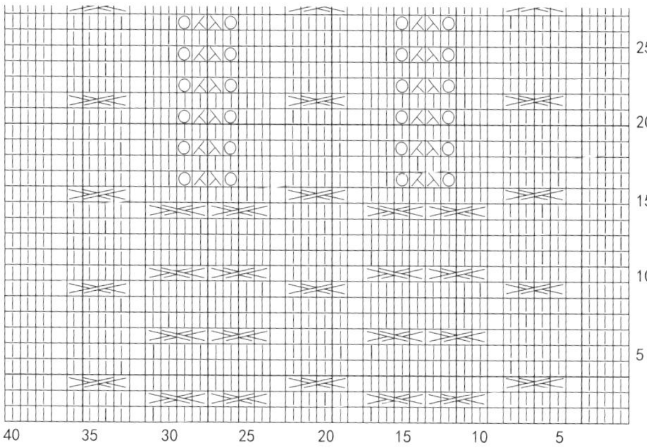

/362

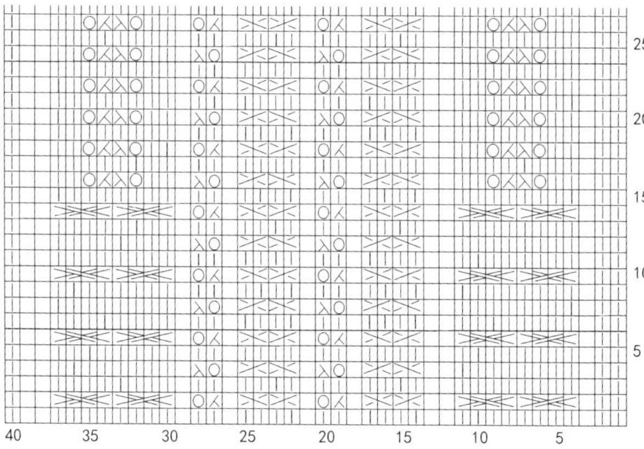

/363

/364

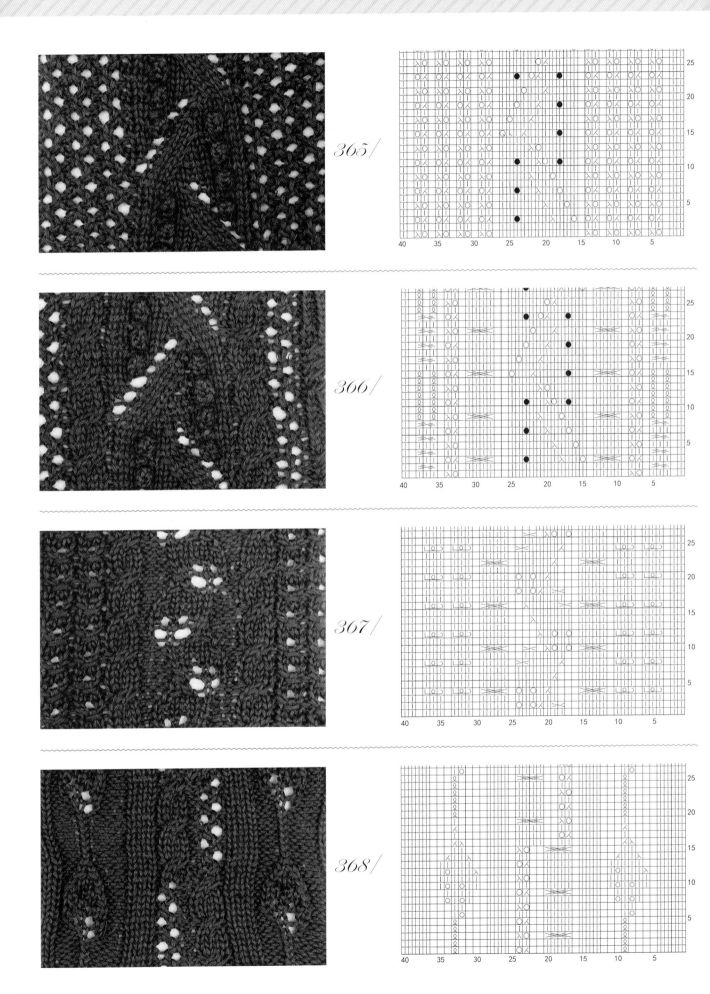

365/

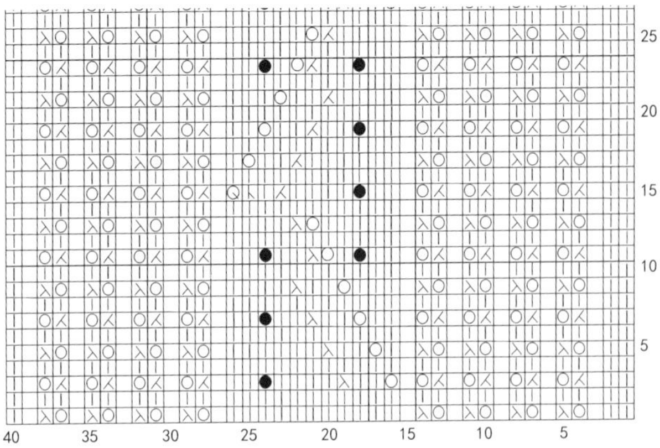

366/

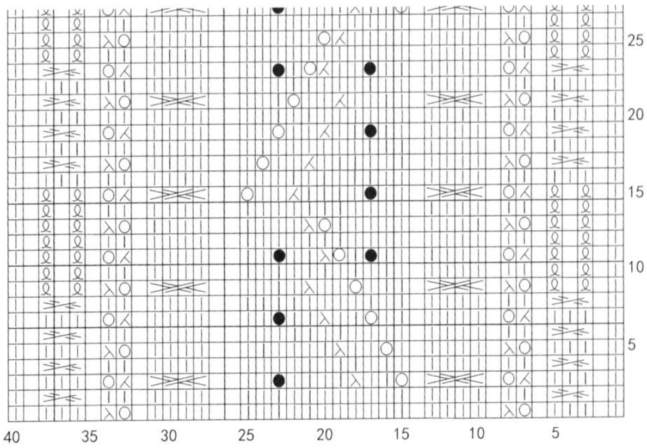

367/

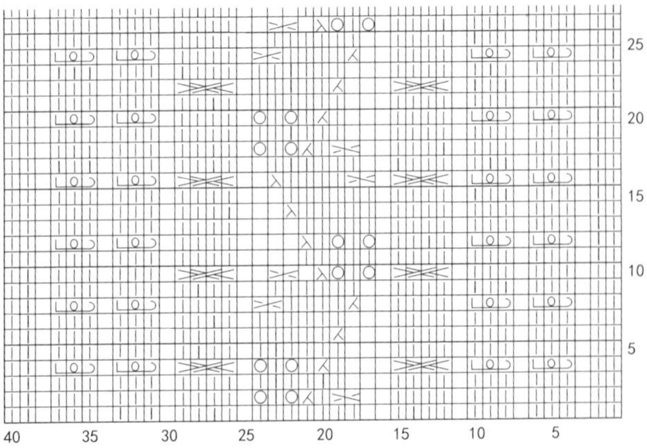

368/

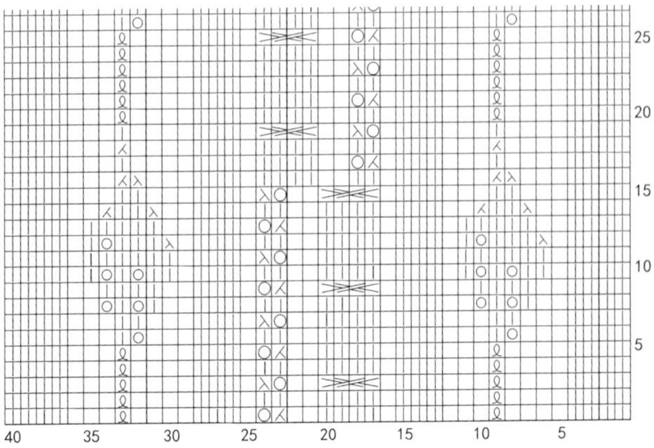

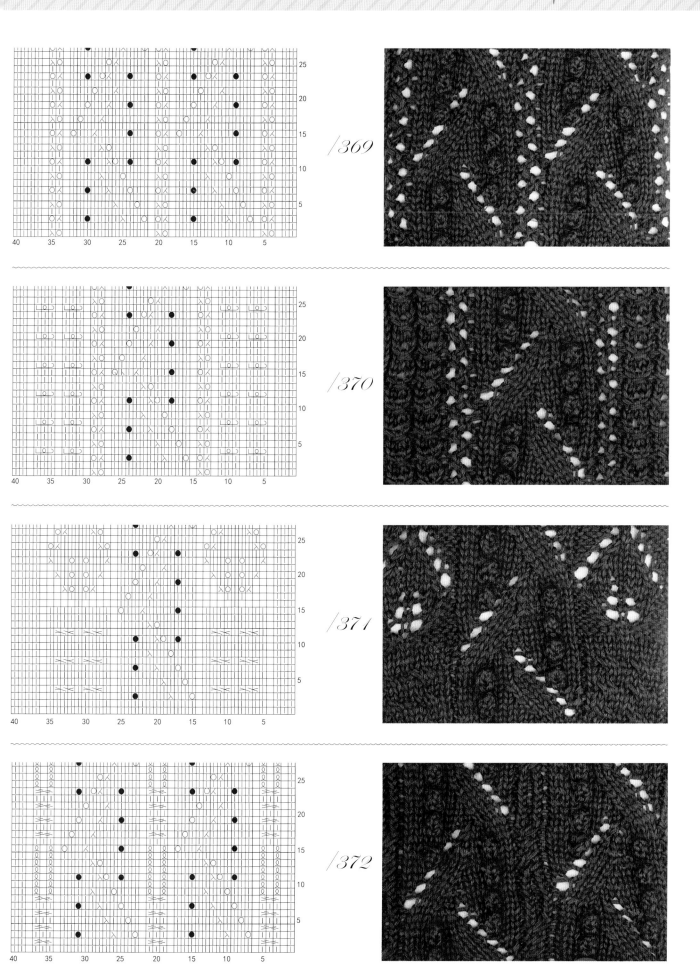

/369

/370

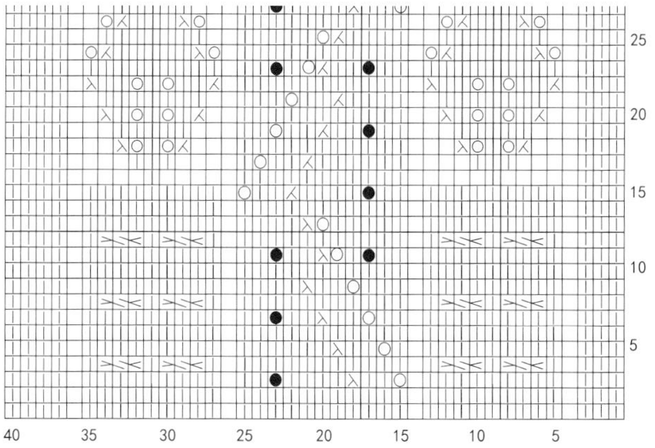

/371

/372

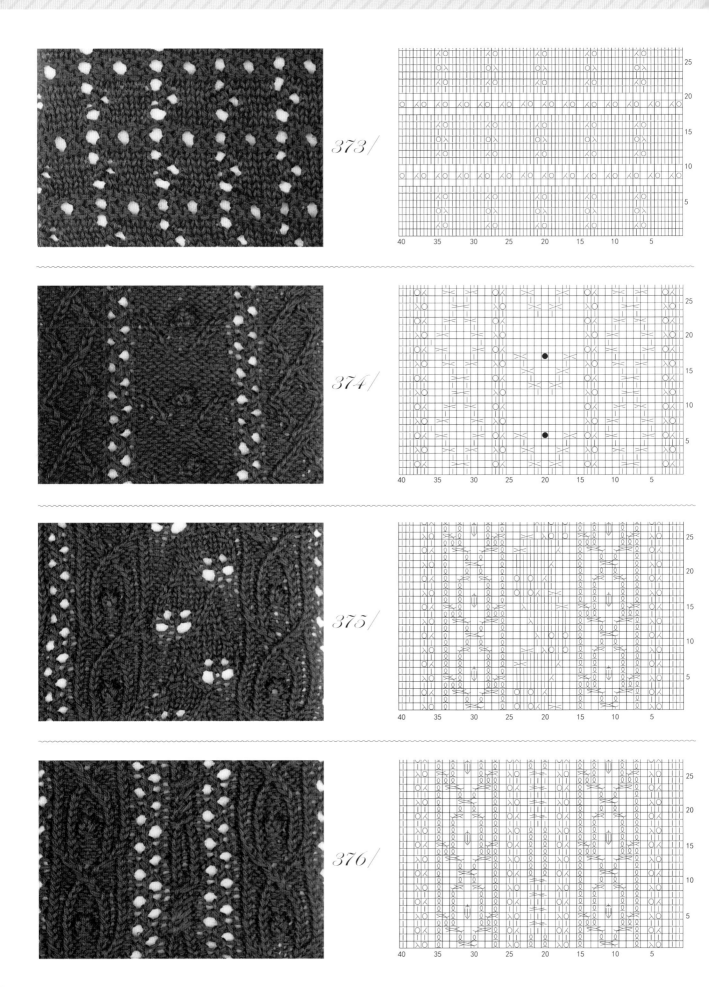

373/

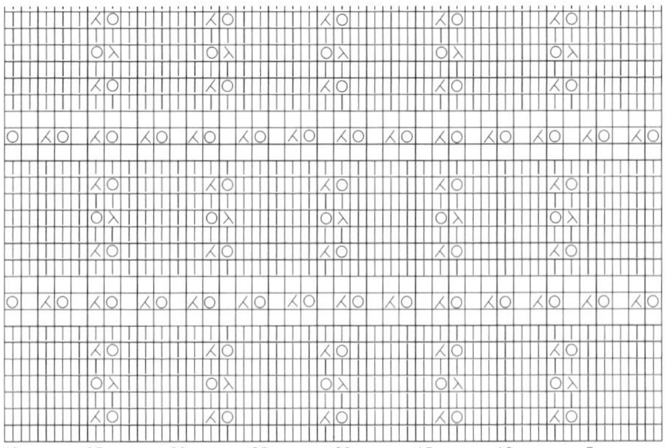

374/

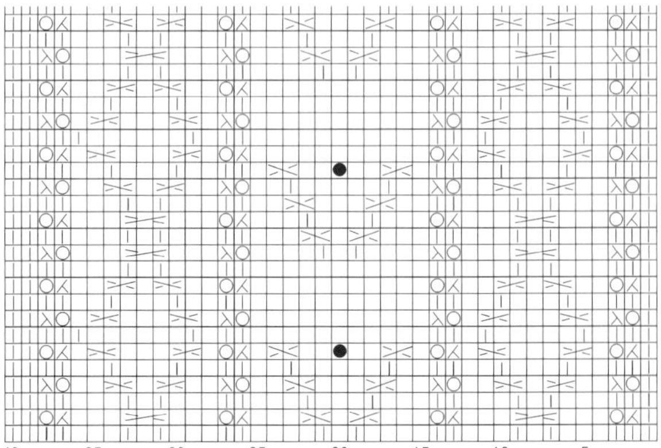

375/

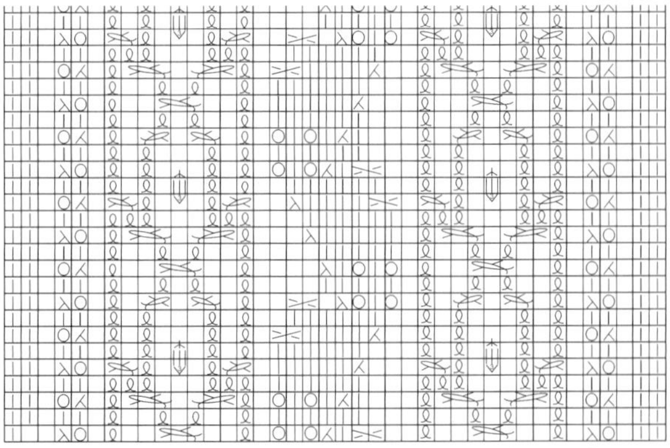

376/

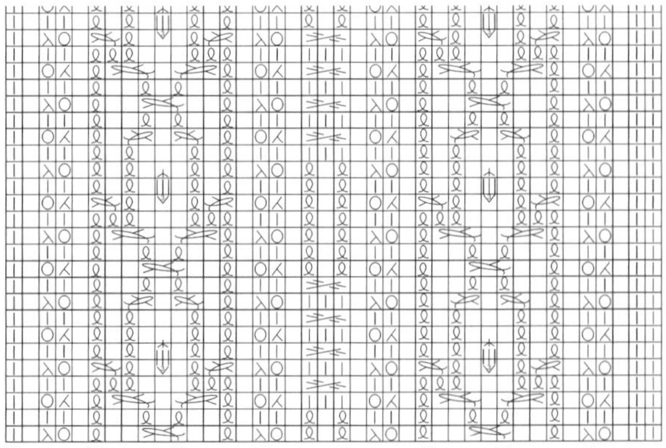

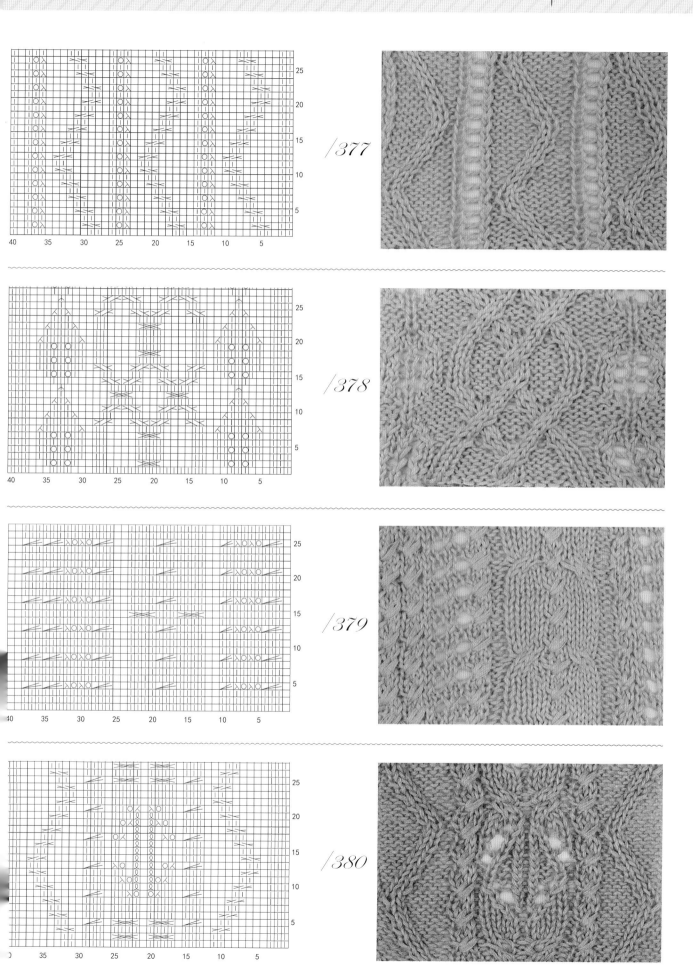

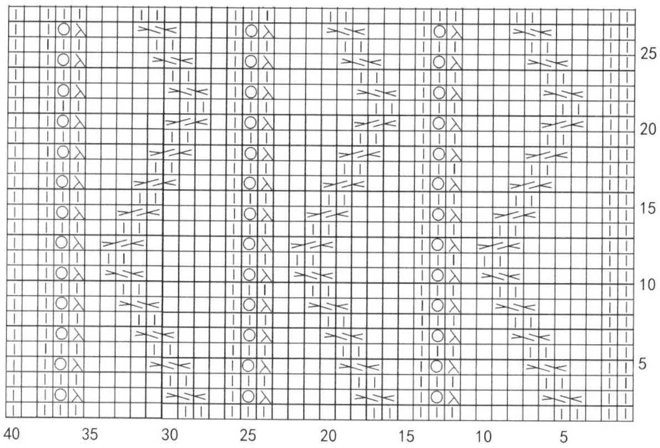

/377

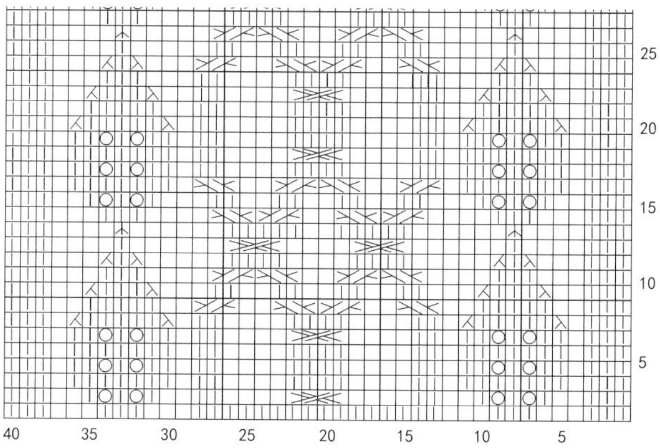

/378

/379

/380

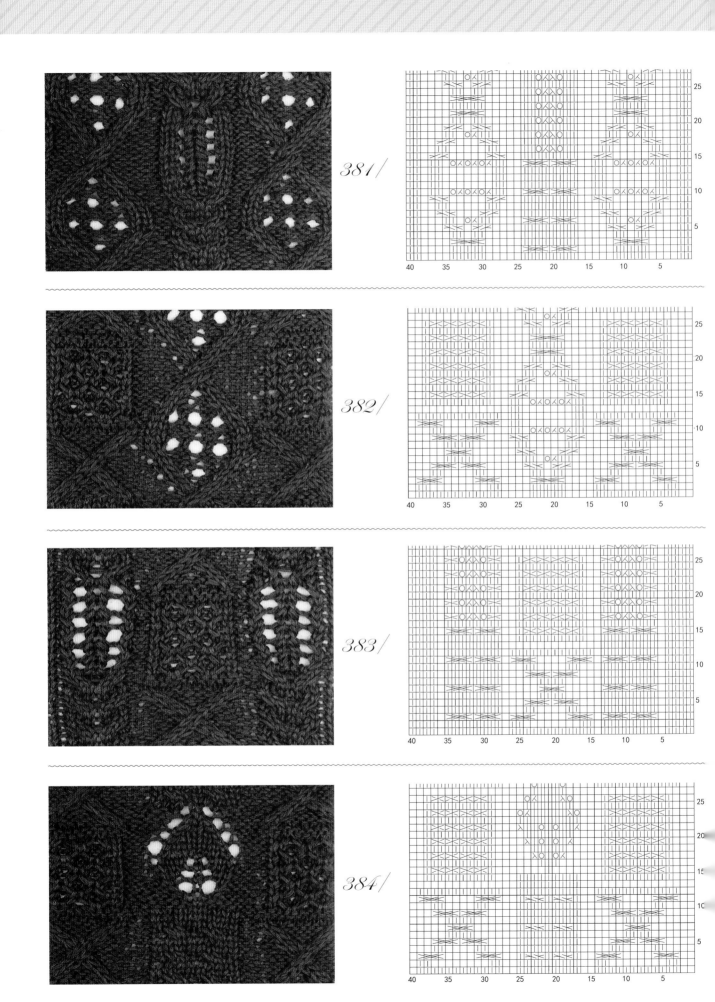

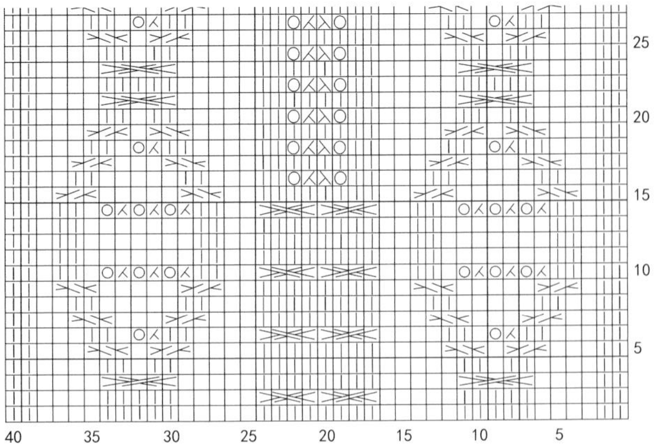

381/

382/

383/

384/

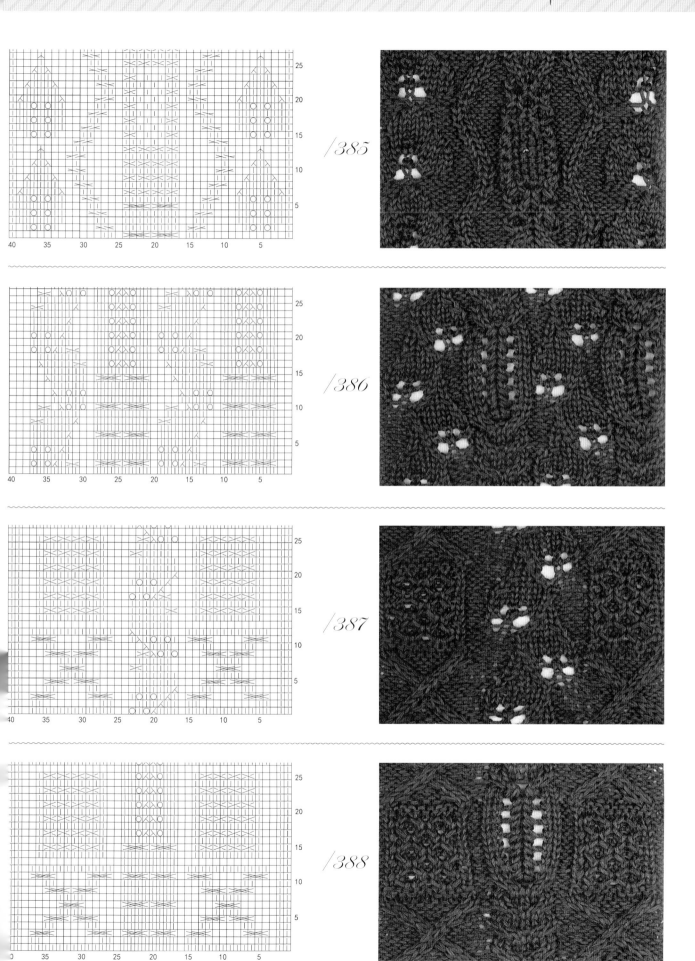

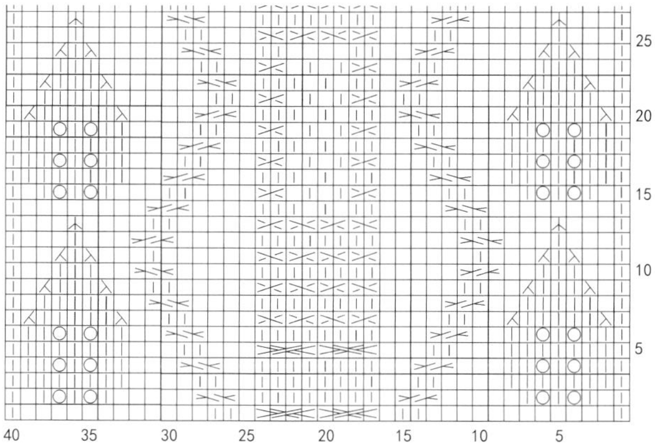

/385

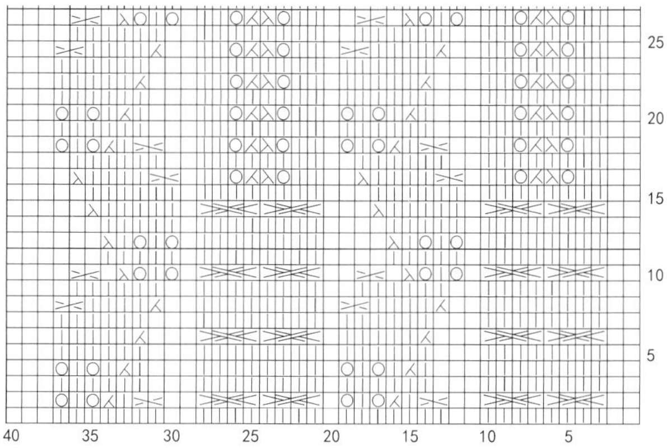

/386

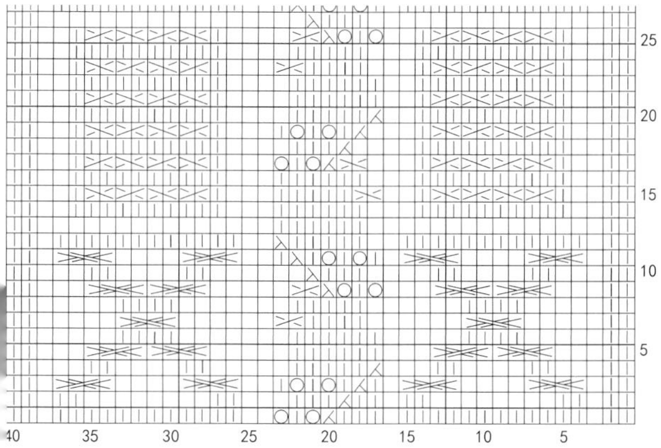

/387

/388

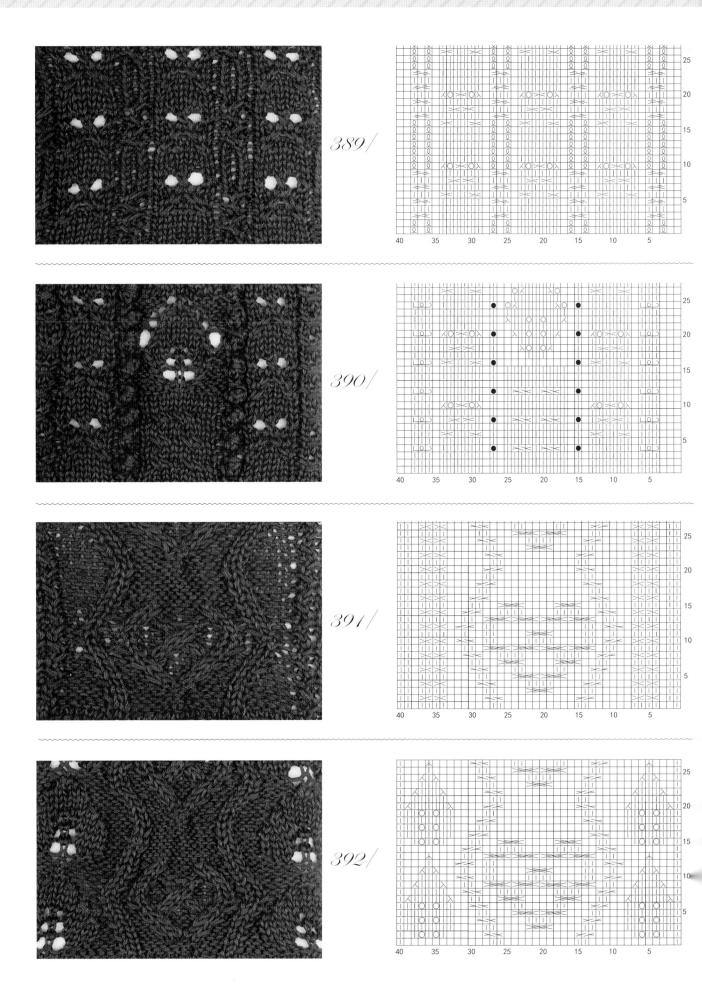

389/

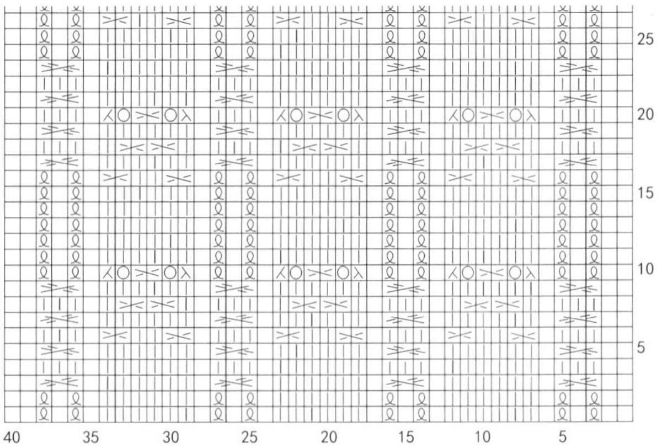

390/

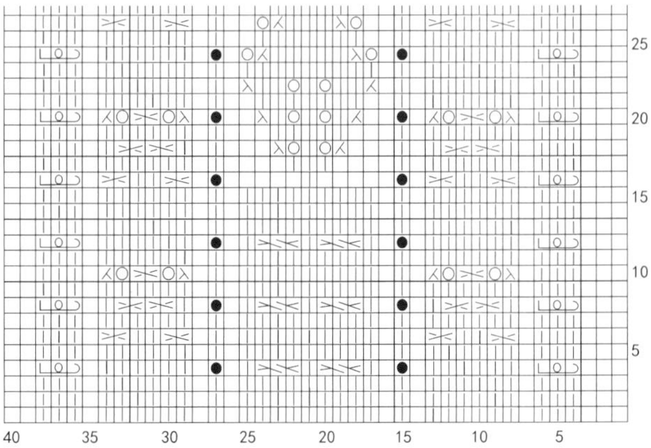

391/

392/

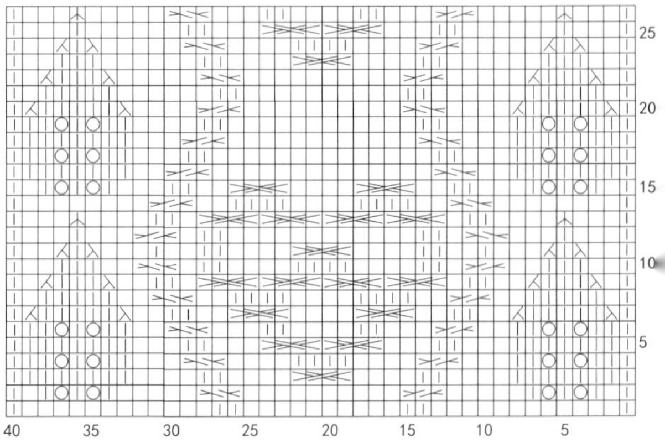

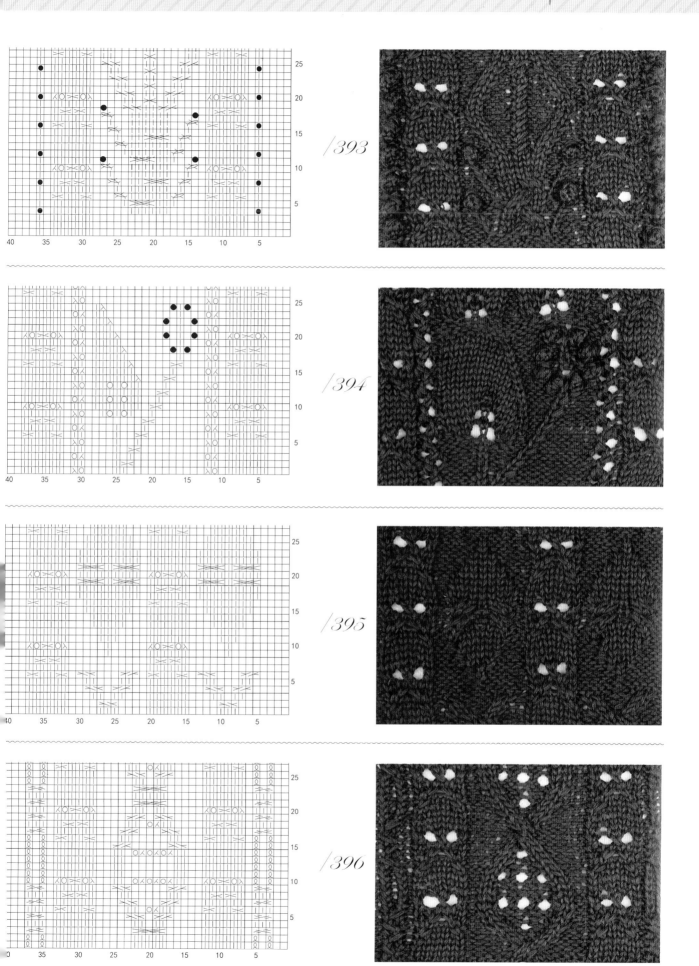

/393

/394

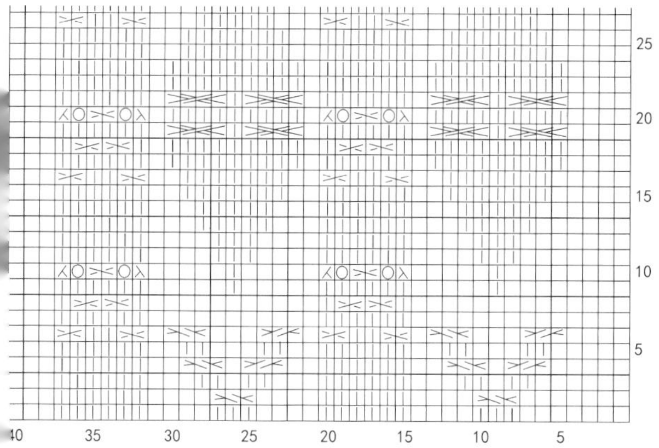

/395

/396

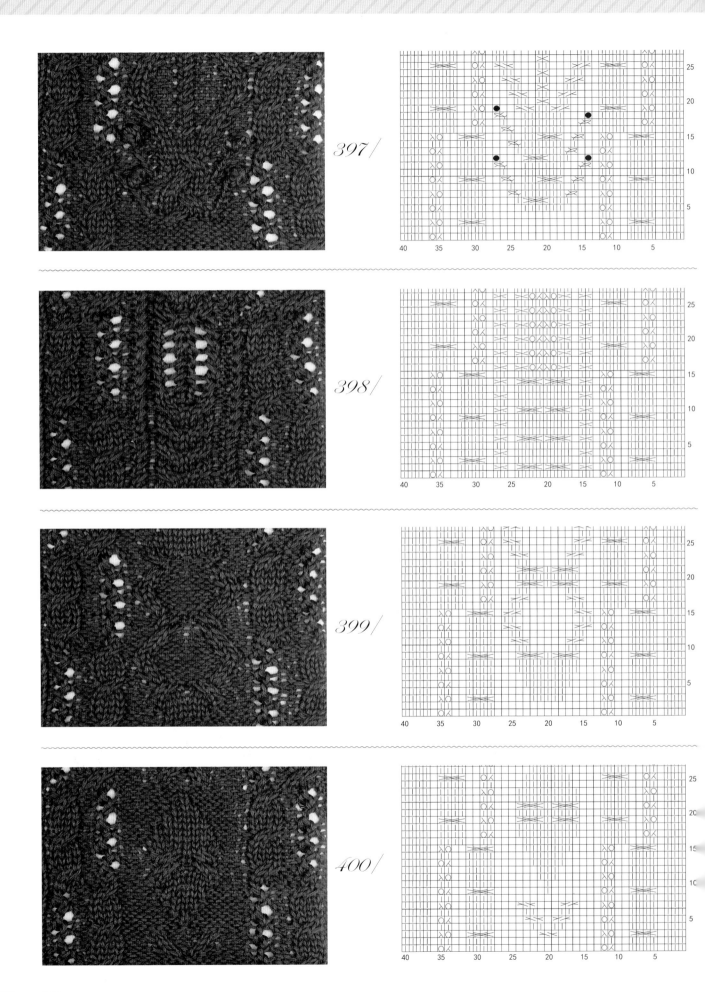

397/

398/

399/

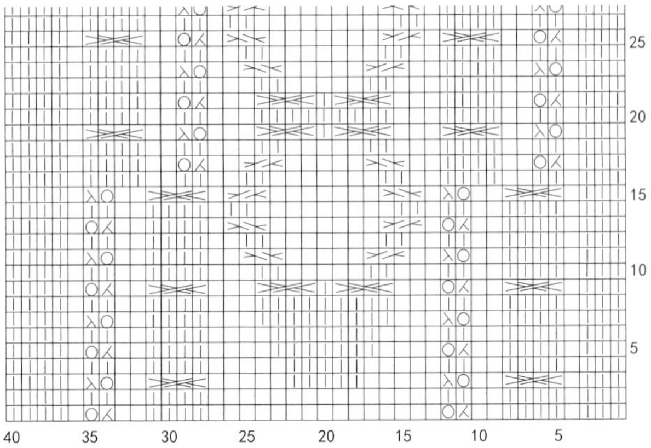

400/

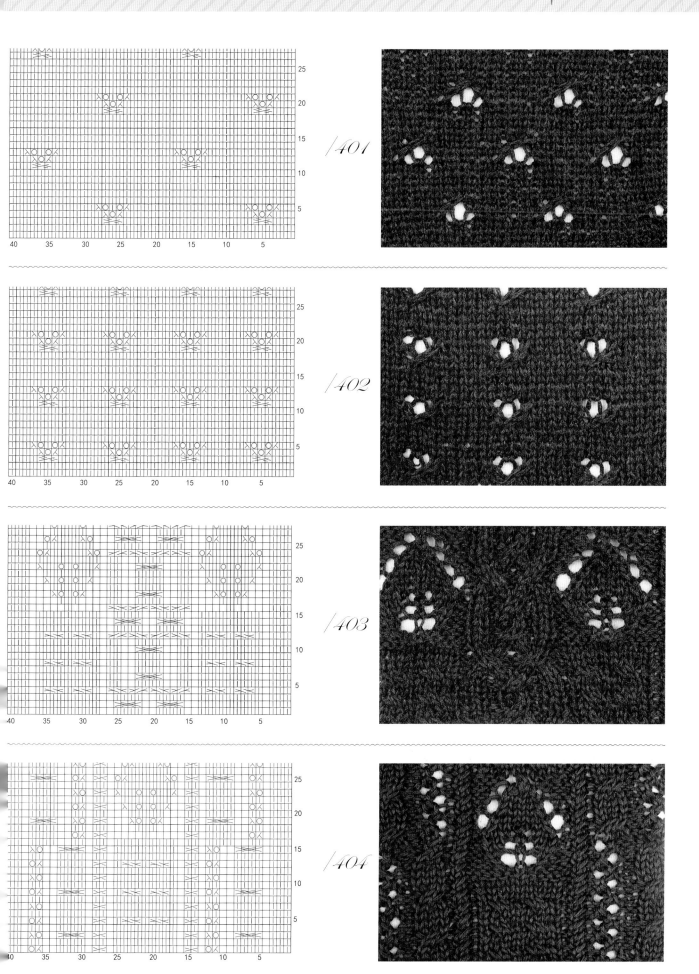

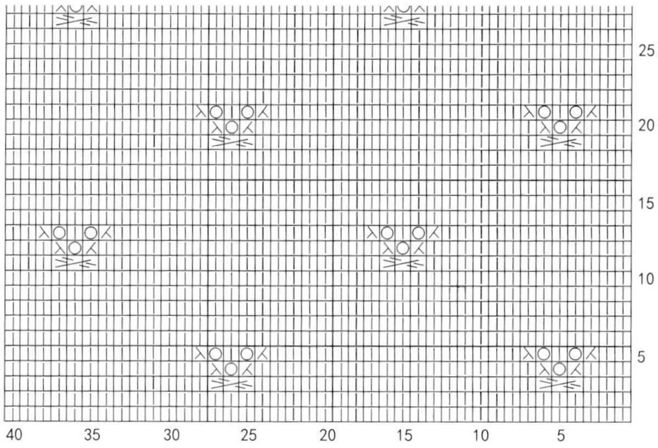

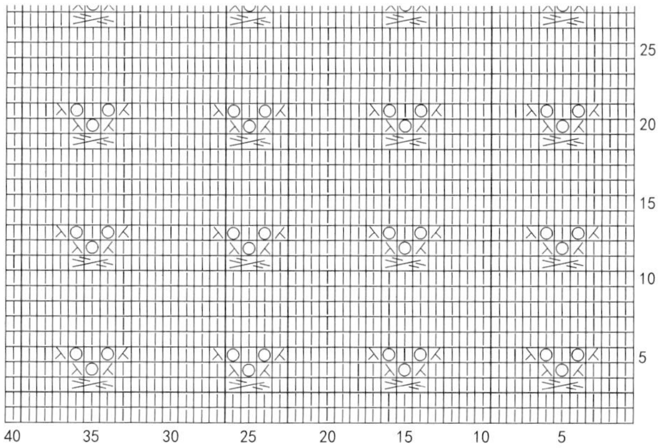

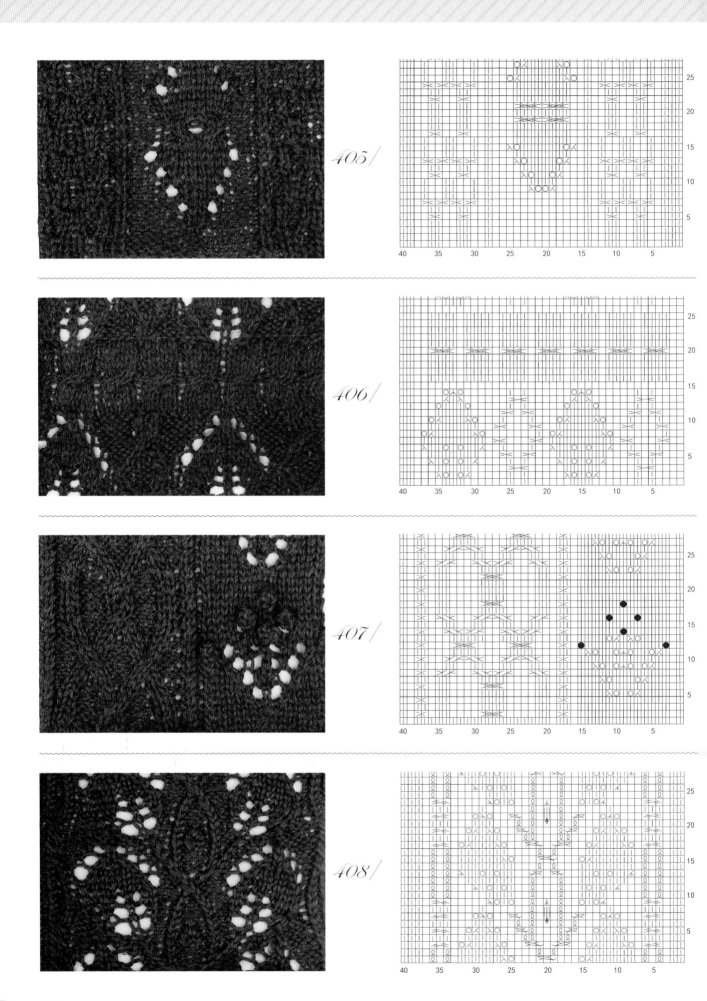

405/

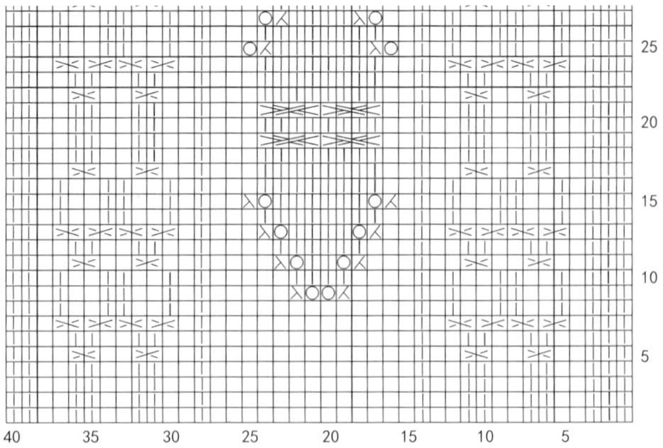

406/

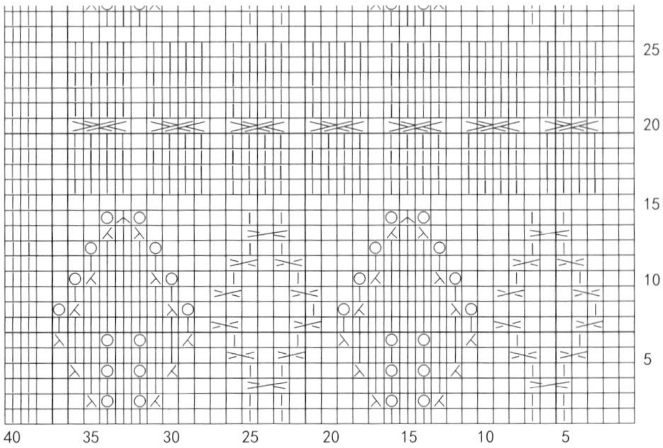

407/

408/

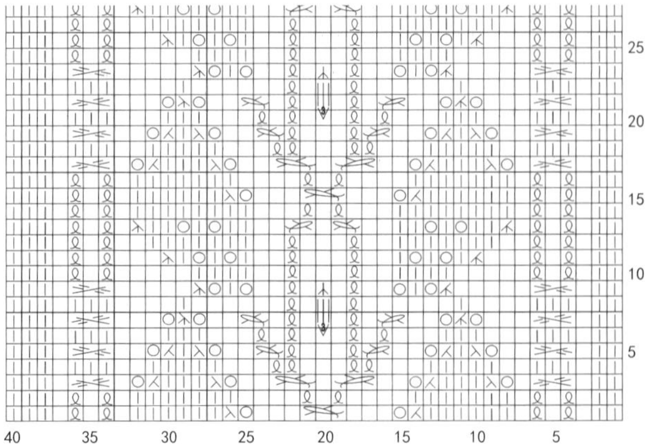

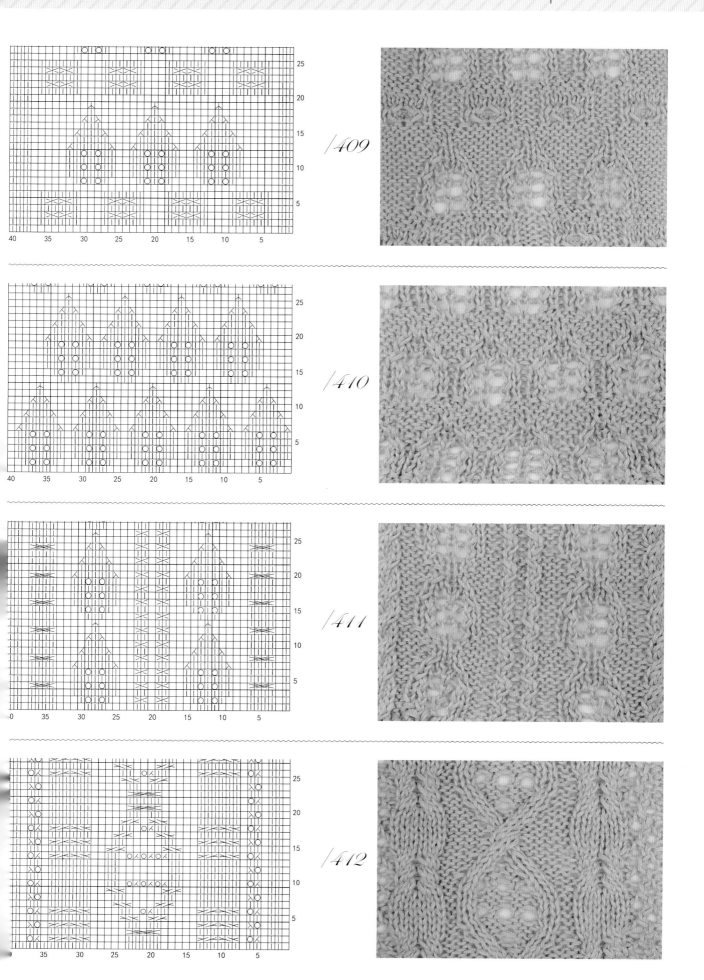

/409

/410

/411

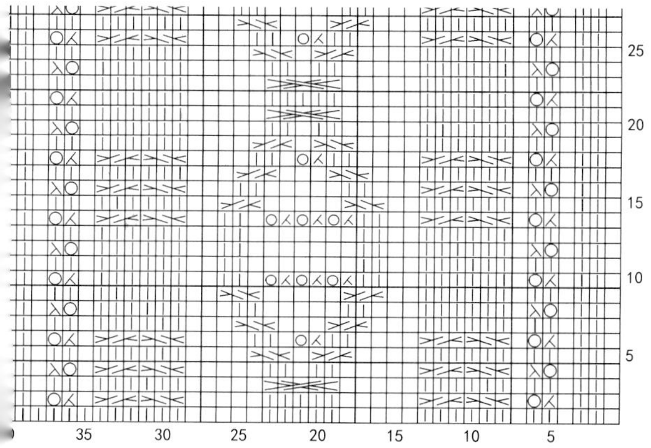

/412

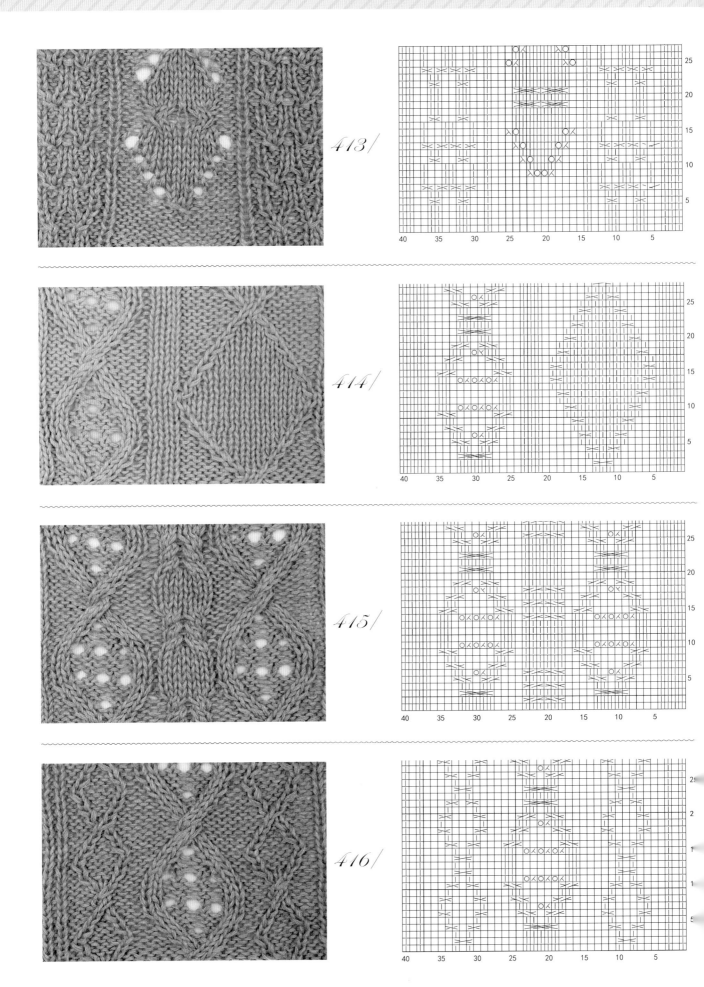

413/

414/

415/

416/

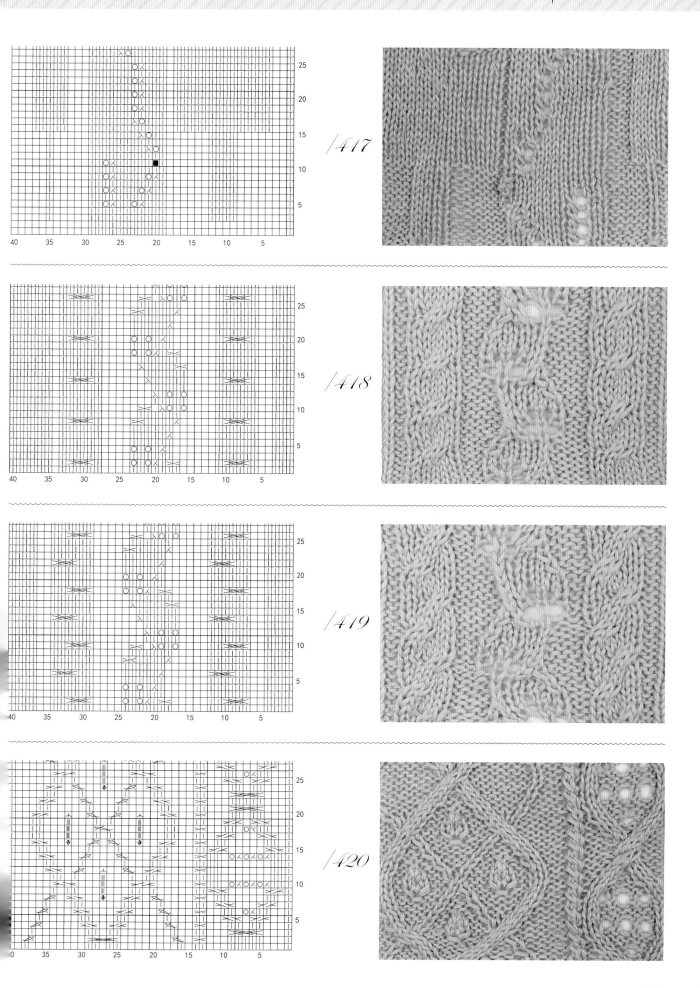

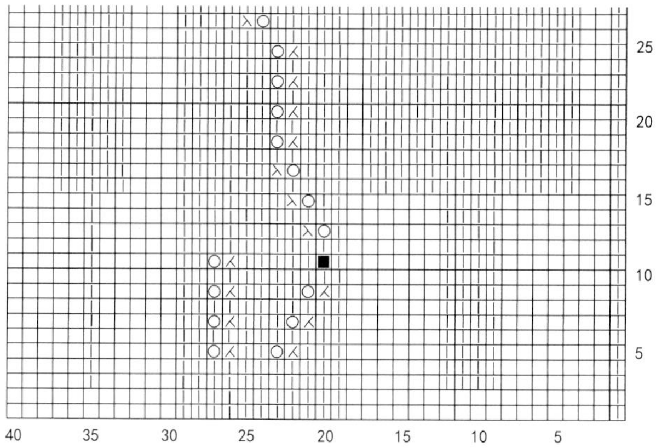

/417

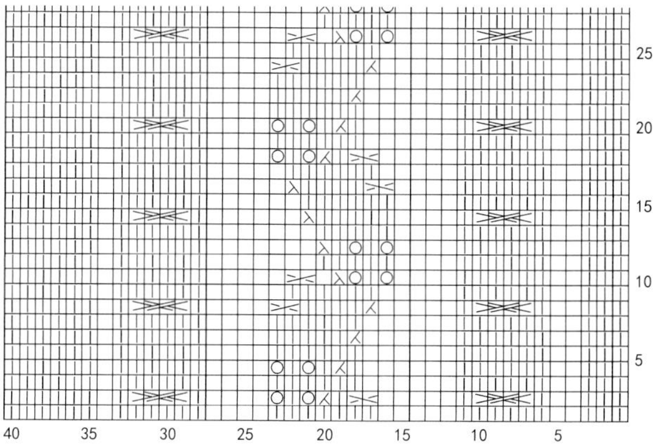

/418

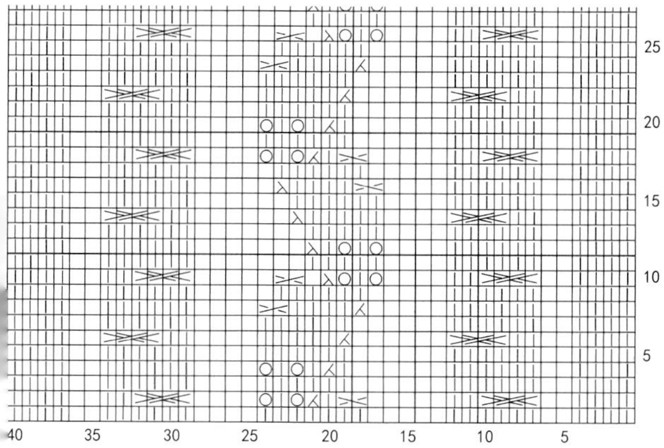

/419

/420

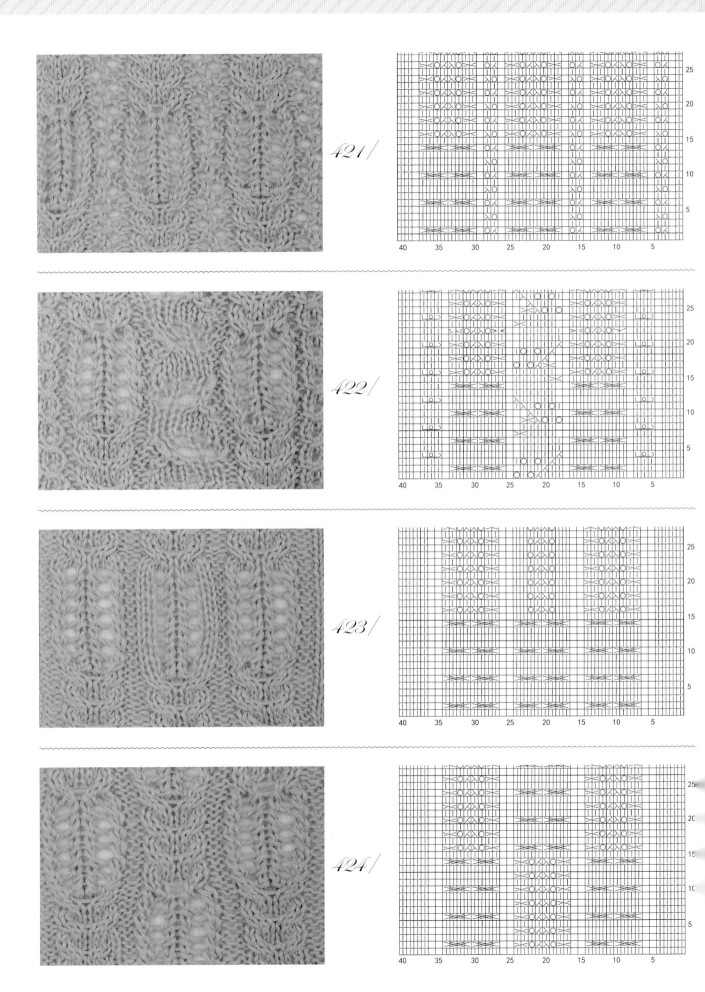

421/

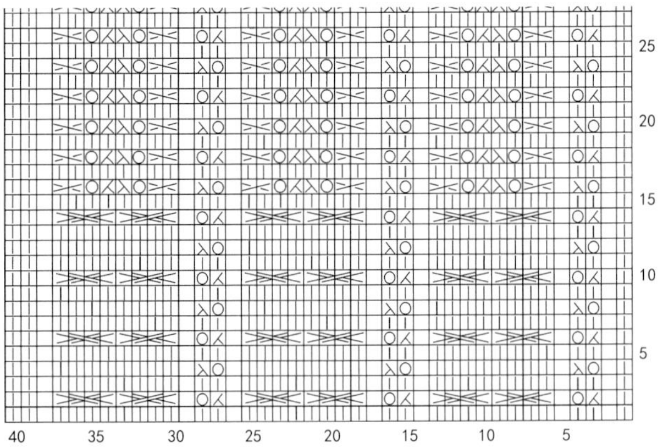

422/

423/

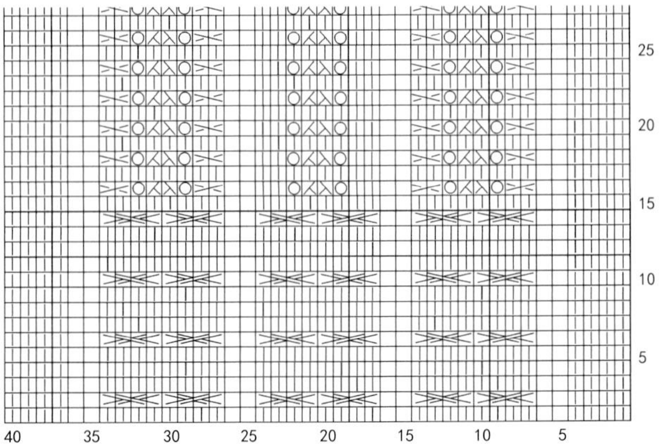

424/

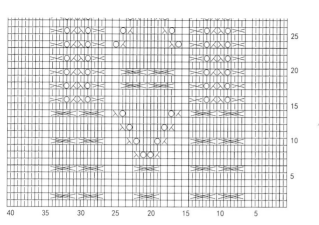

/425

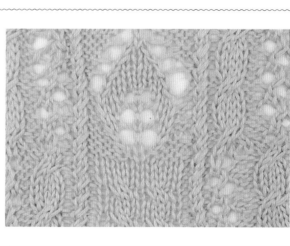

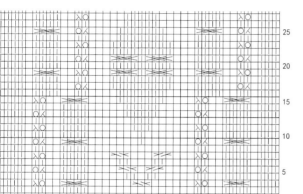
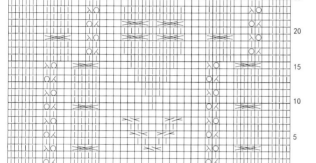

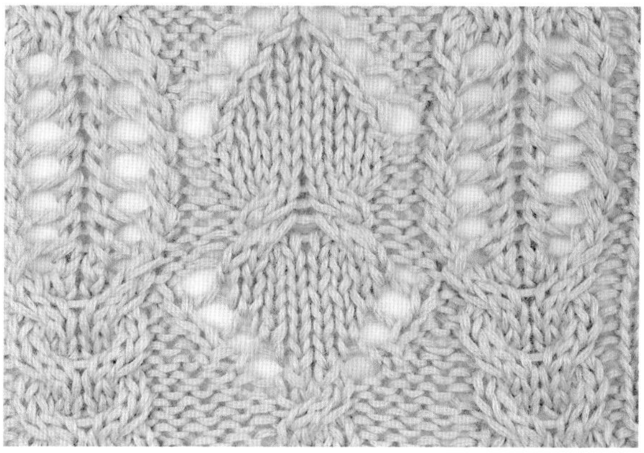

/426

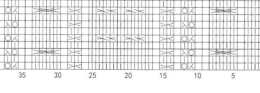

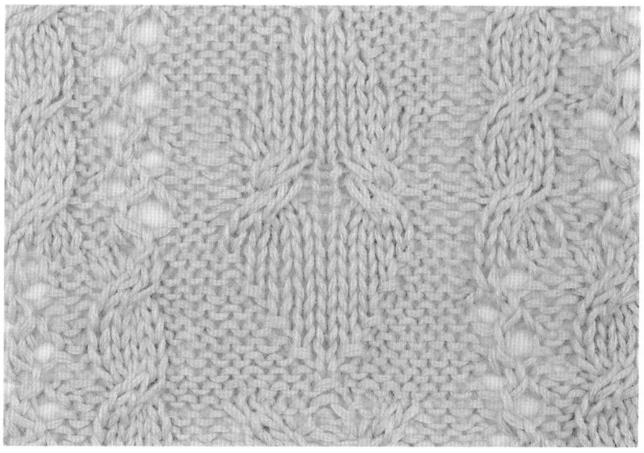

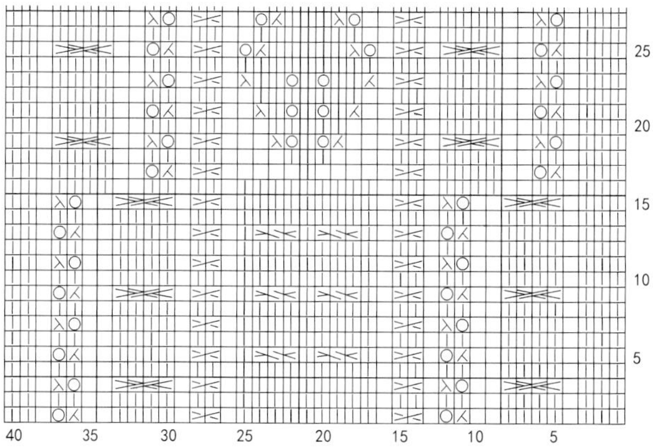

/427

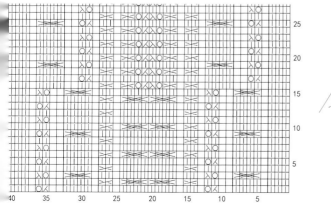

/428

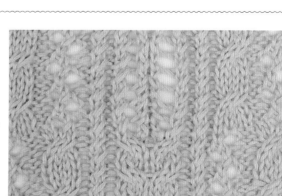

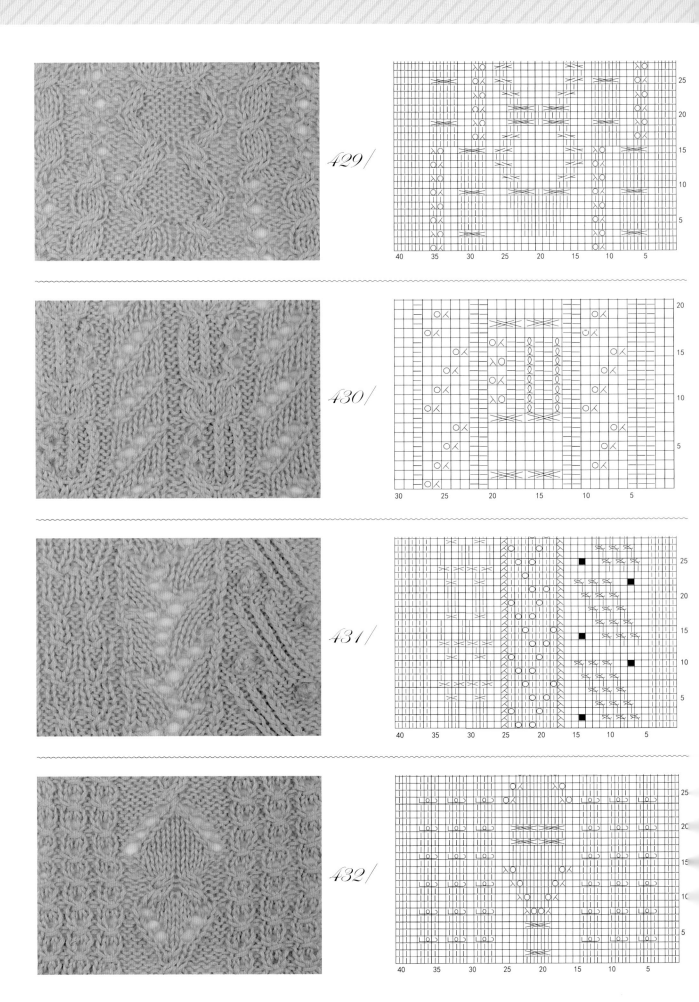

429/

430/

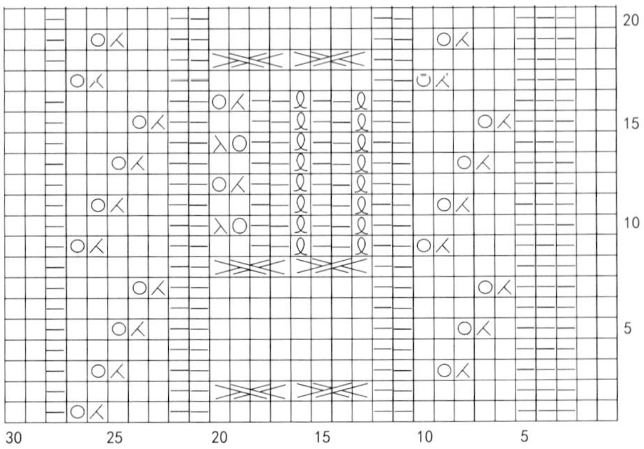

431/

432/

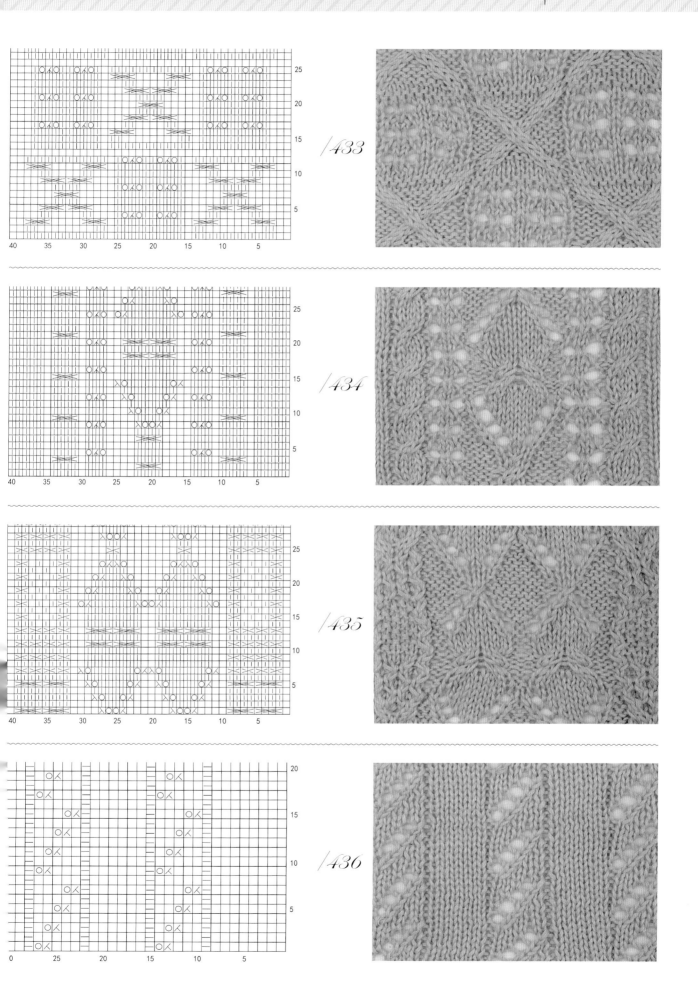

/433

/434

/435

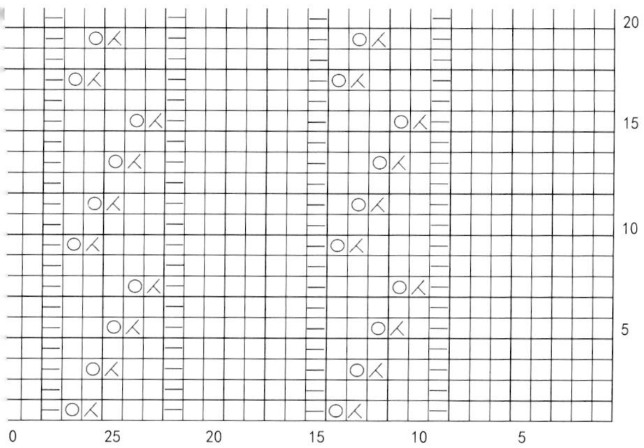

/436

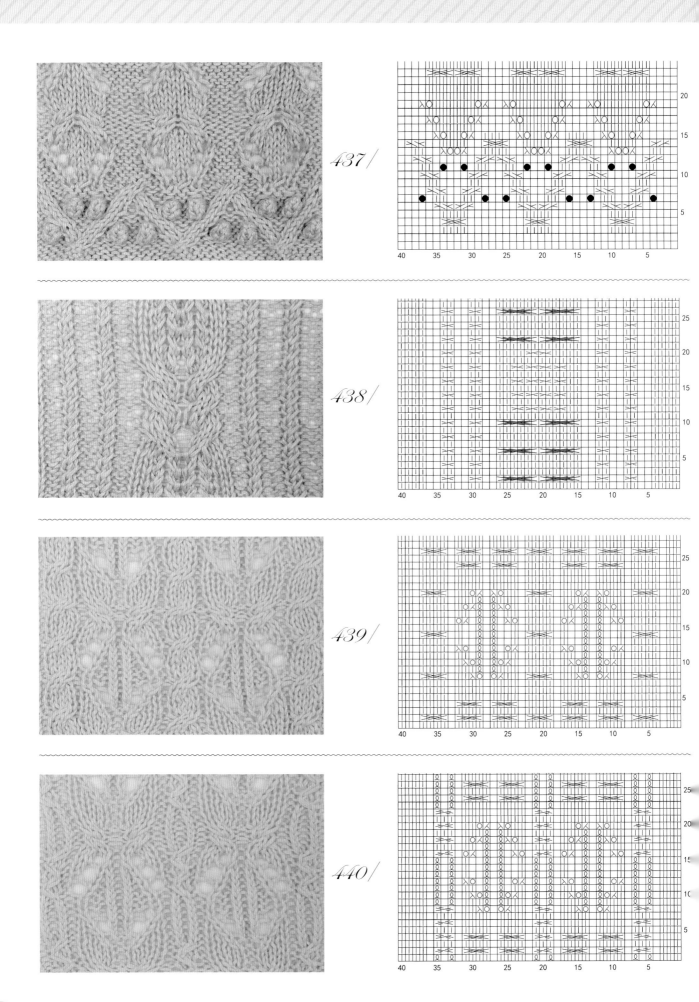

437 /

438 /

439 /

440 /

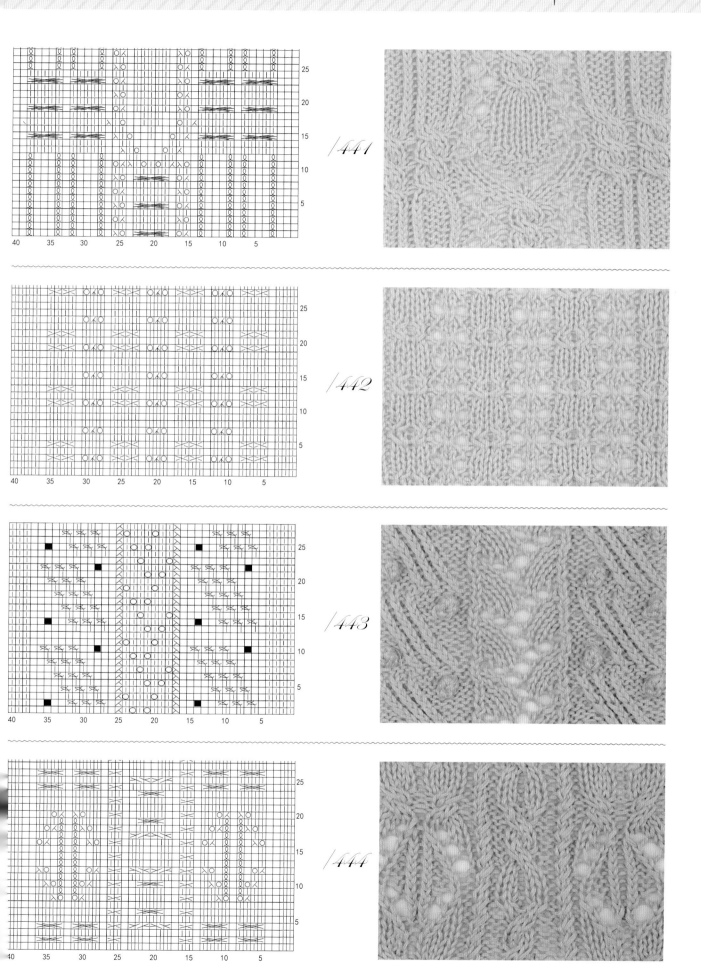

/441

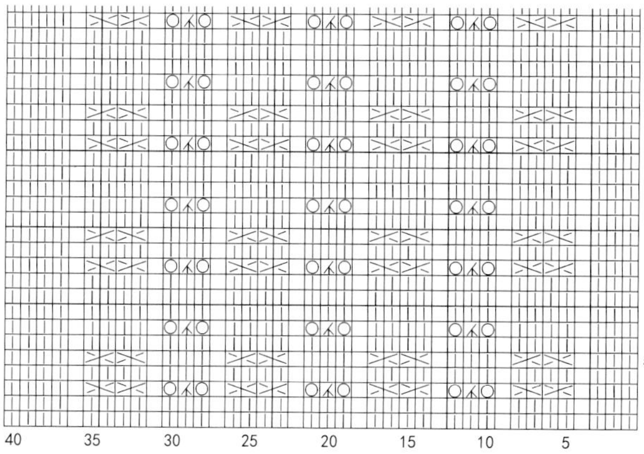

/442

/443

/444

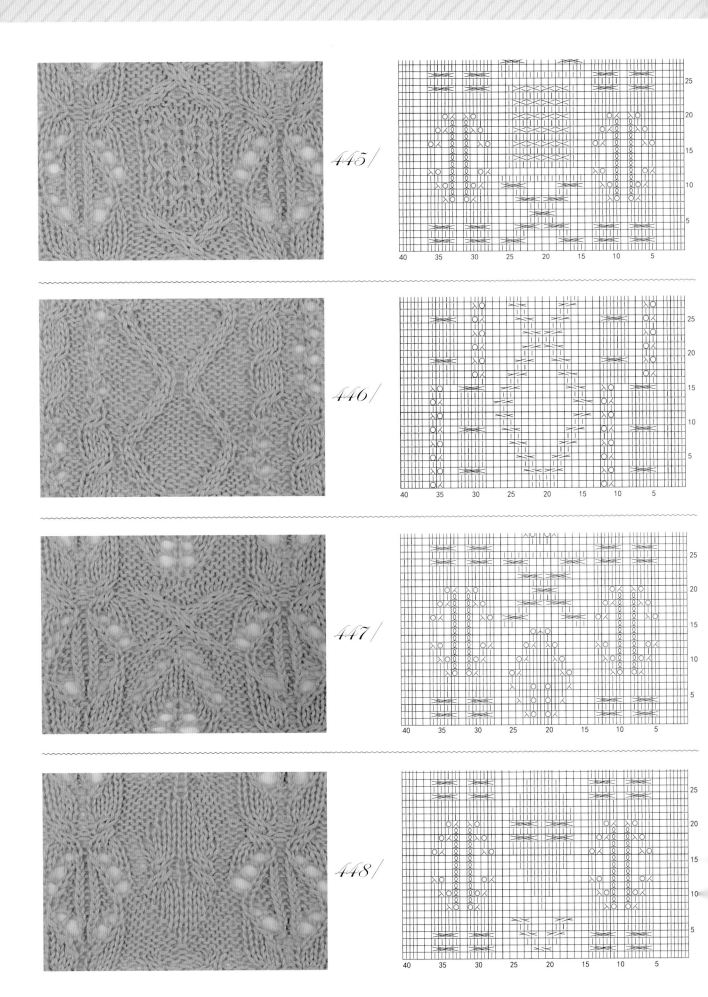

445/

446/

447/

448/

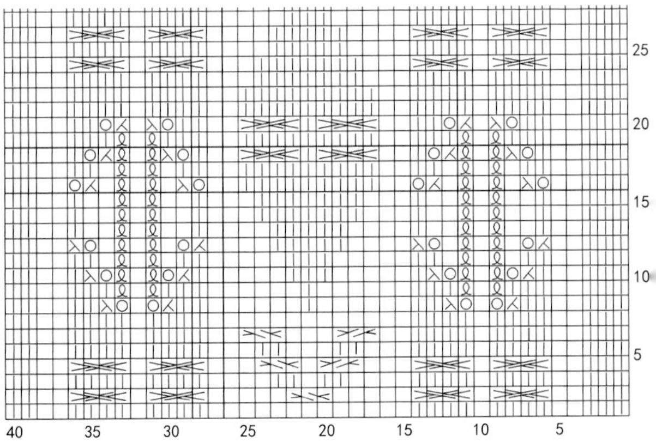

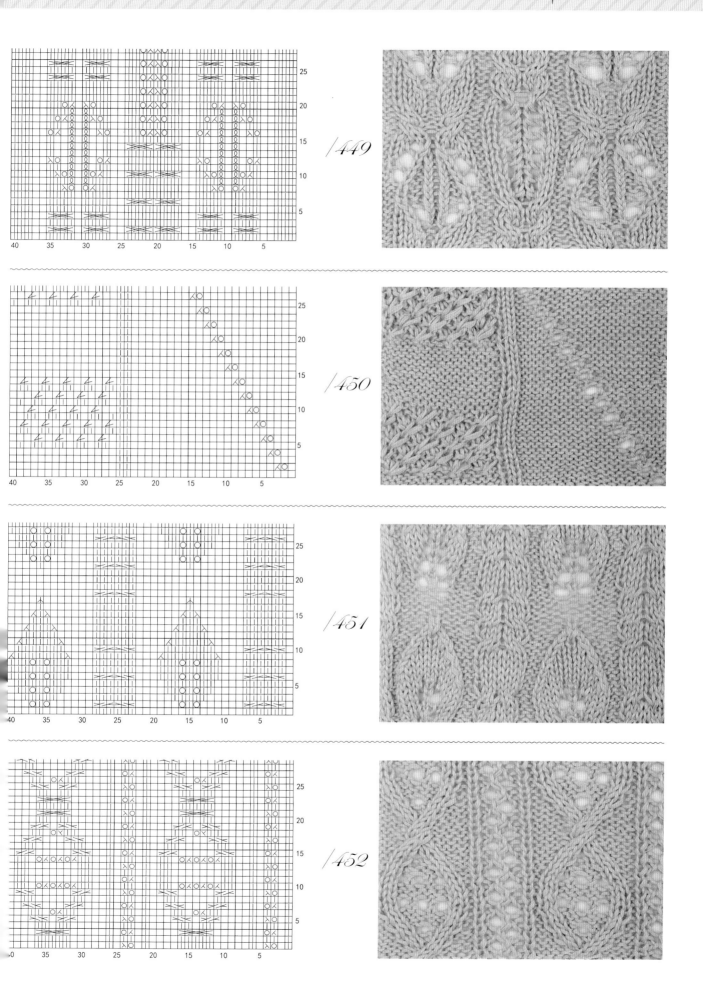

/449

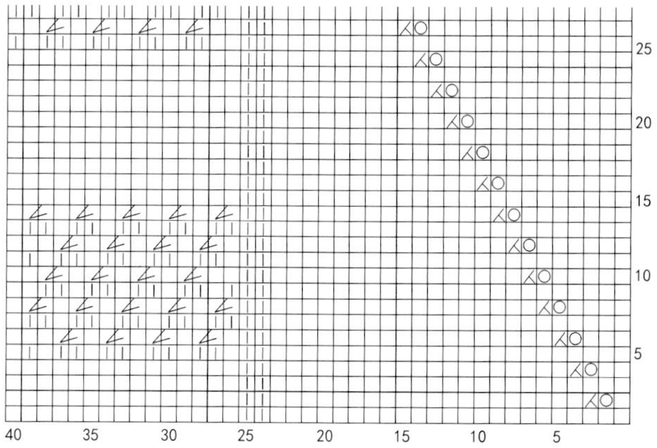

/450

/451

/452

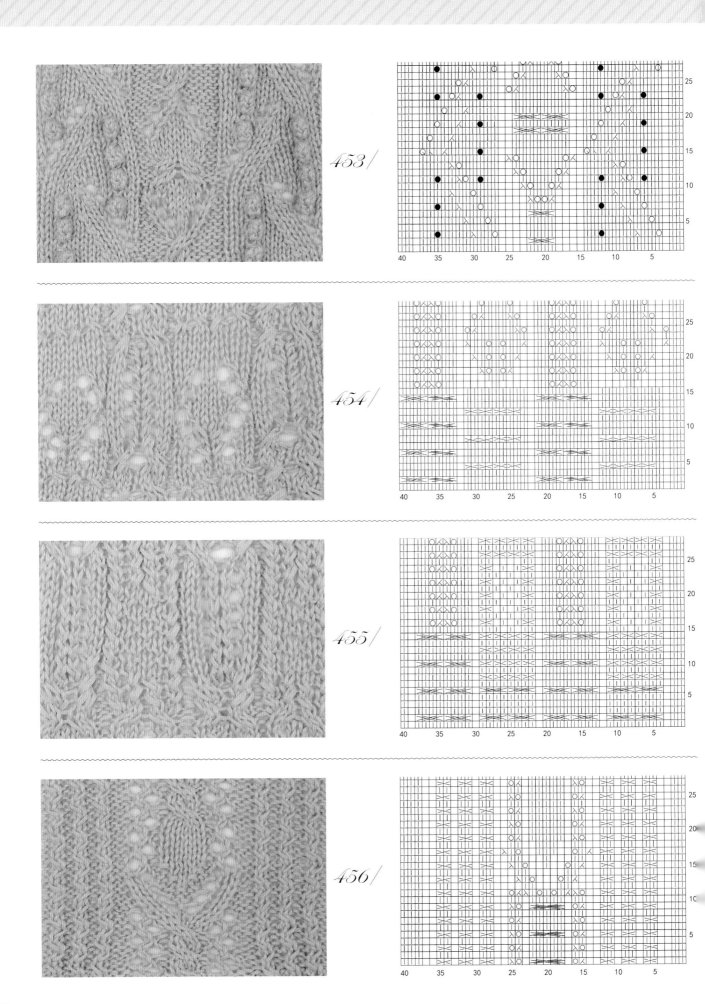

453/

454/

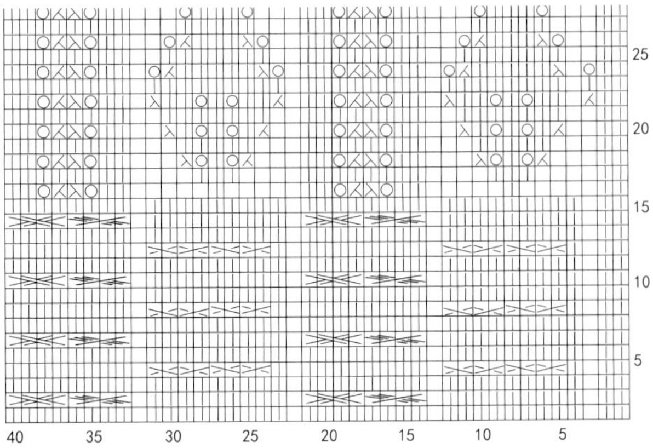

455/

456/

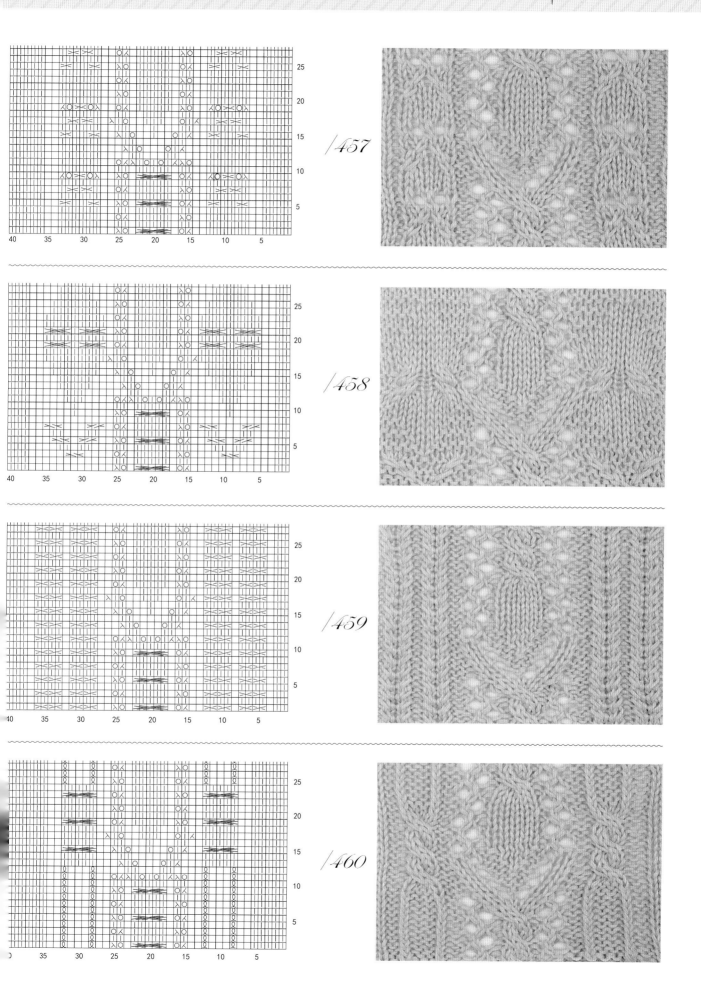

/457

/458

/459

/460

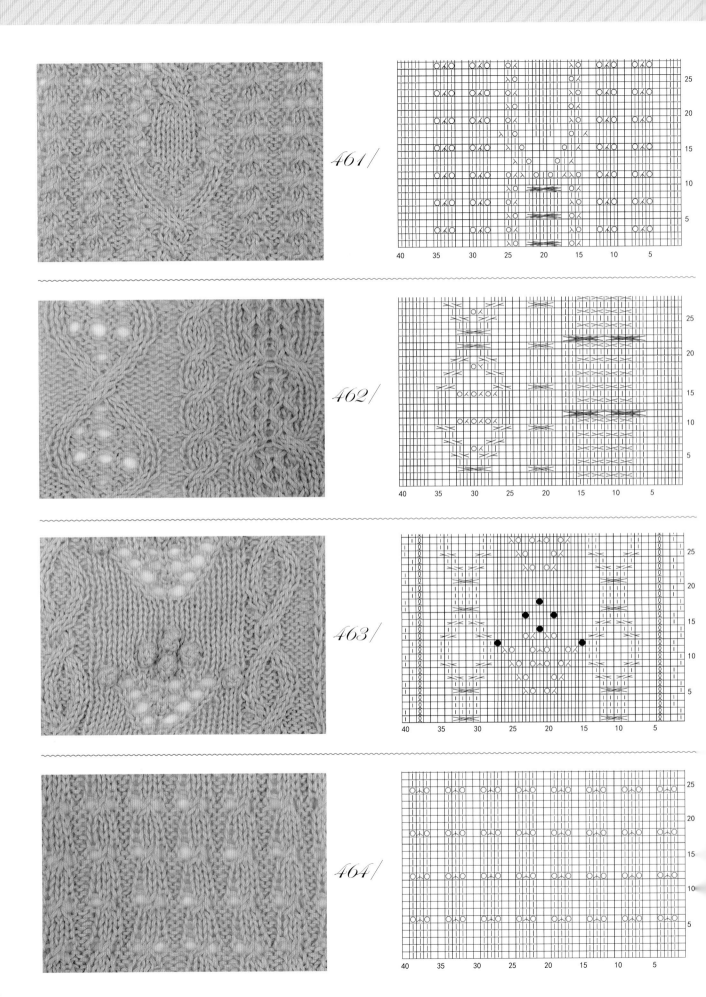

461/

462/

463/

464/

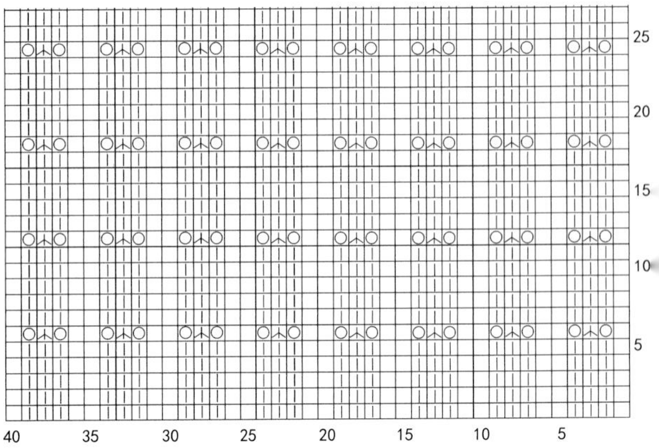

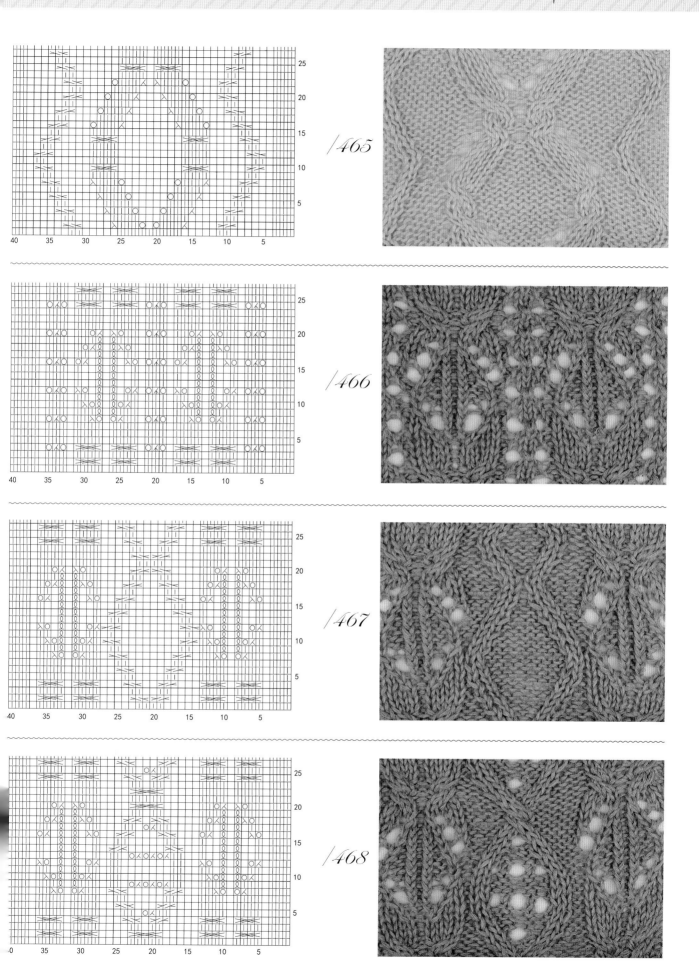

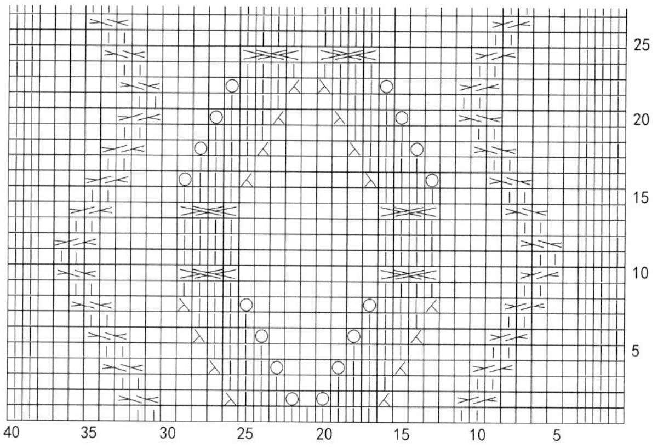

/465

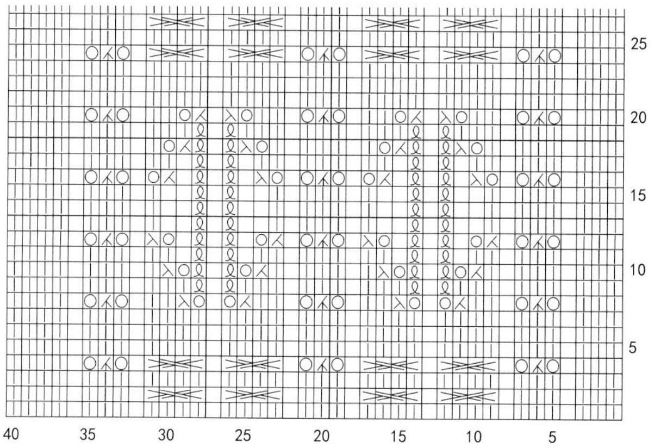

/466

/467

/468

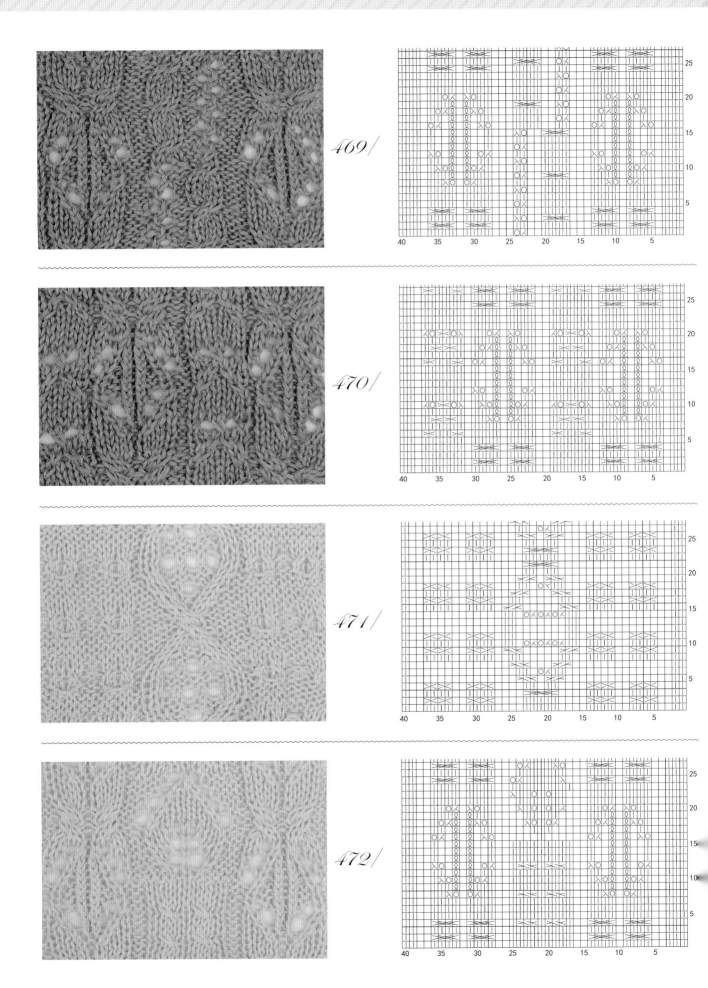

469/

470/

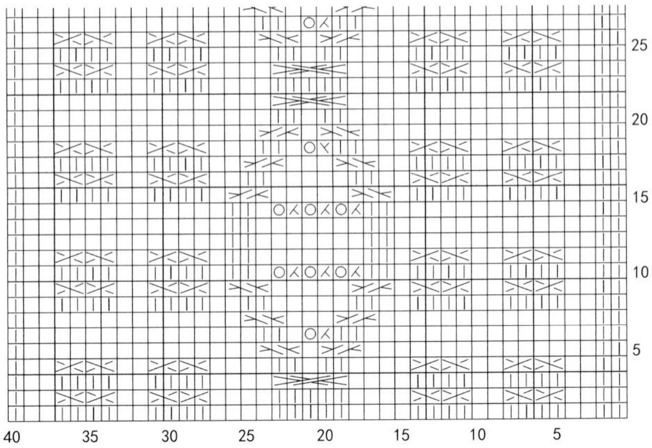

471/

472/

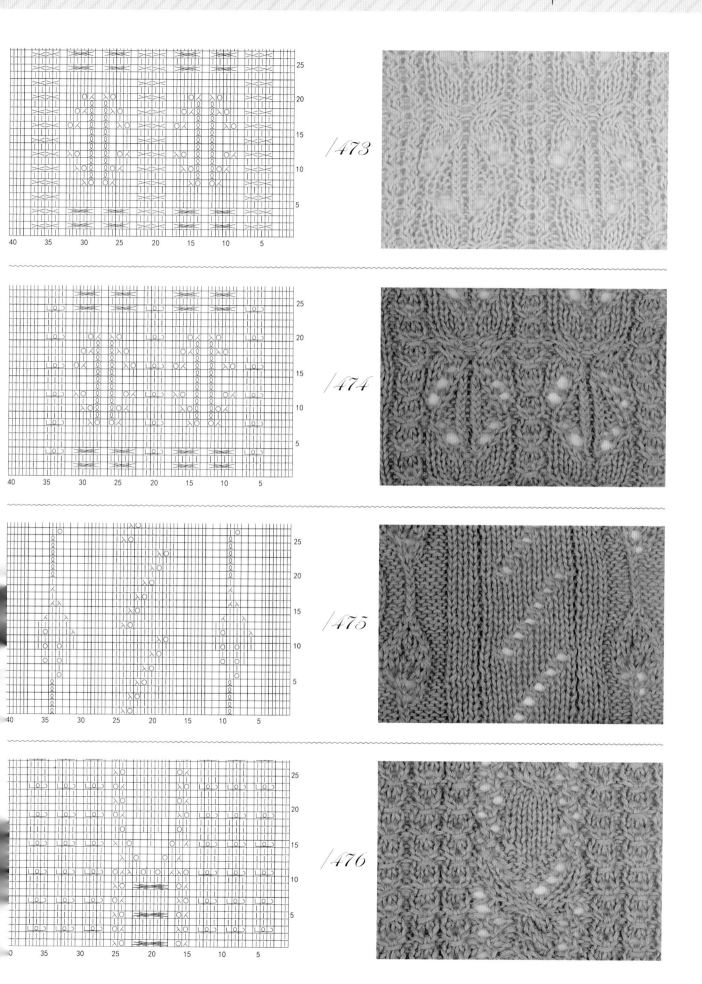

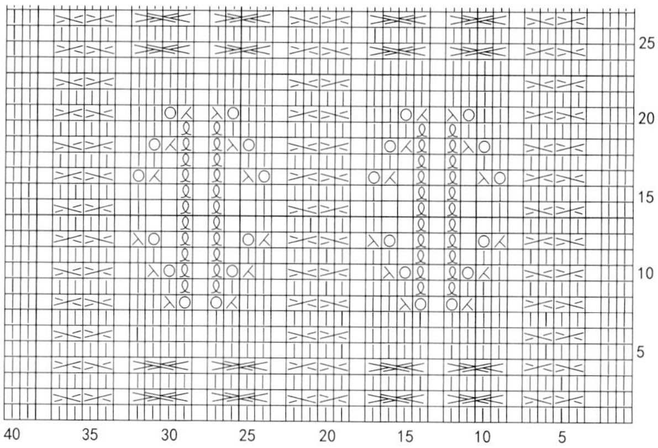

473

474

475

476

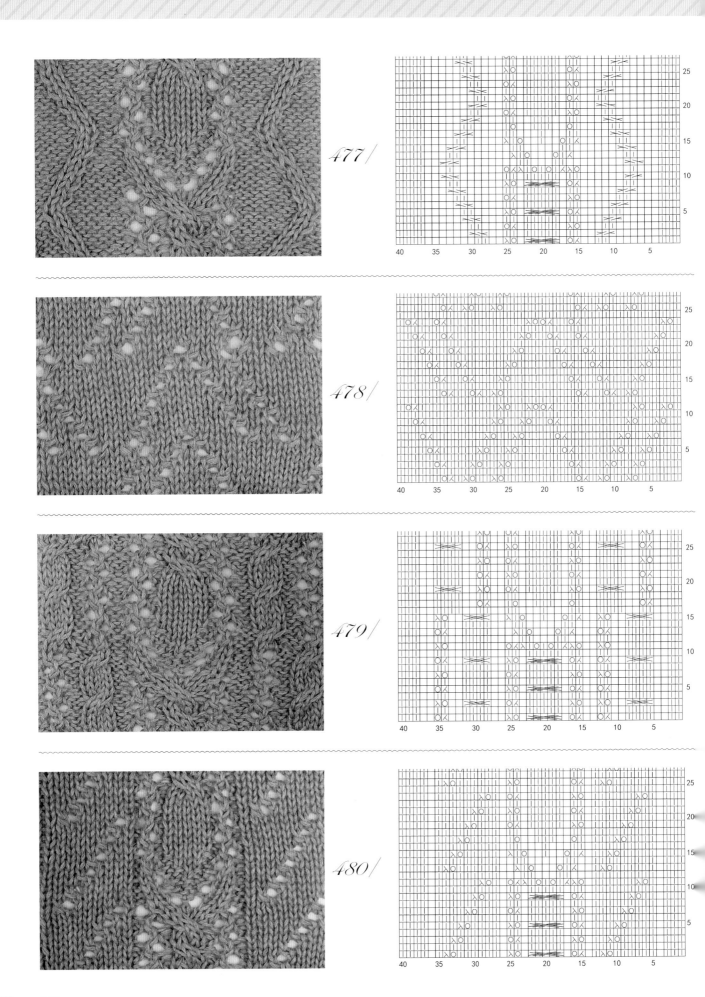

477/

478/

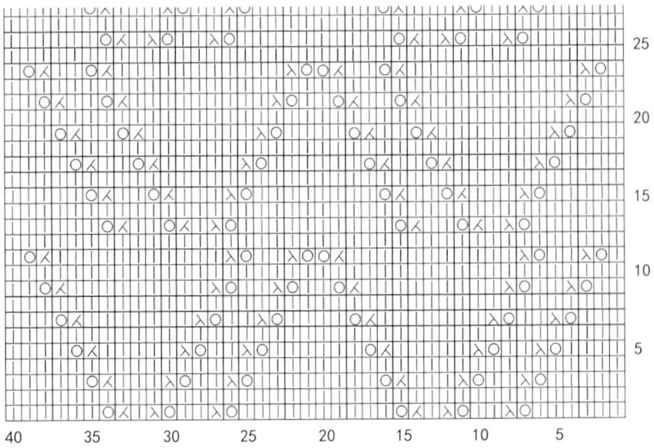

479/

480/

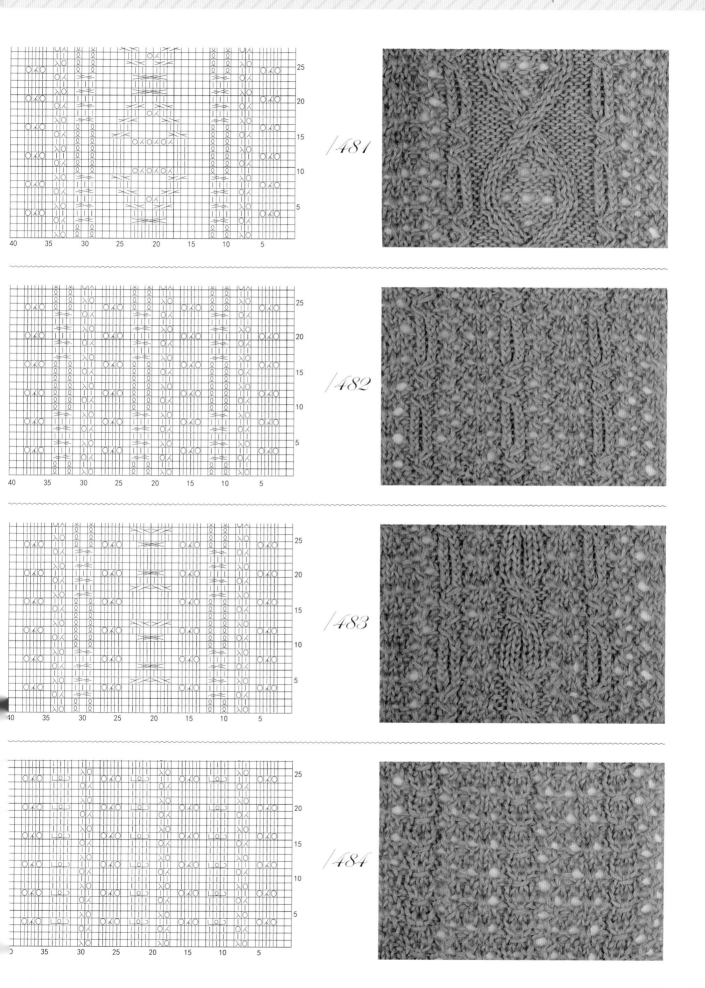

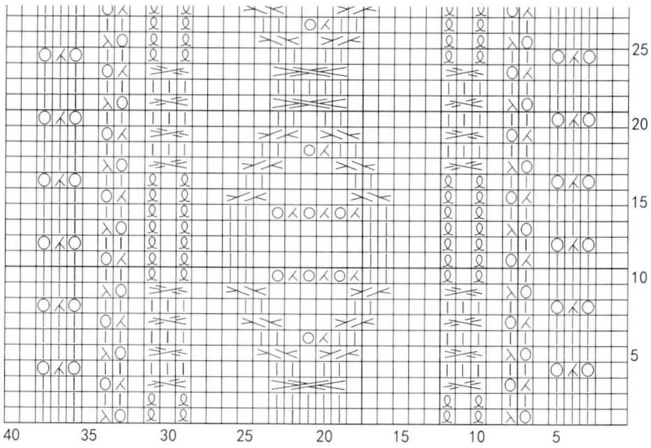

/481

/482

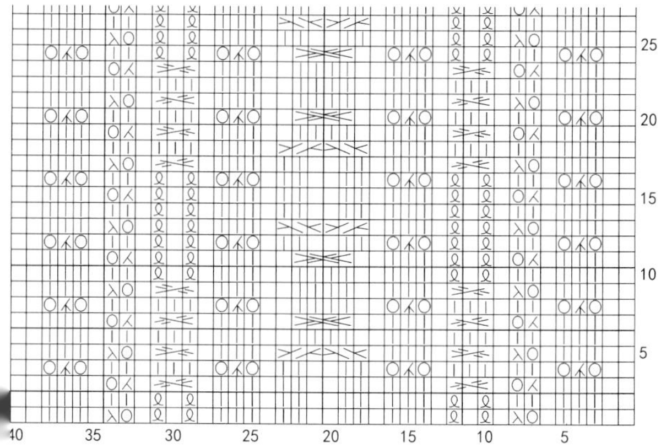

/483

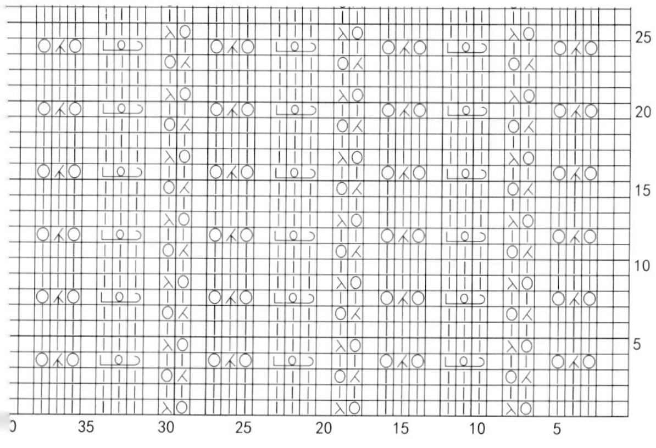

/484

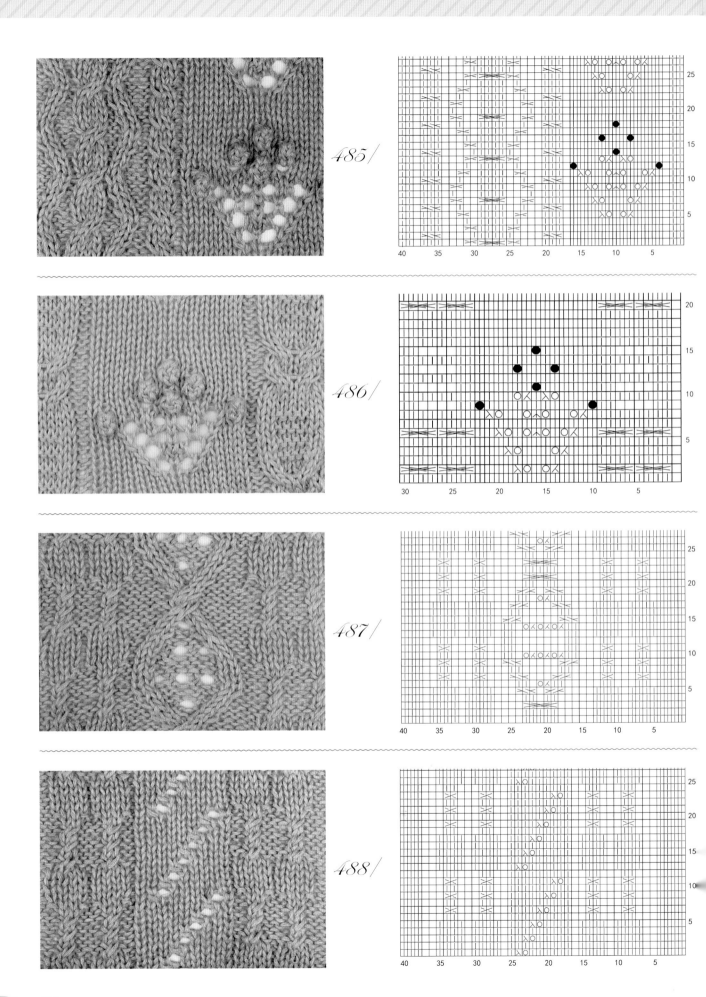

485/

486/

487/

488/

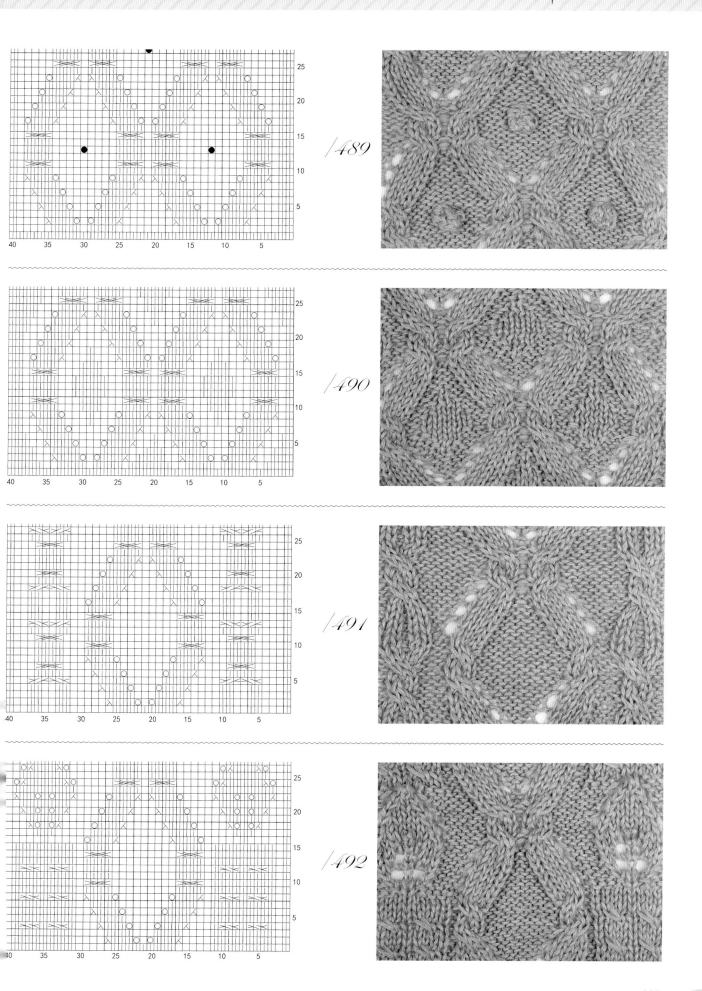

/489

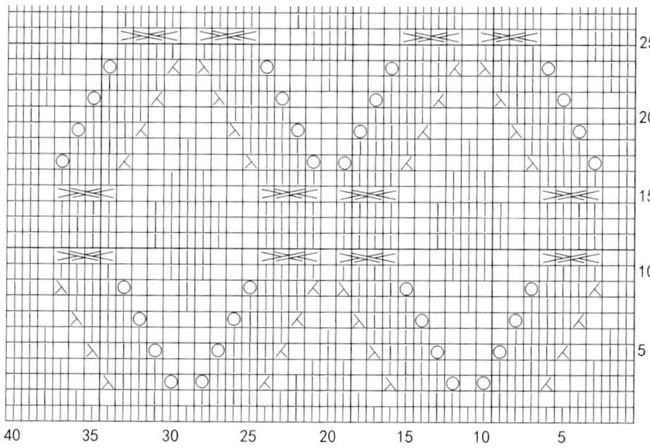

/490

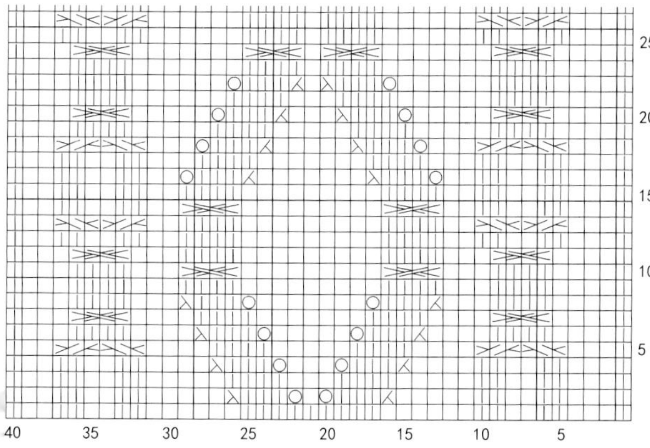

/491

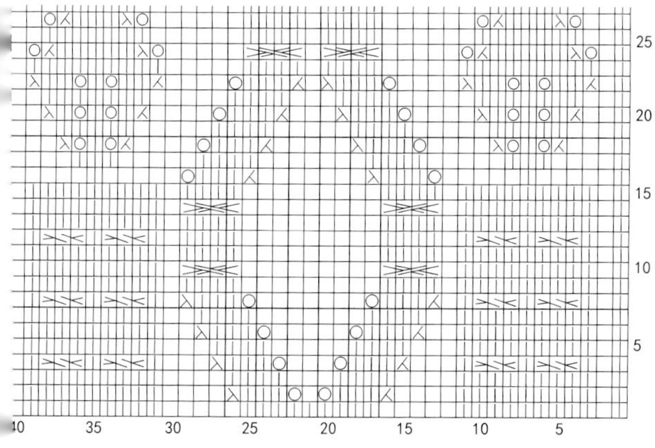

/492

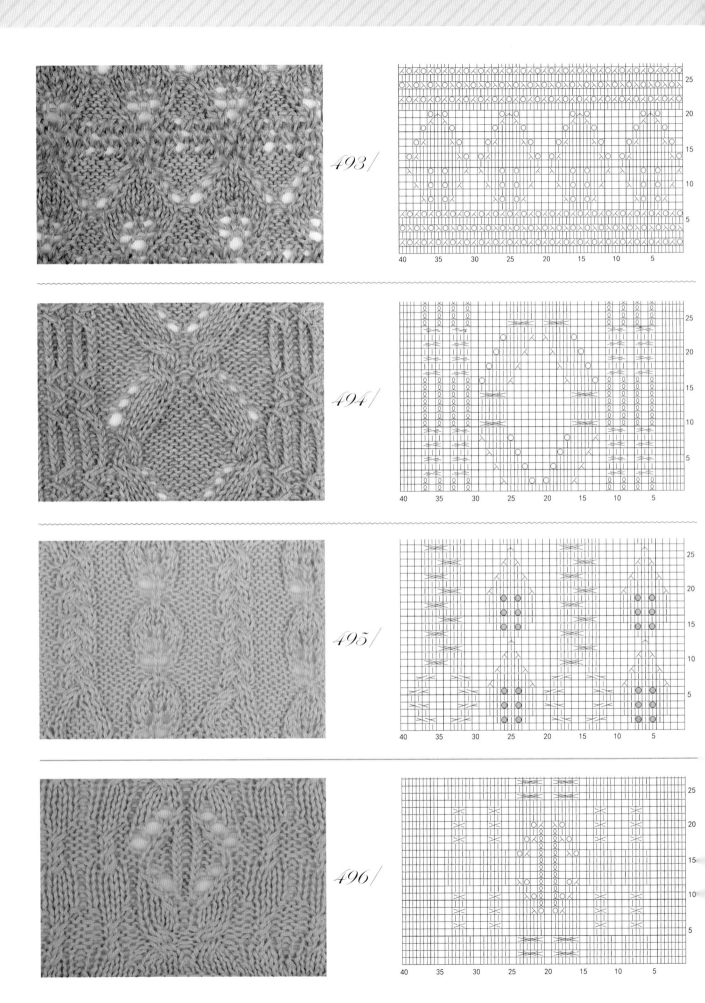

493/

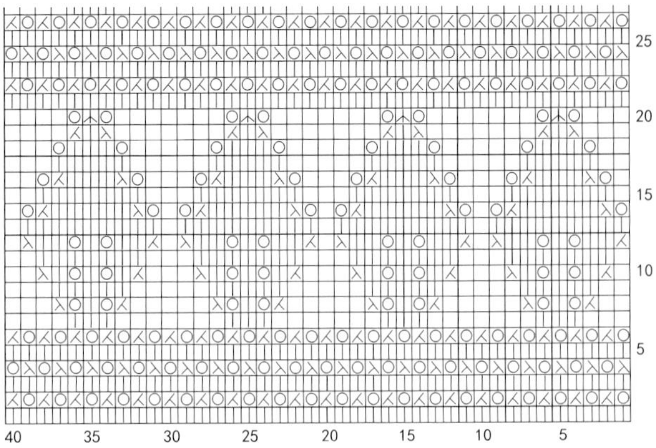

494/

495/

496/

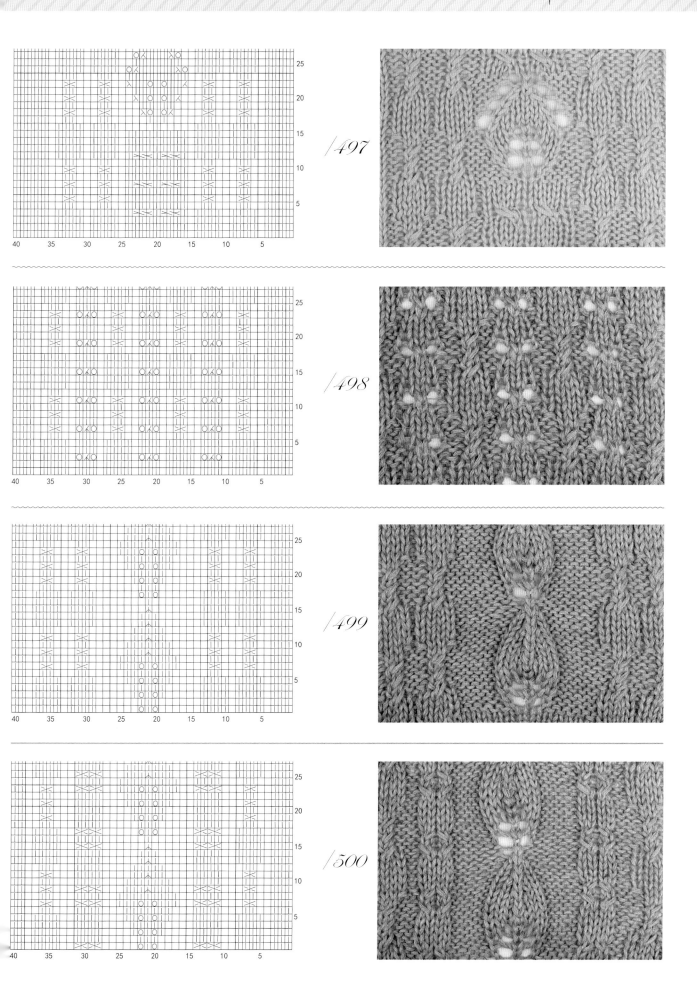

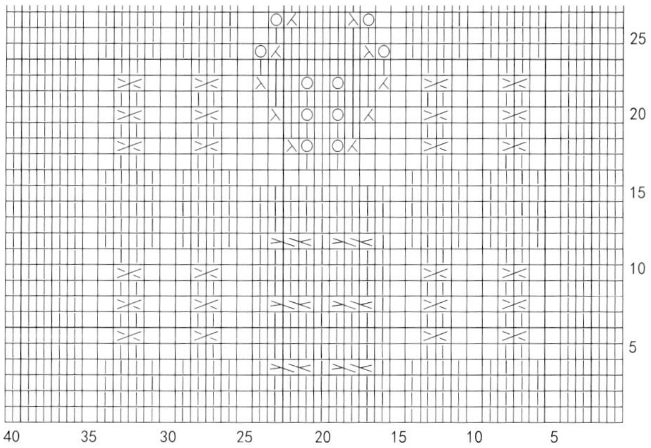

/497

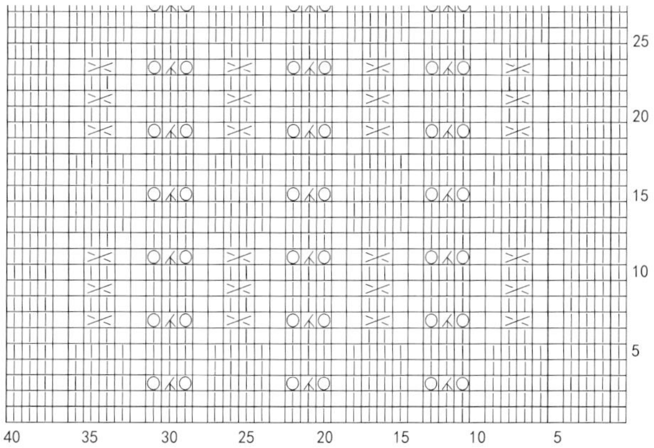

/498

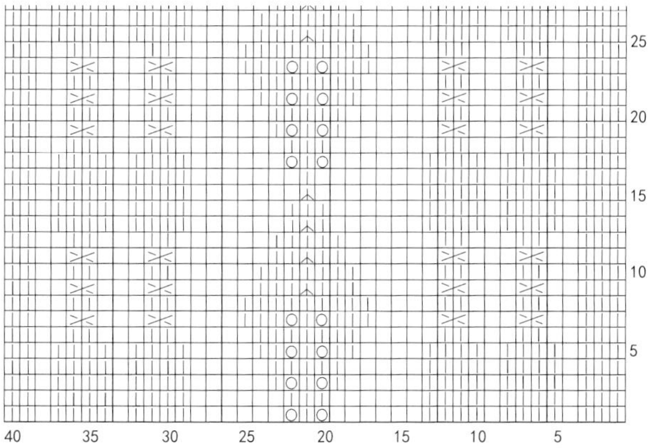

/499

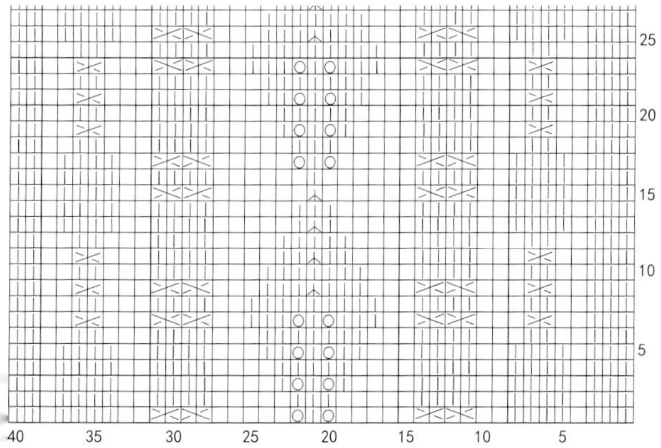

/500

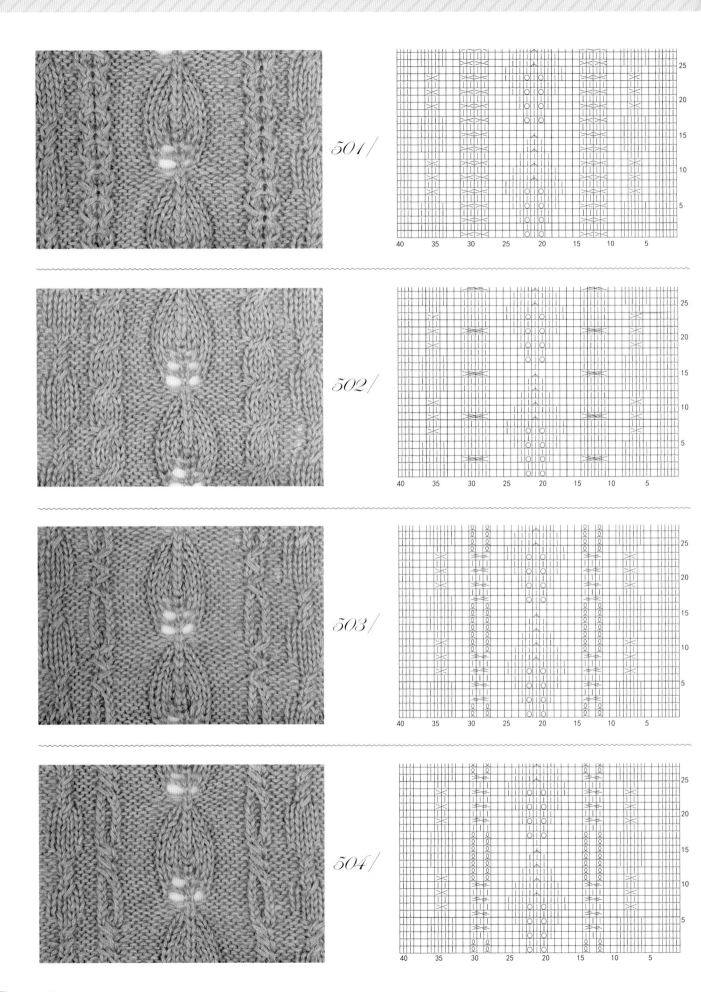

501/

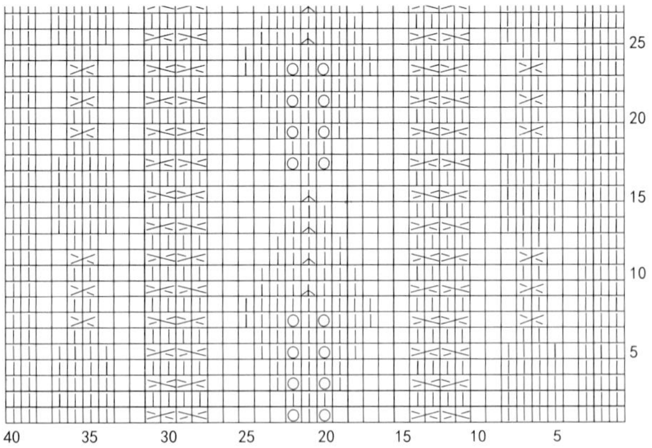

502/

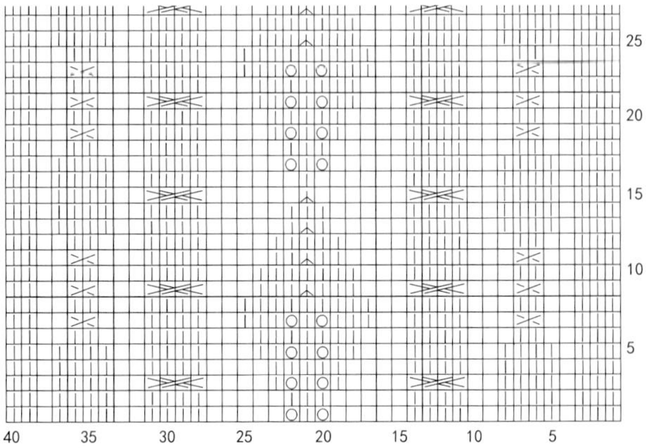

503/

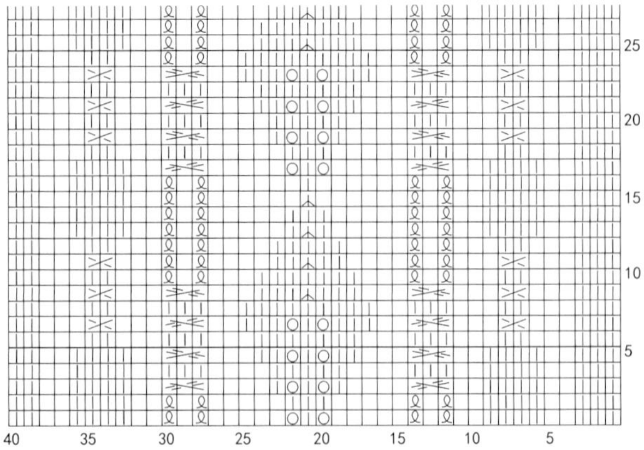

504/

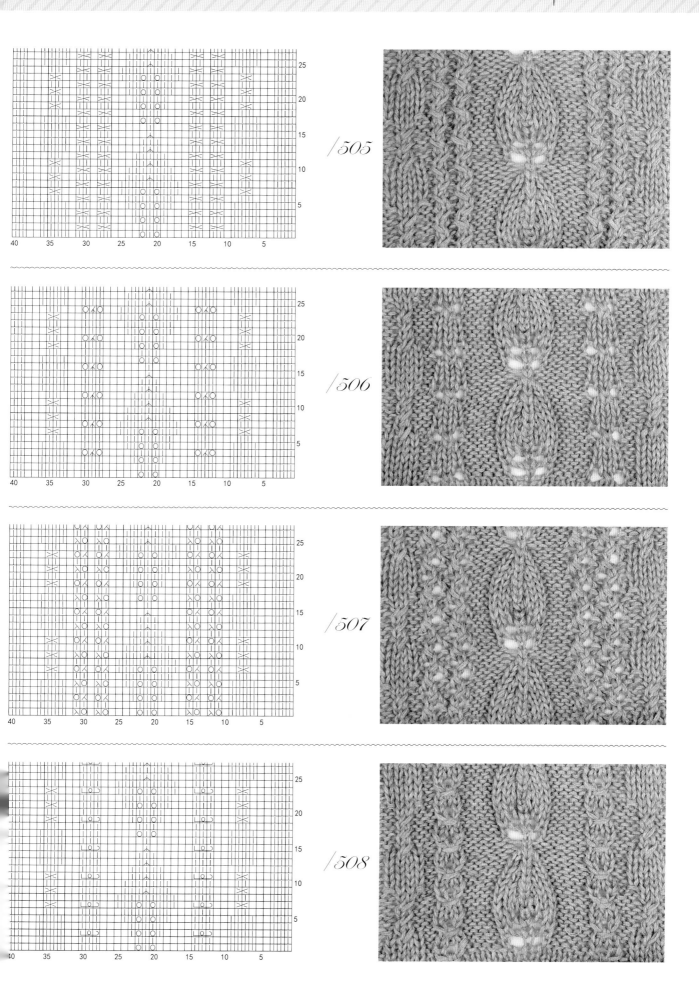

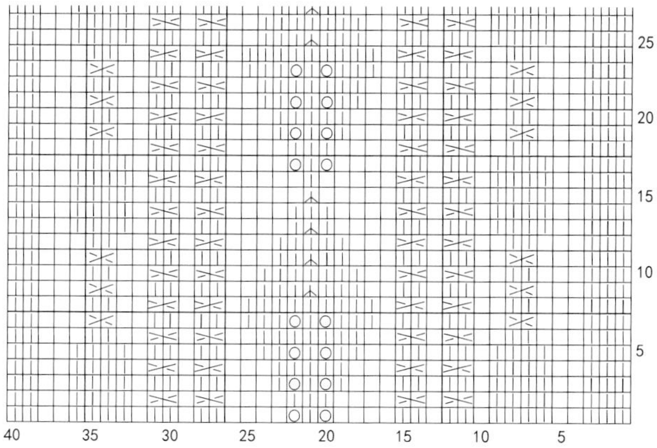

/505

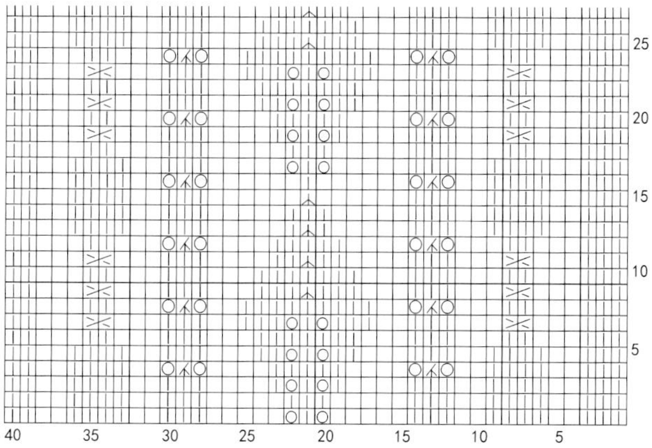

/506

/507

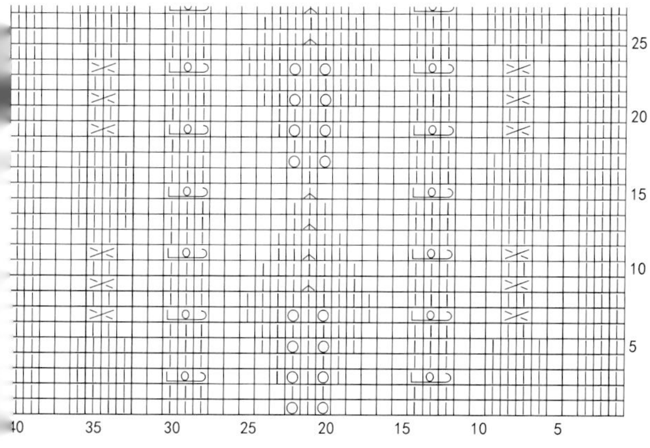

/508

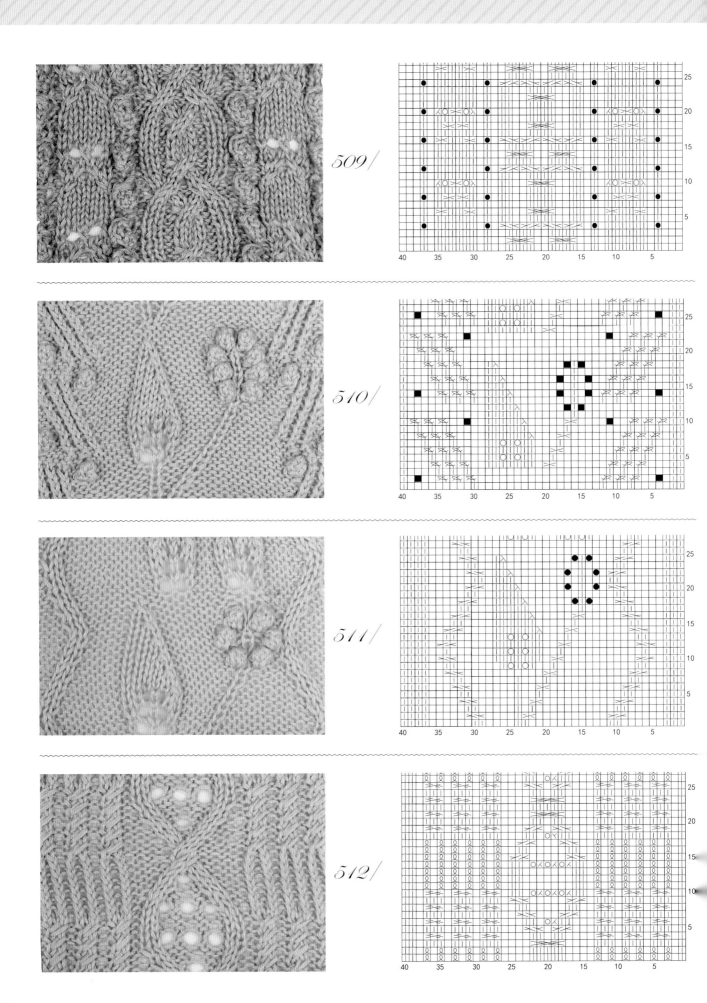

509/

510/

511/

512/

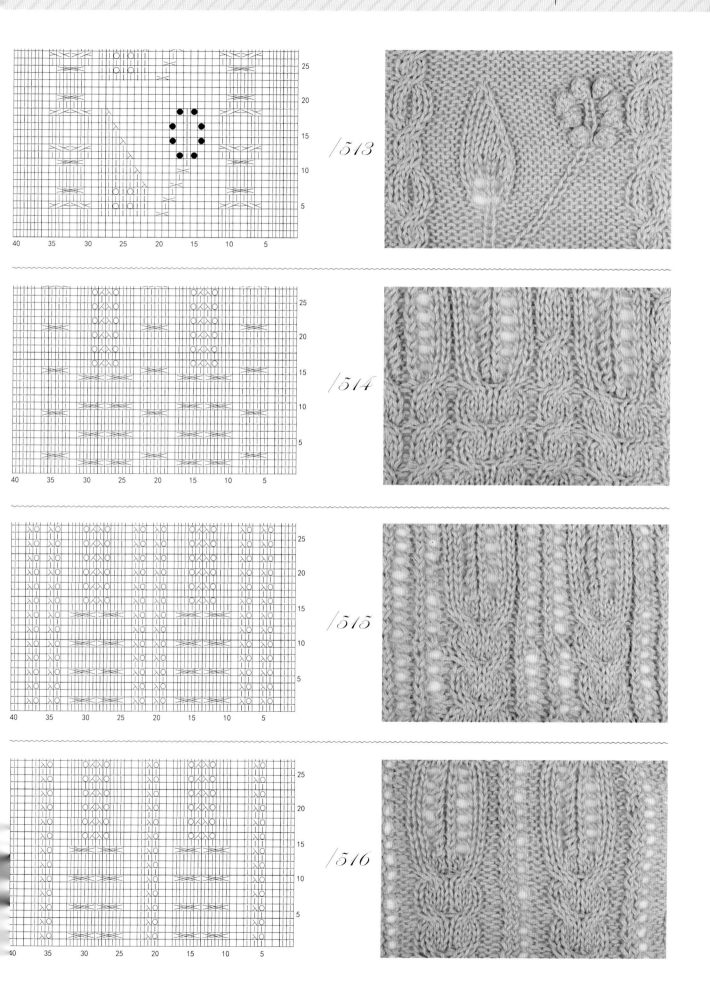

/513

/514

/515

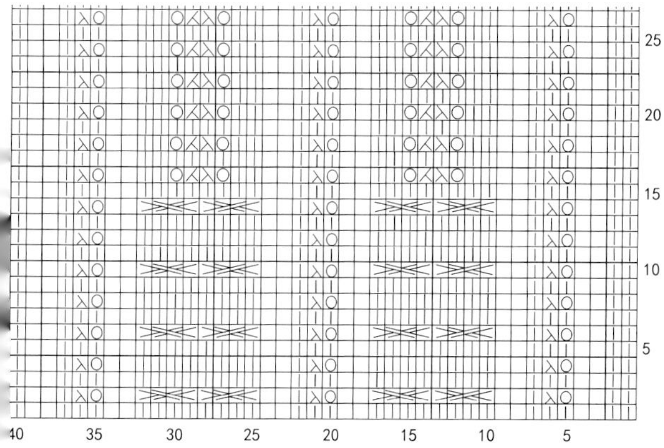

/516

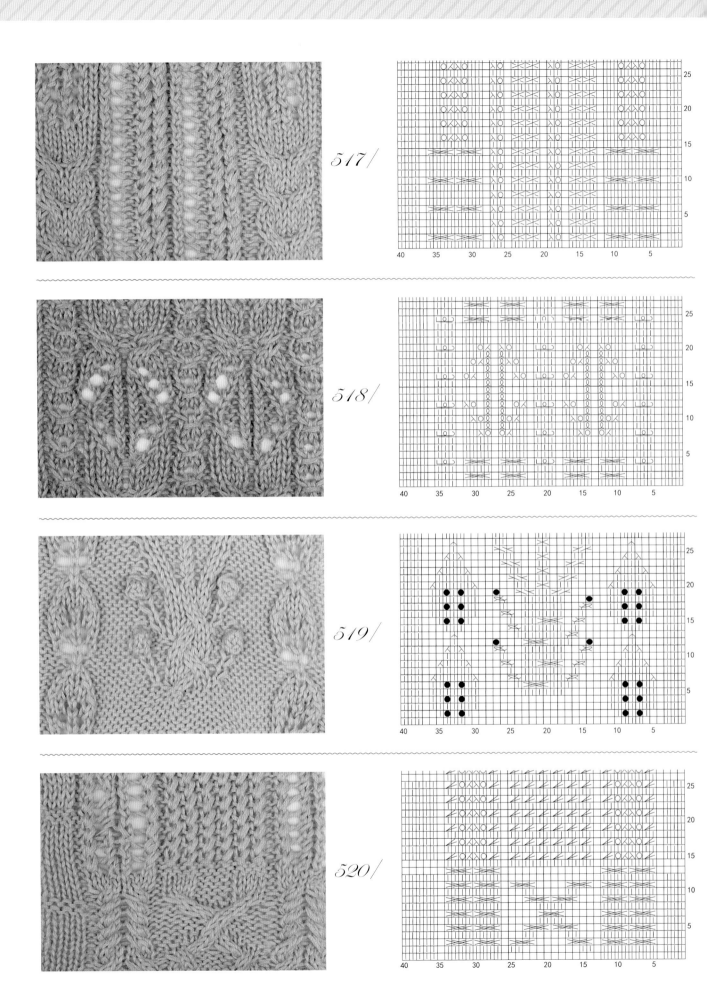

517/

518/

519/

520/

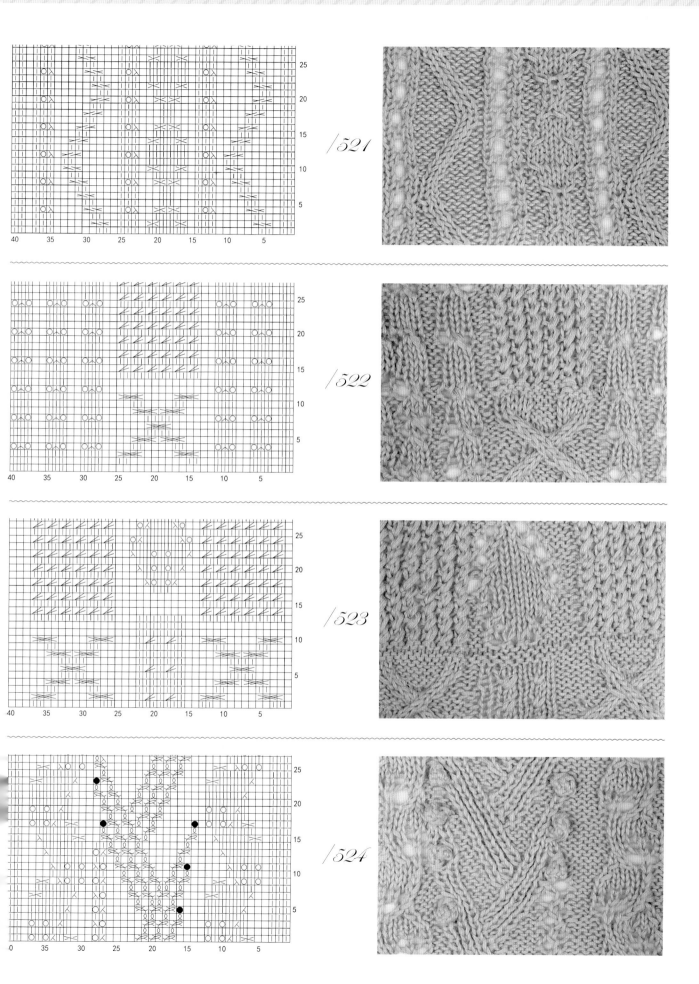

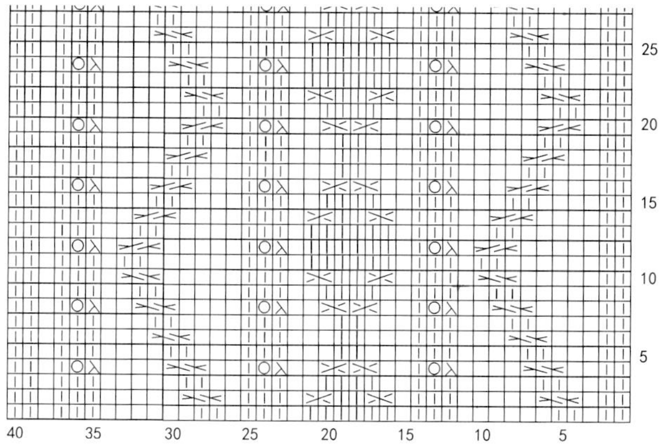

/521

/522

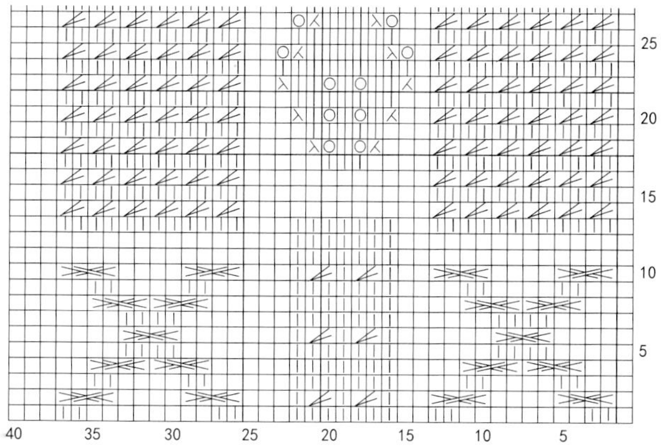

/523

/524

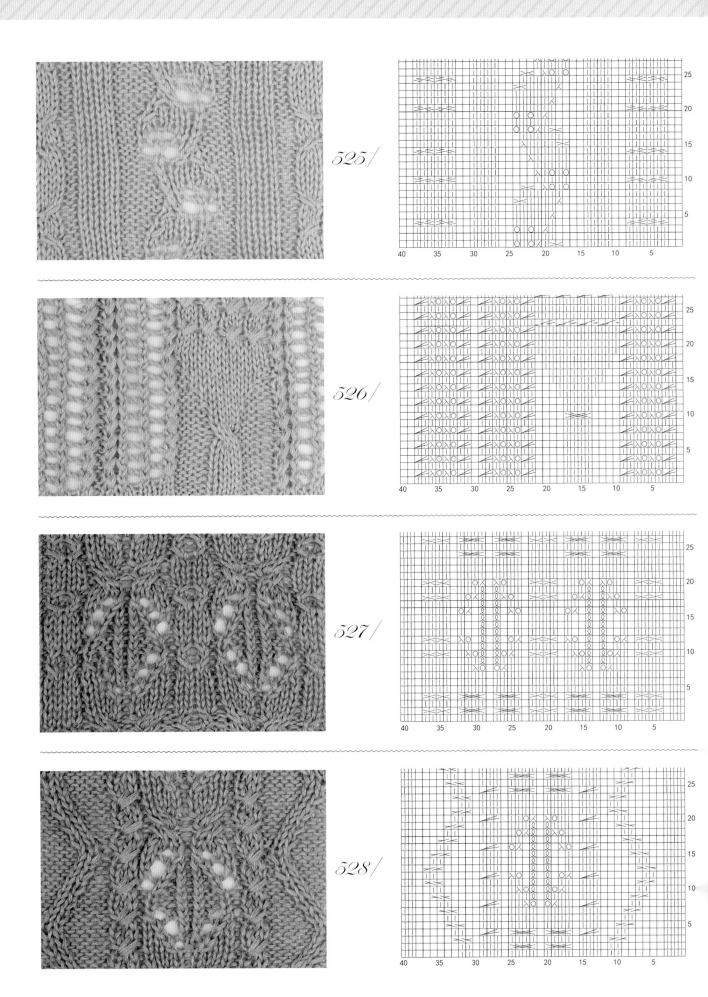

525/

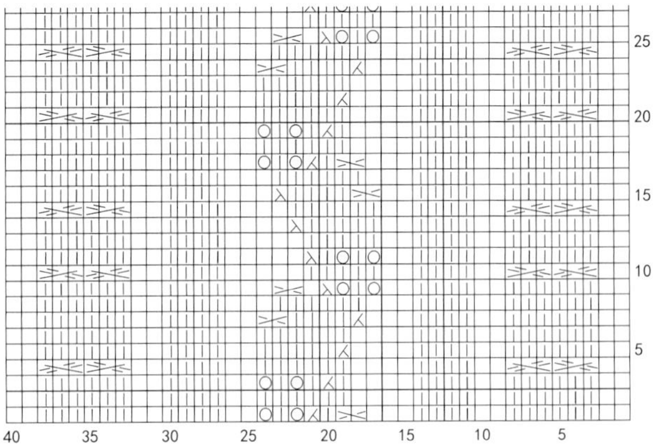

526/

527/

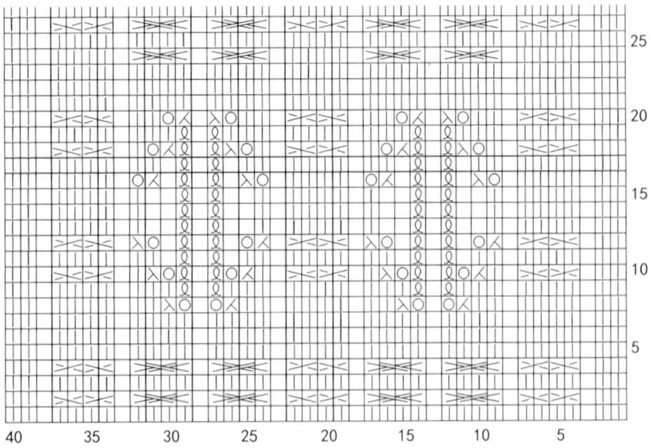

528/

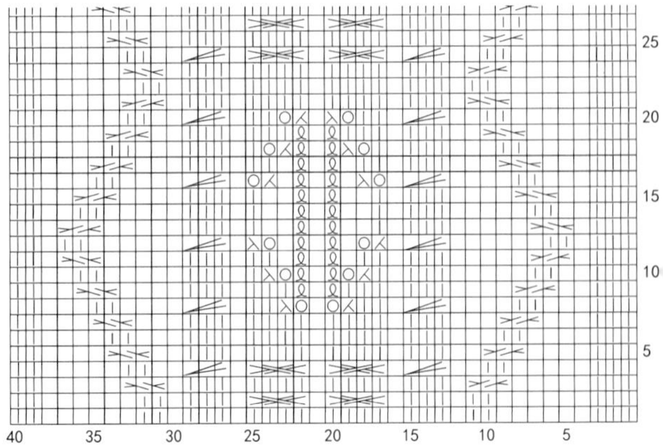

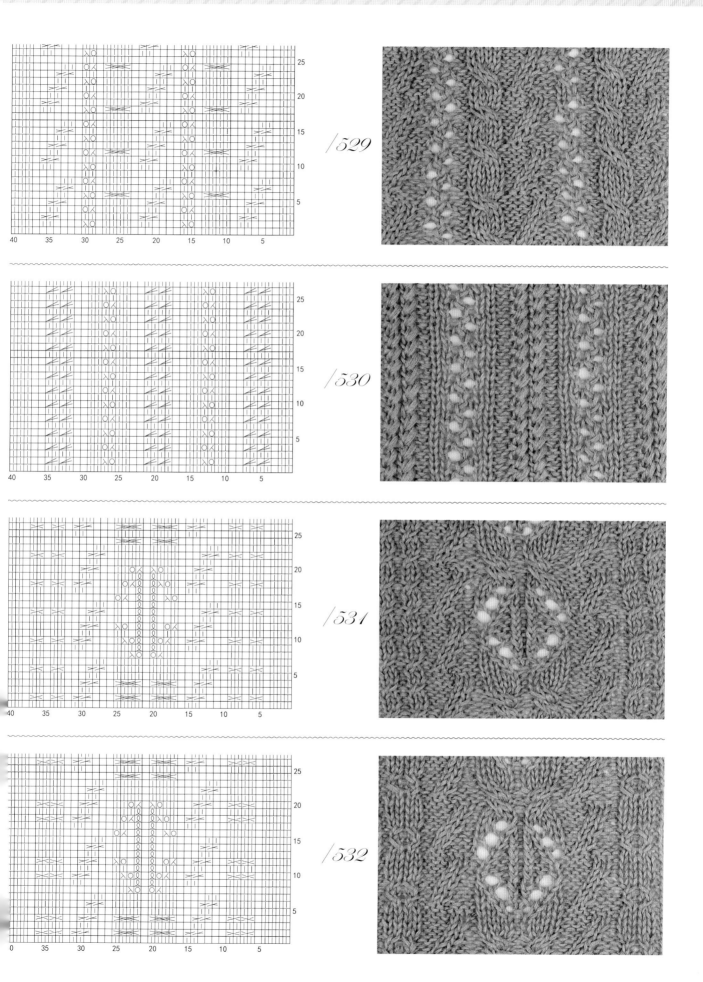

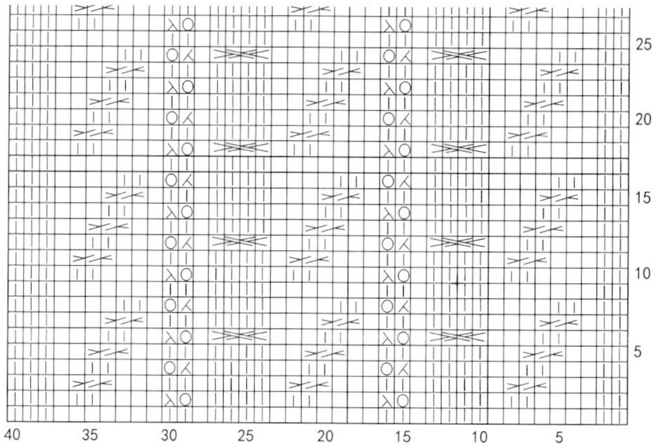

/529

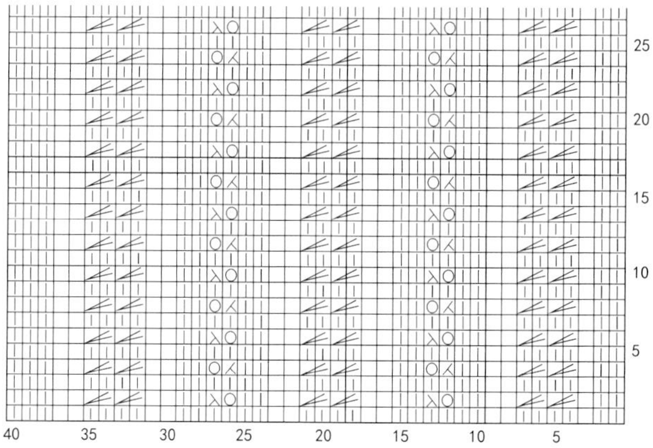

/530

/531

/532

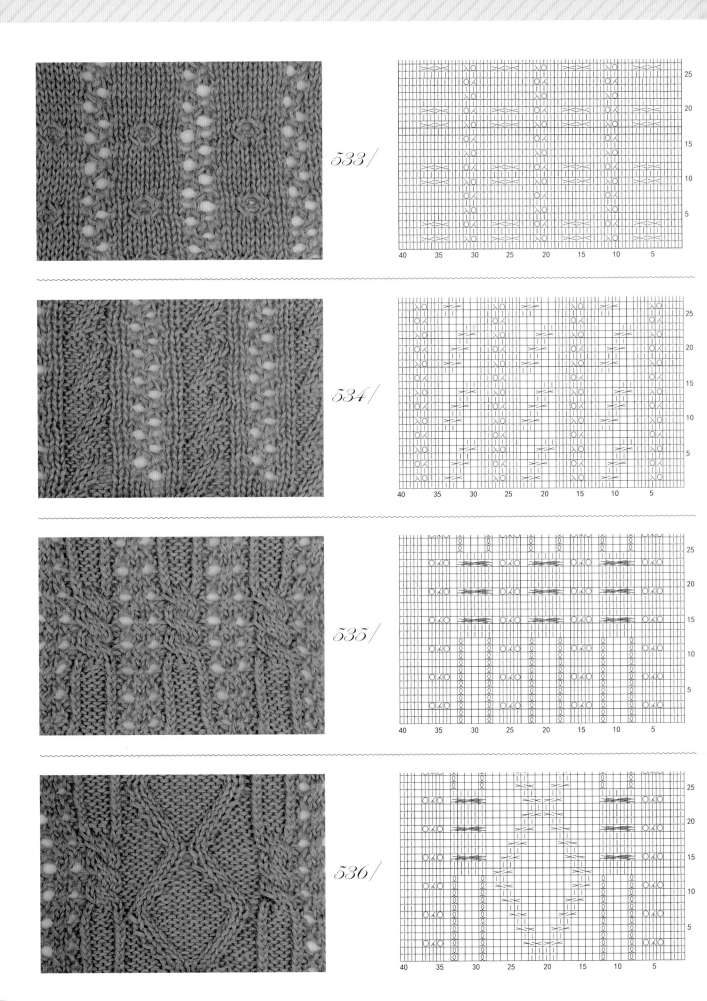

533/

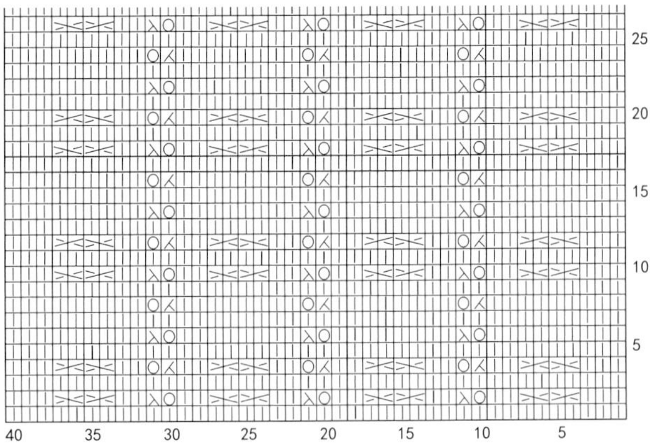

534/

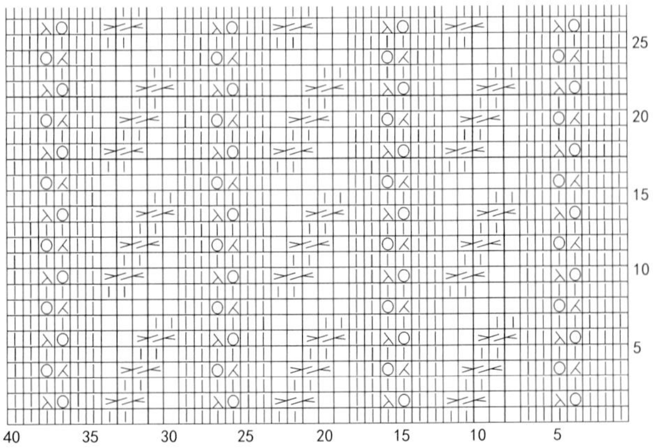

535/

536/

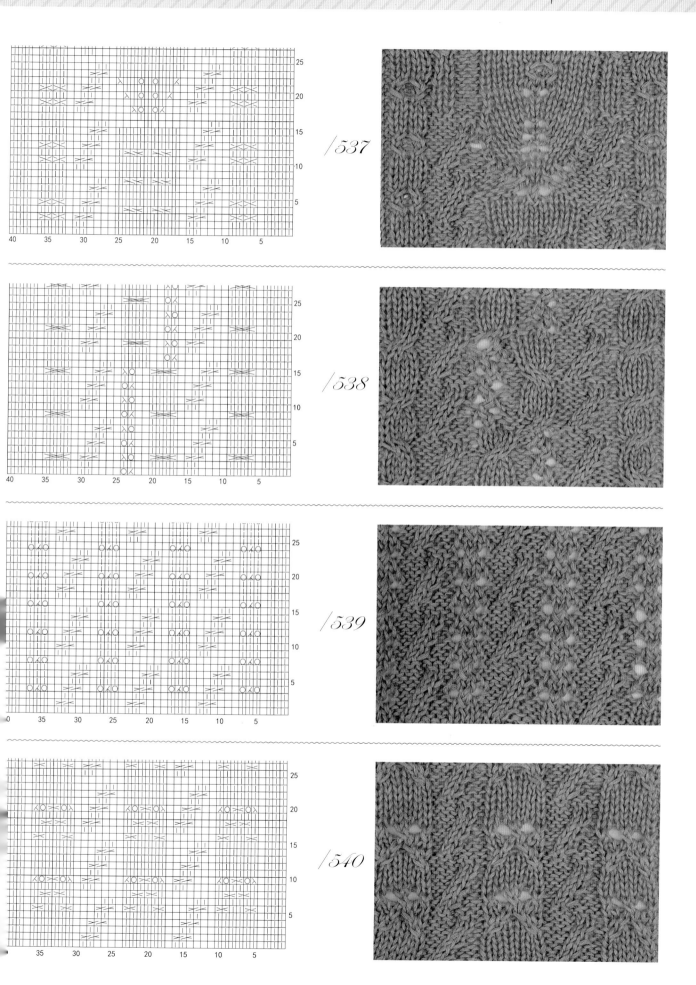

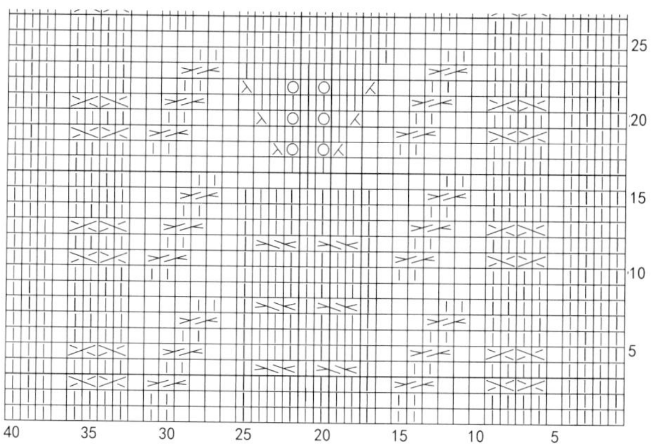

/537

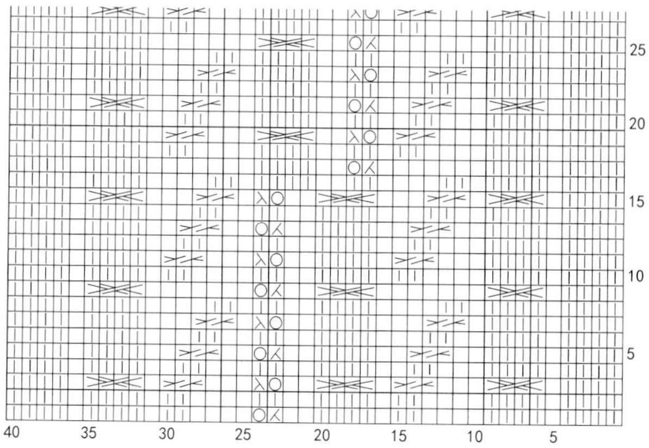

/538

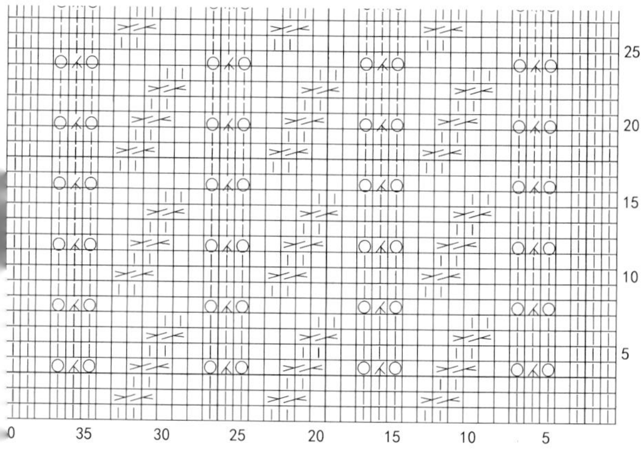

/539

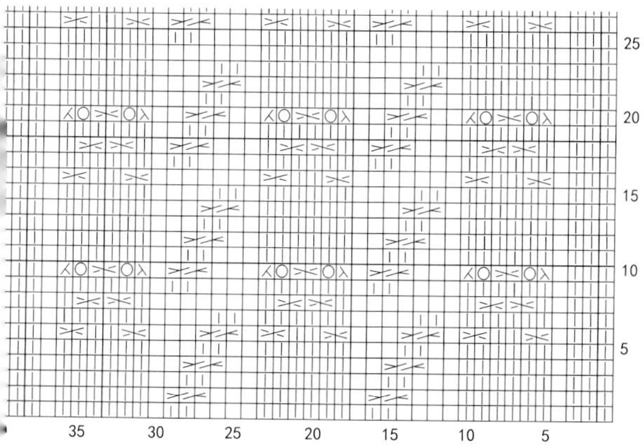

/540

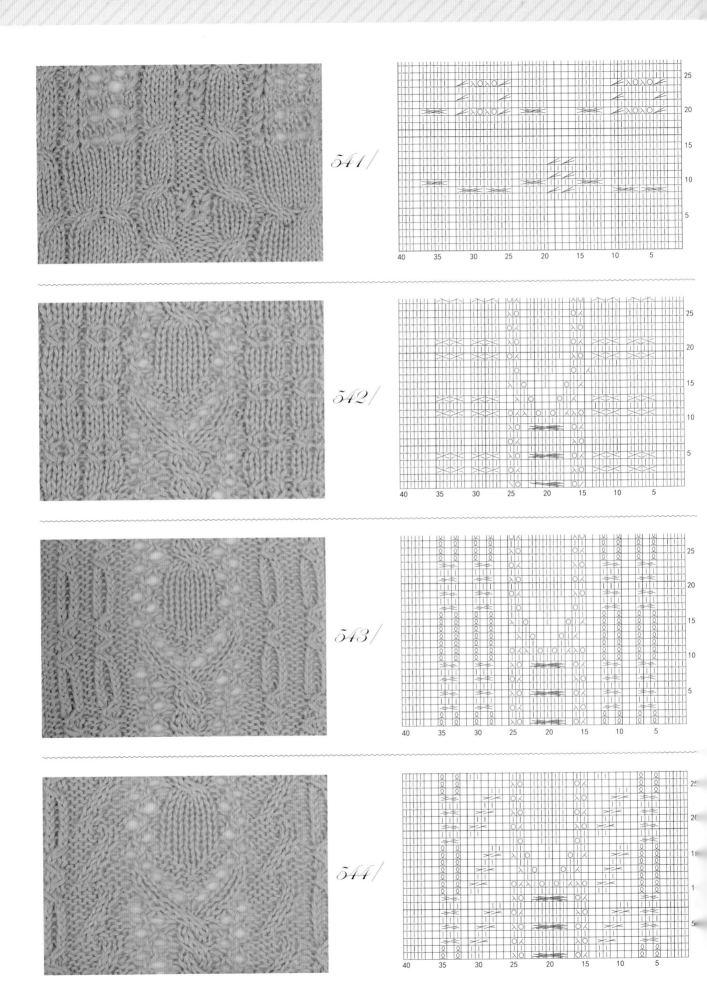

541 /

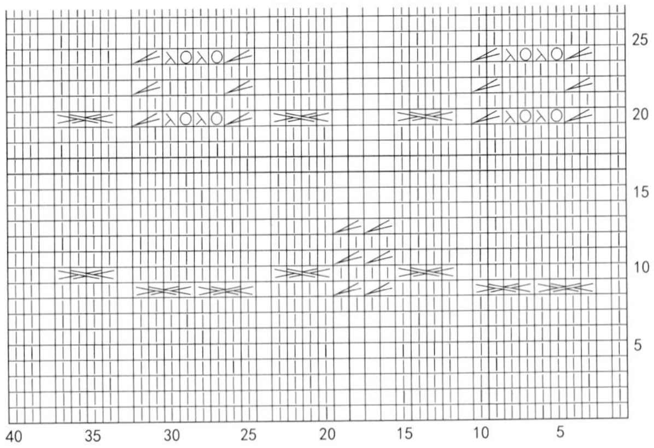

542 /

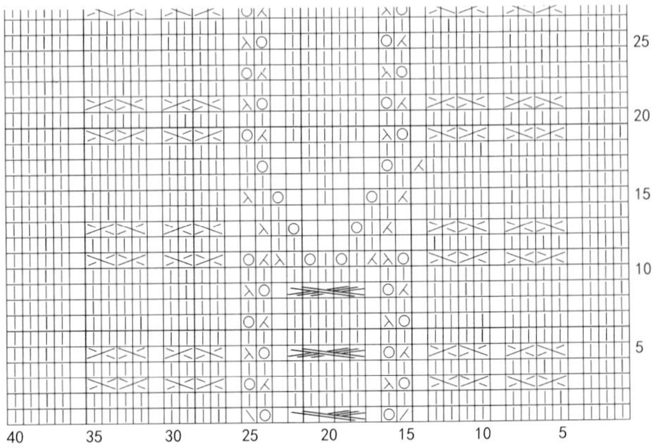

543 /

544 /

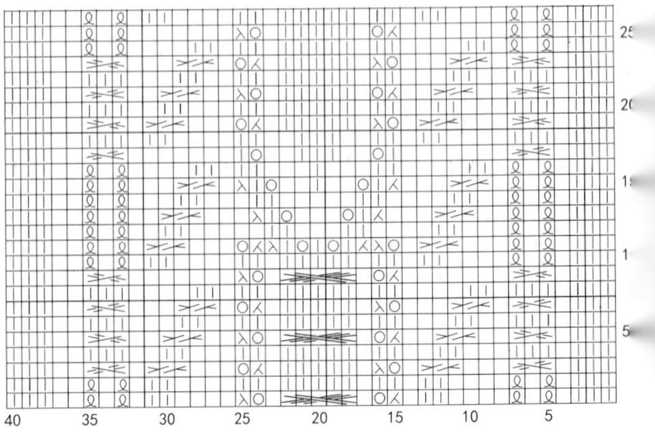

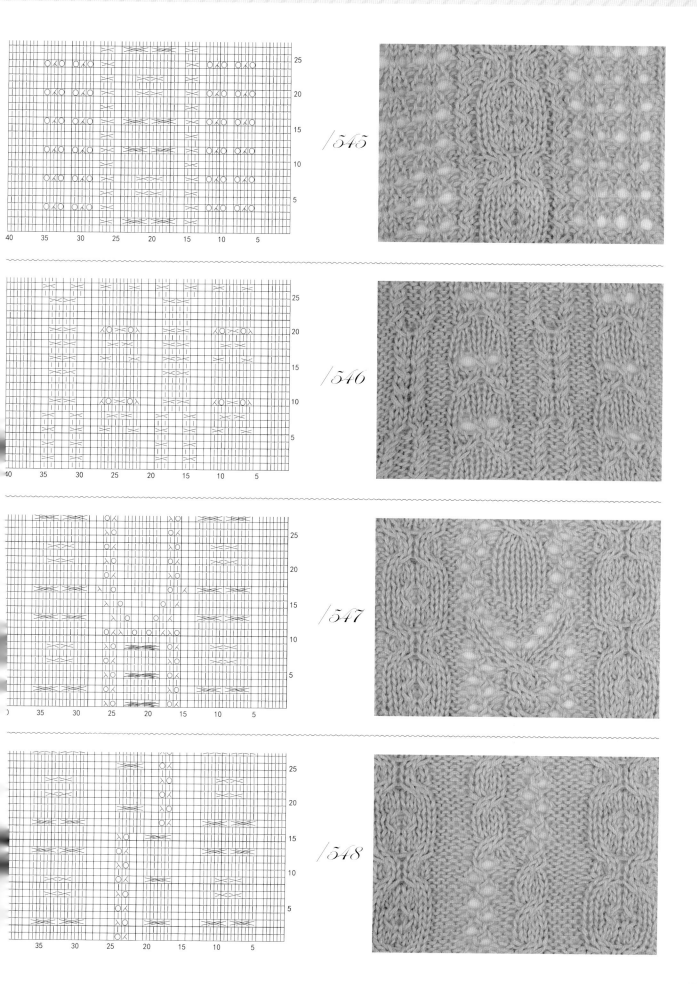

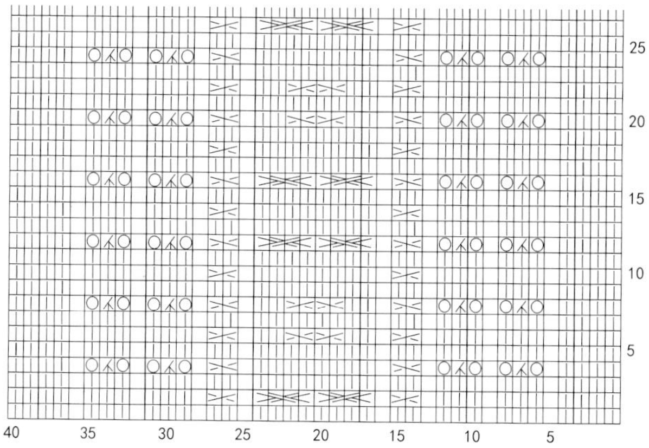

/545

/546

/547

/548

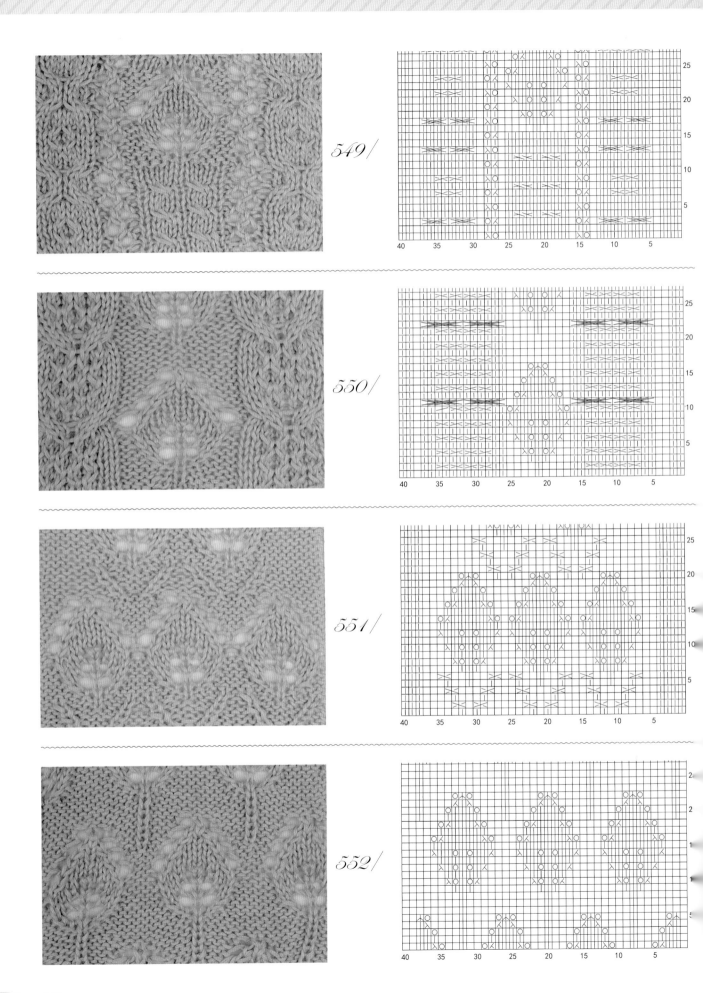

549/

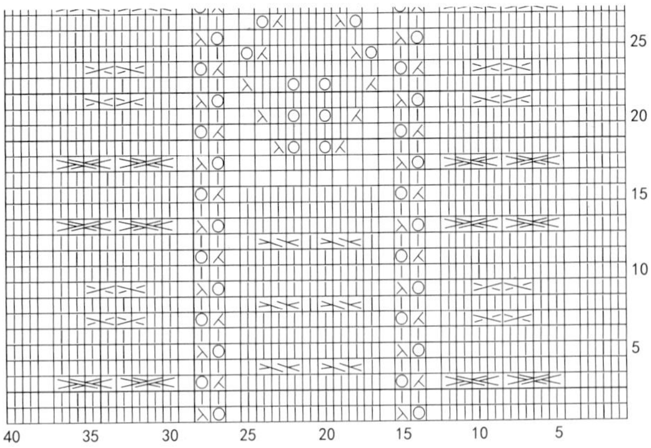

550/

551/

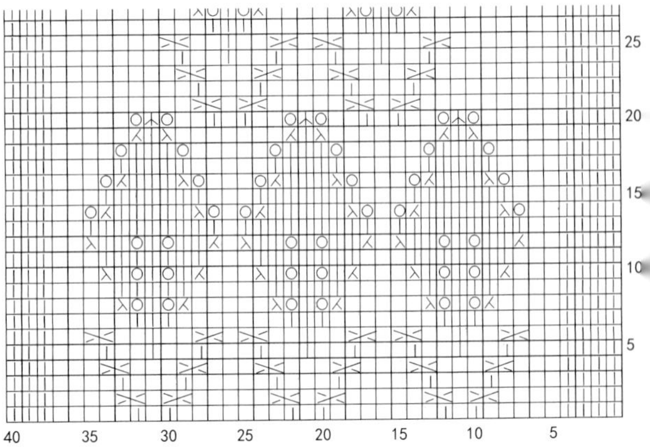

552/

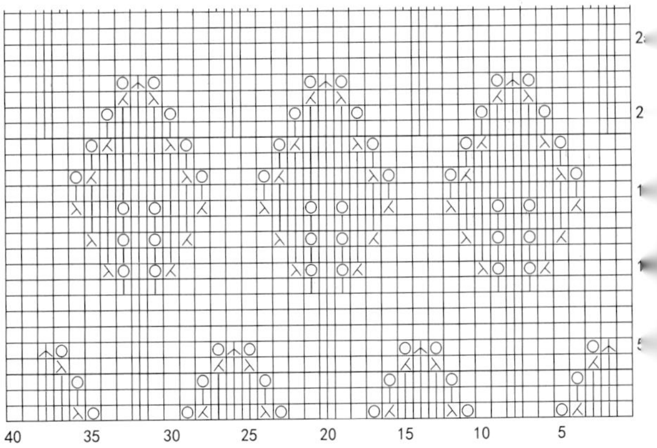

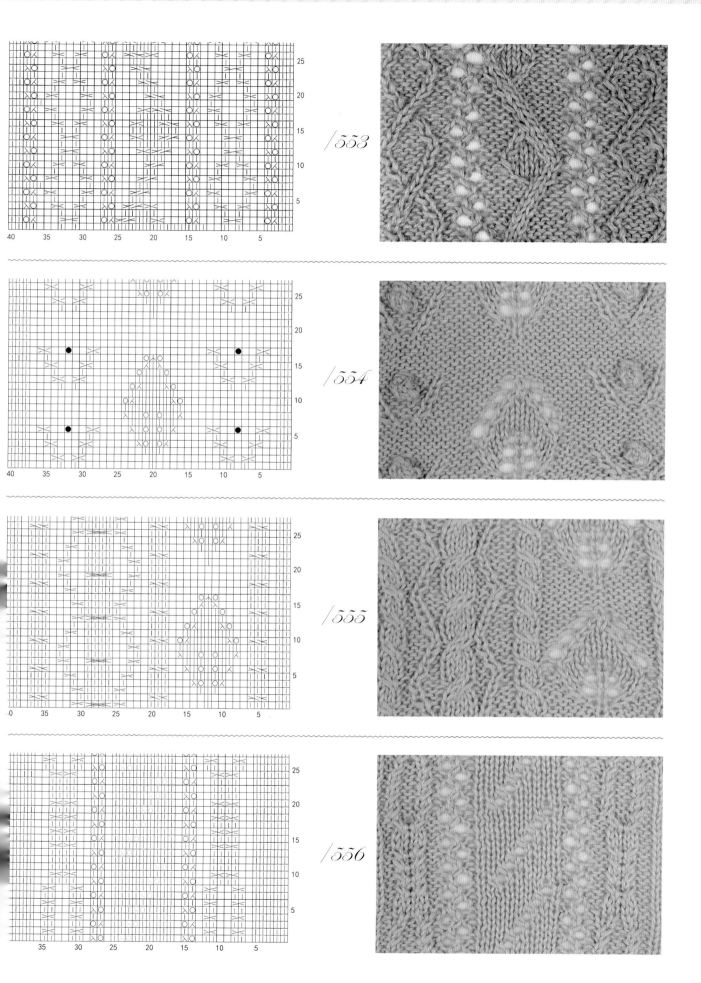

/553

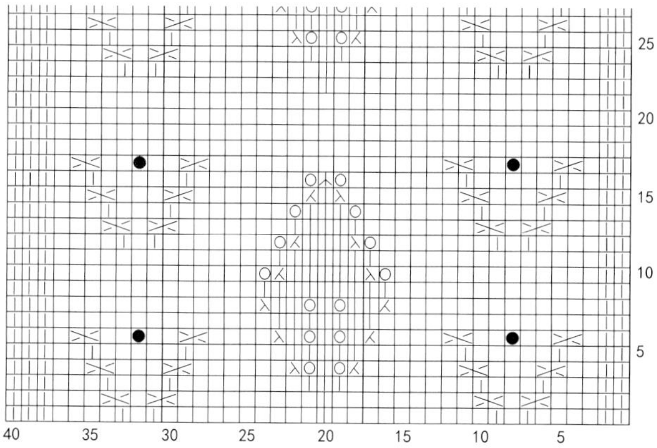

/554

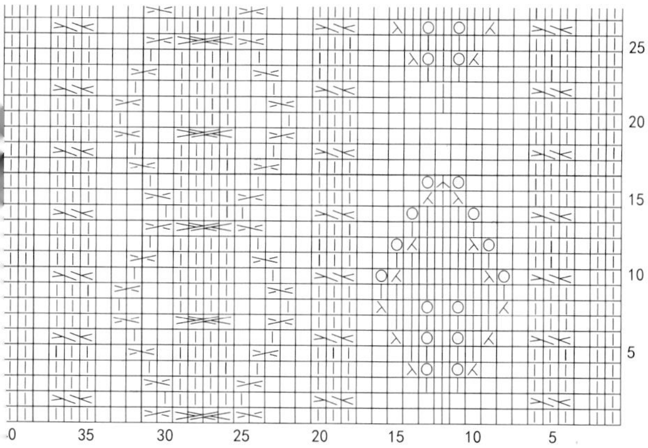

/555

/556

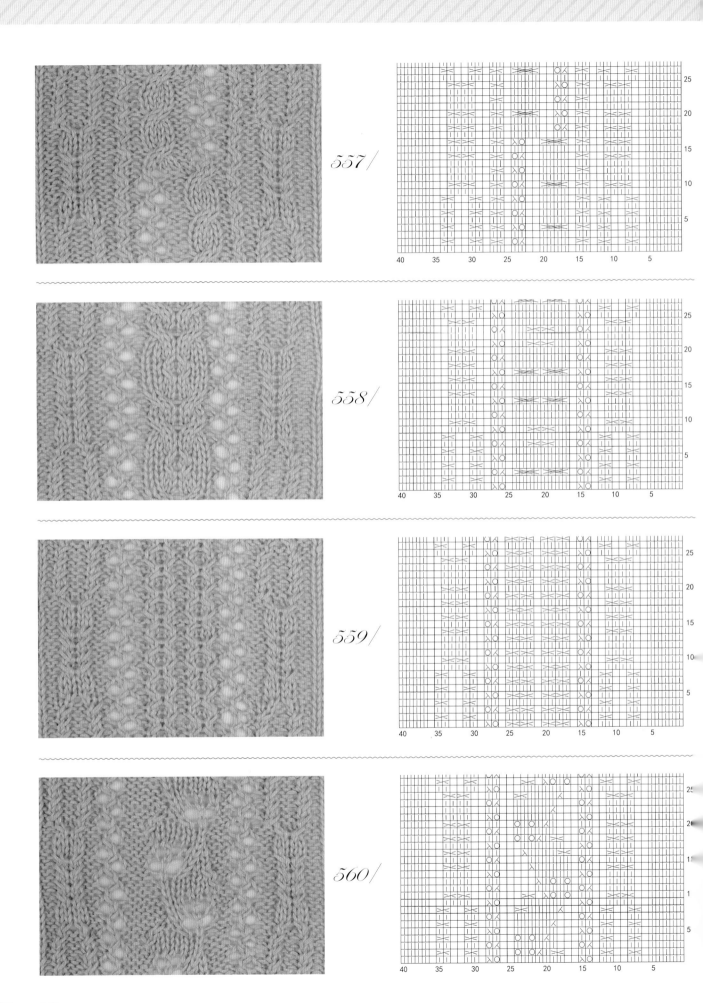

557/

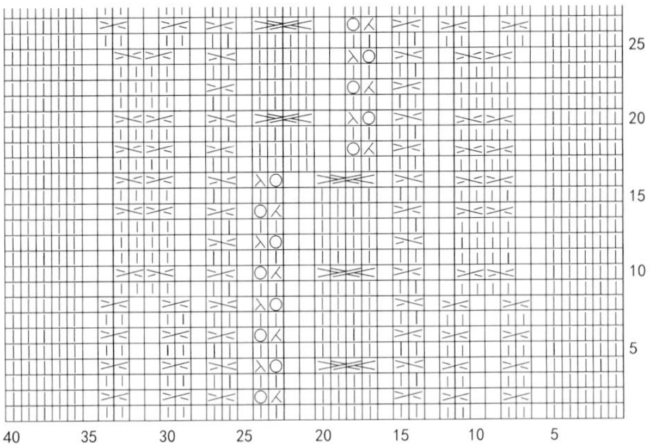

558/

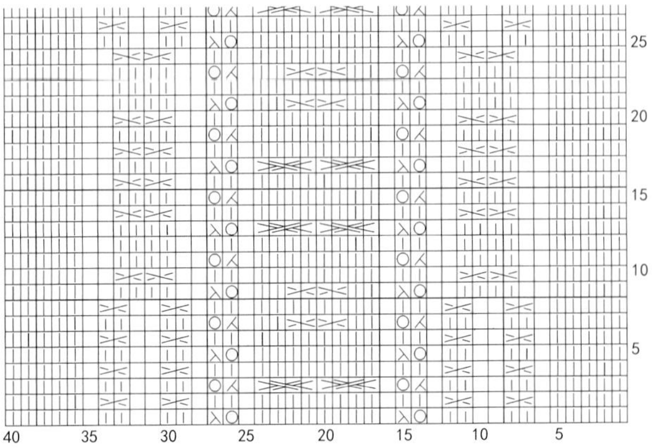

559/

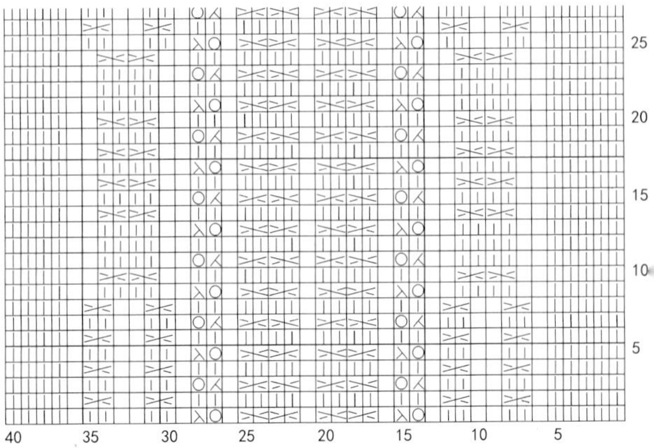

560/

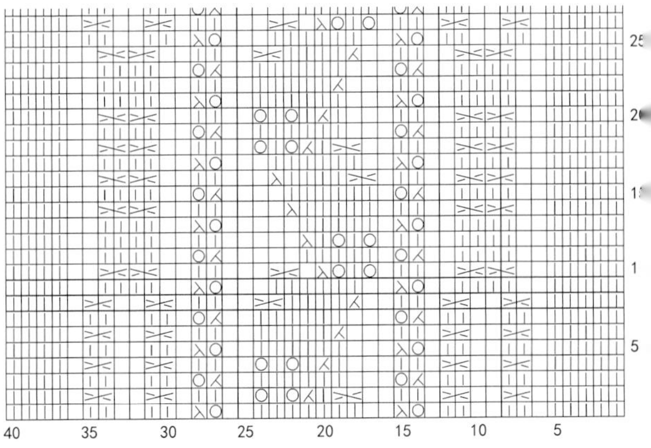

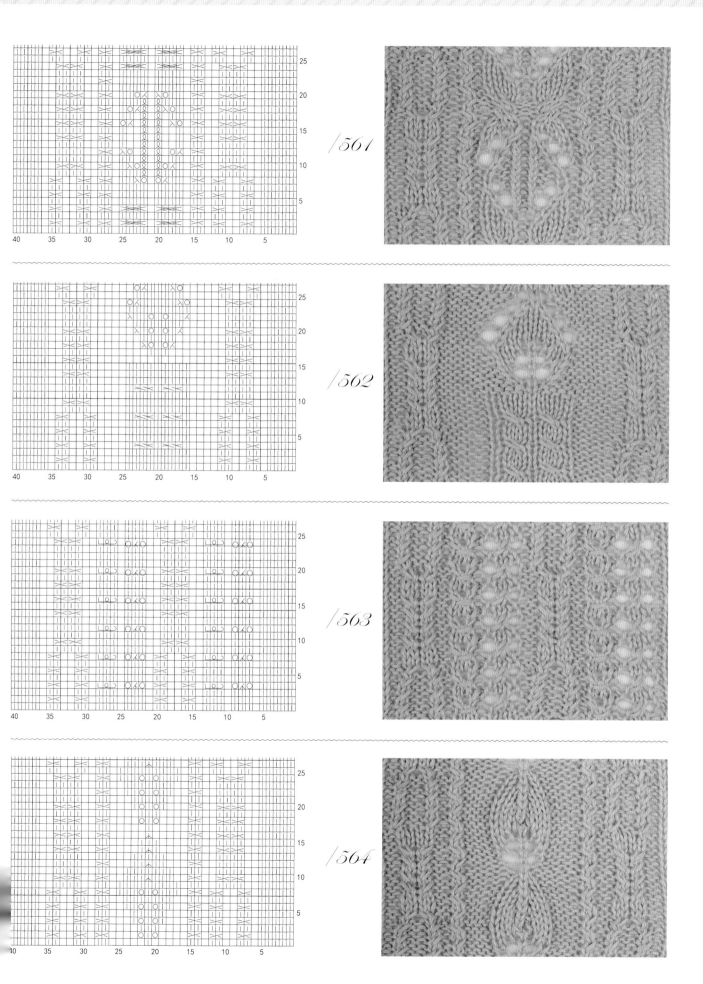

/561

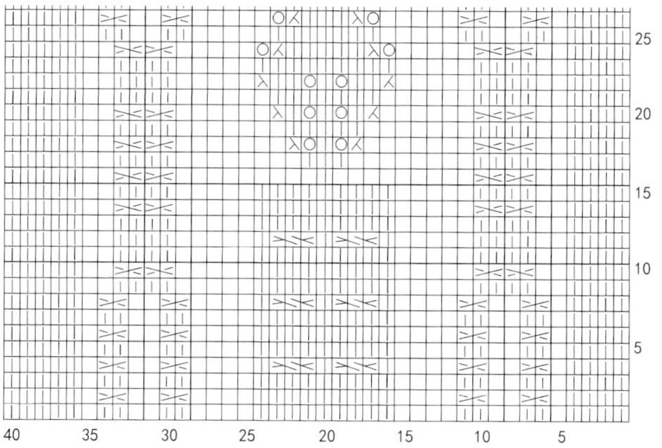

/562

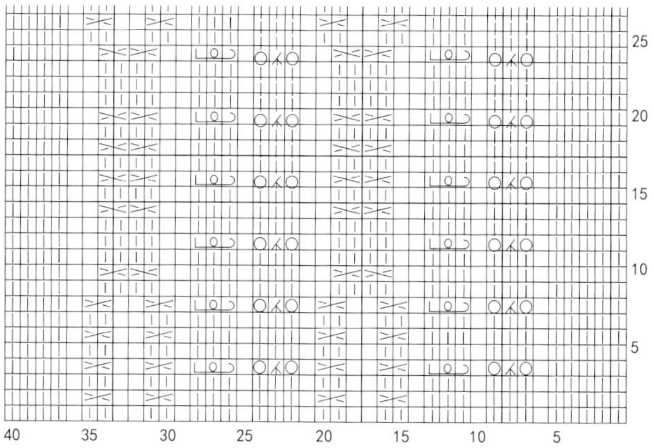

/563

/564

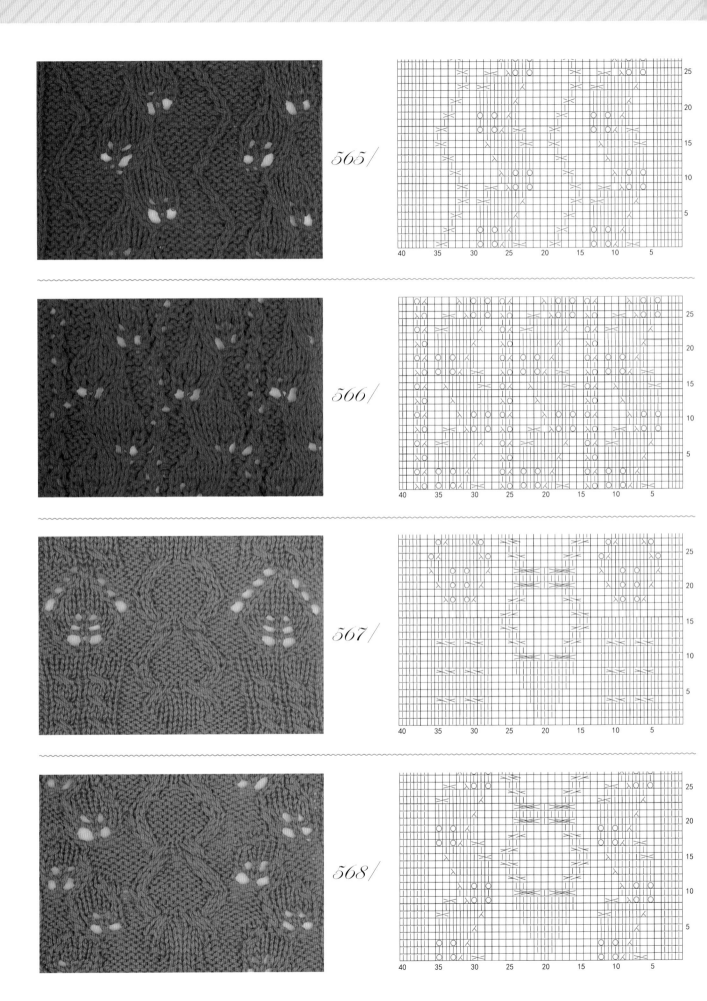

565/

566/

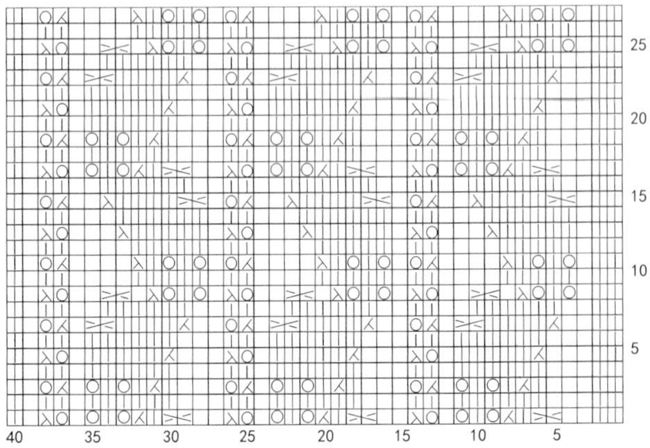

567/

568/

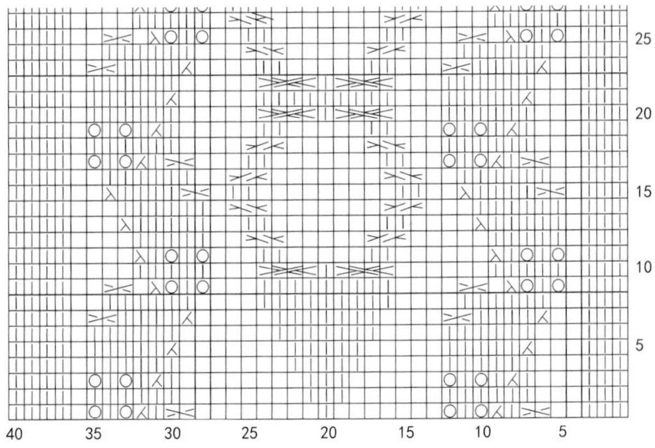

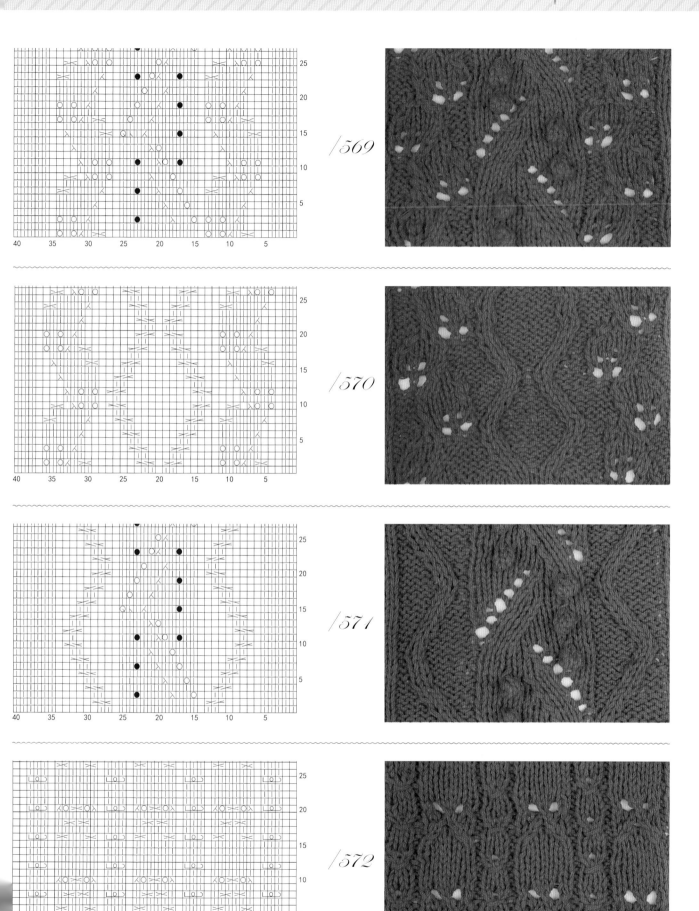

/569

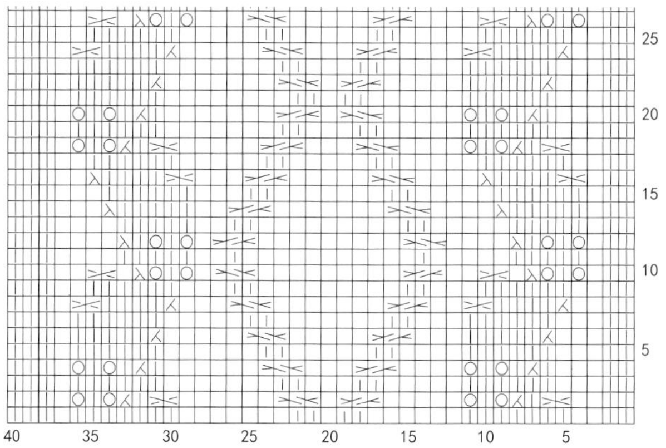

/570

/571

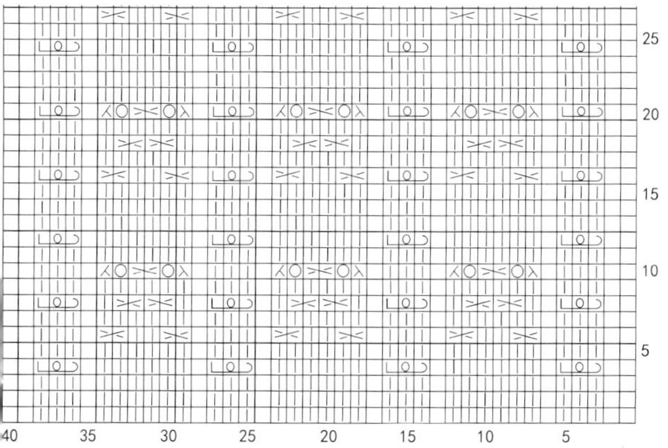

/572

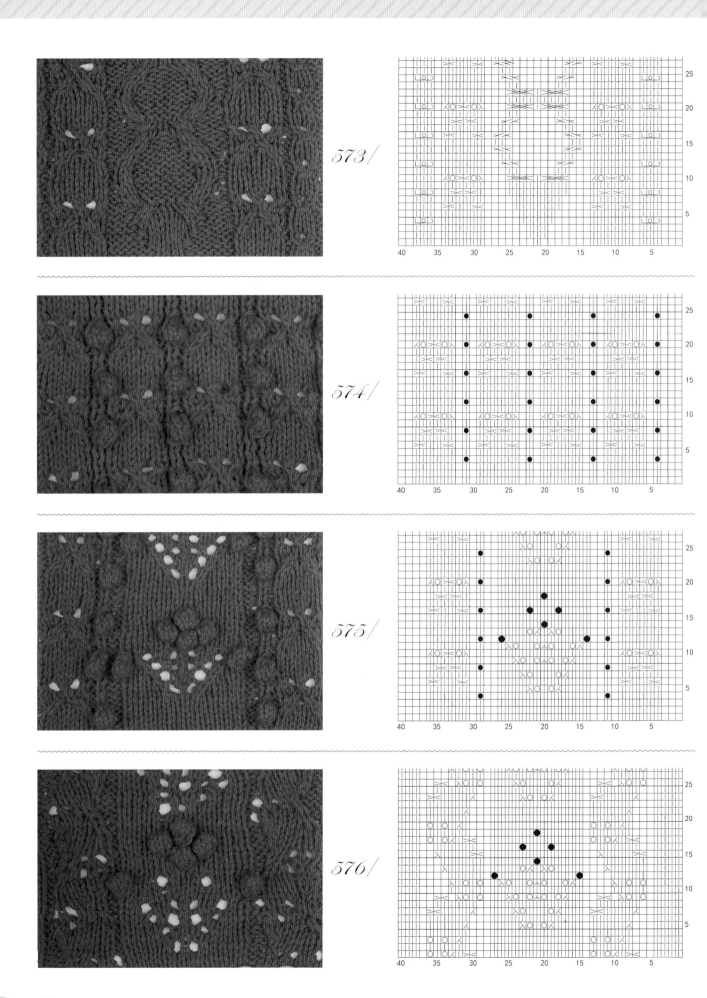

573/

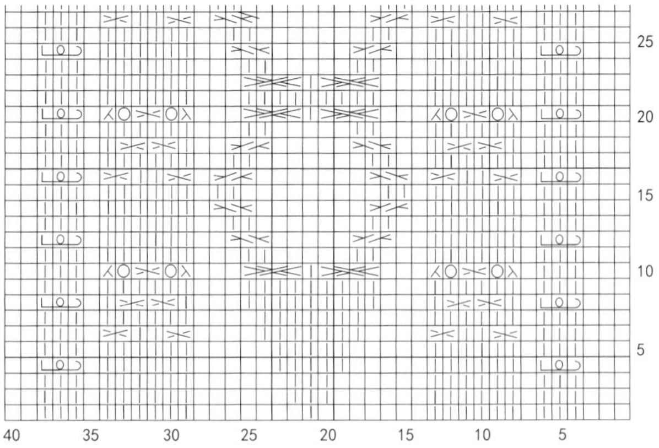

574/

575/

576/

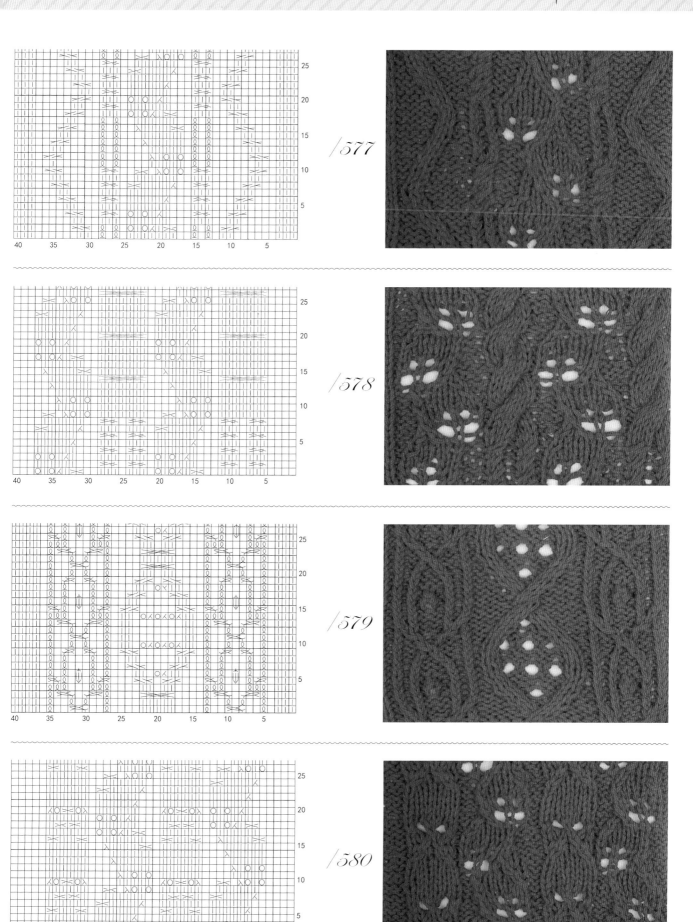

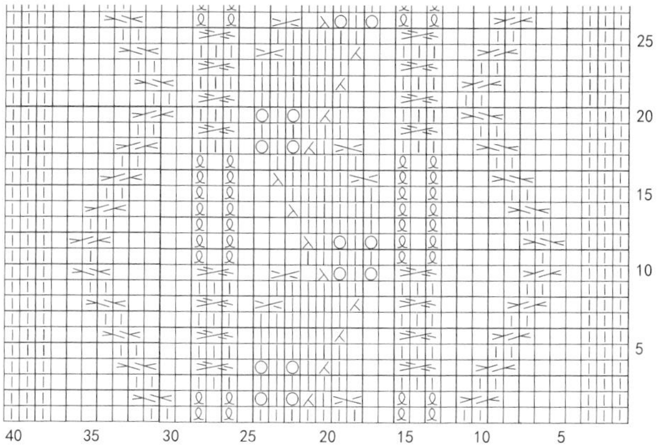

/577

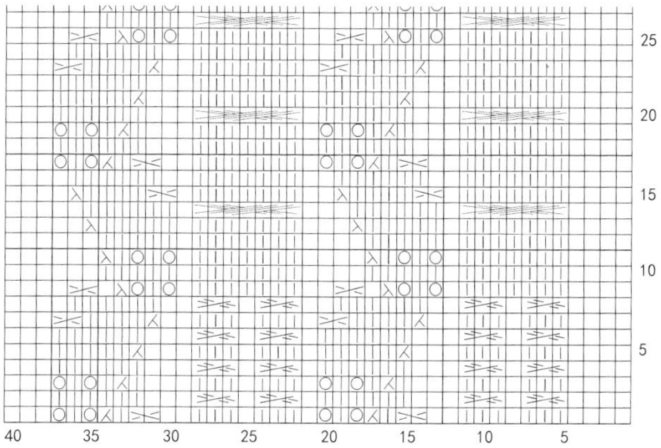

/578

/579

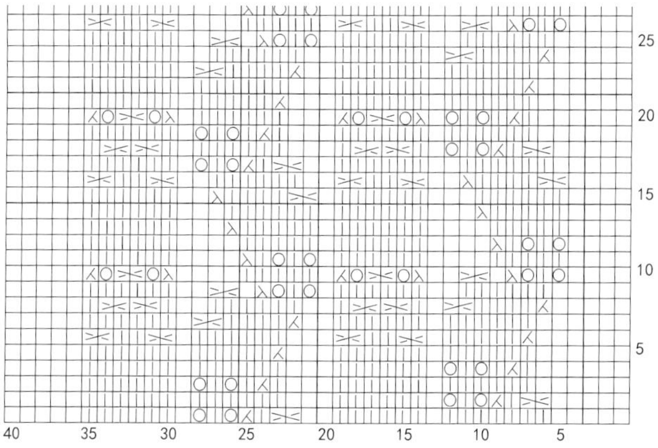

/580

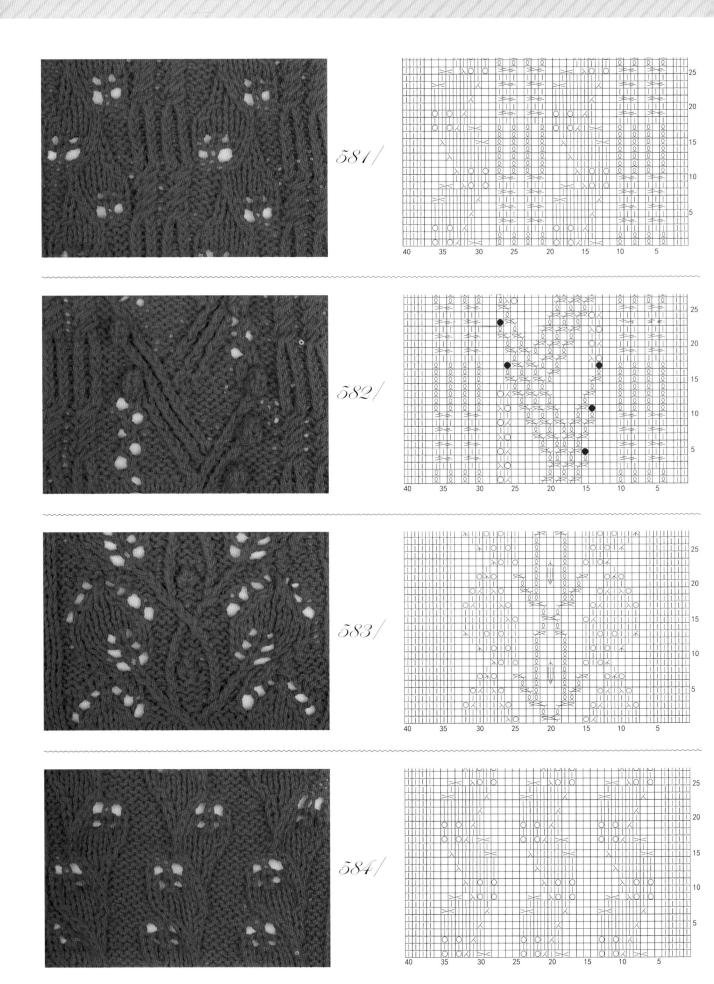

581/

582/

583/

584/

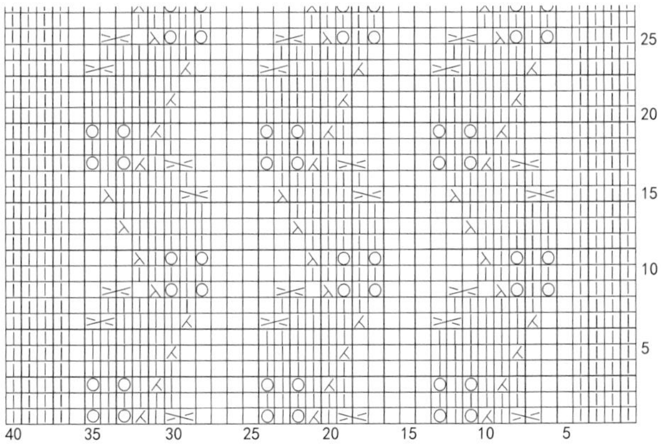

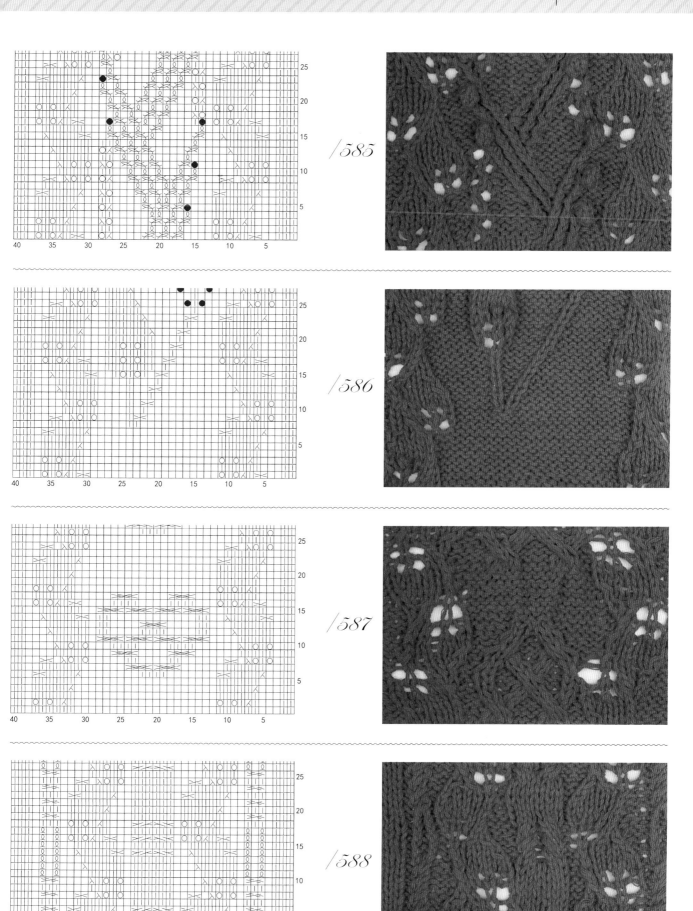

/585

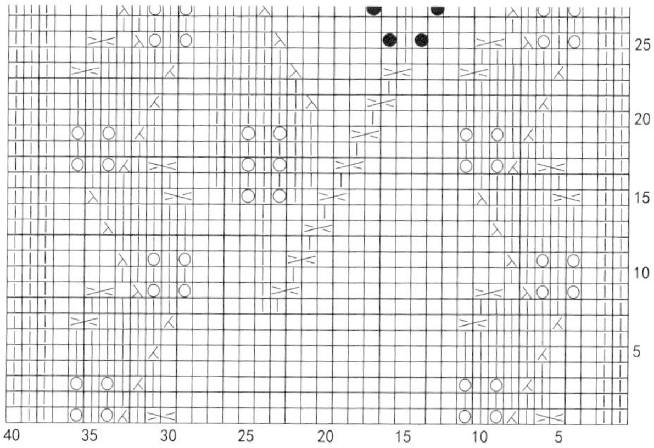

/586

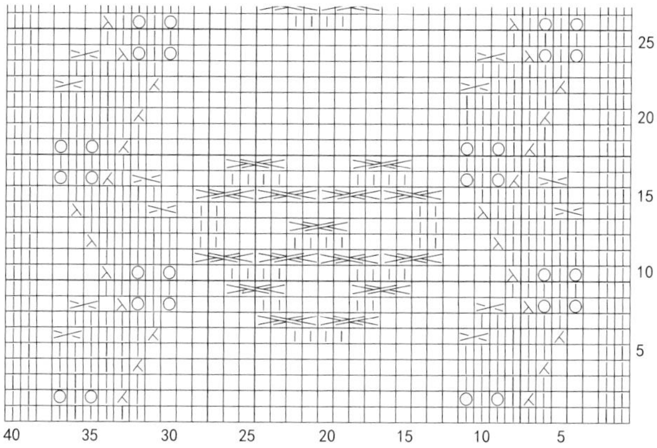

/587

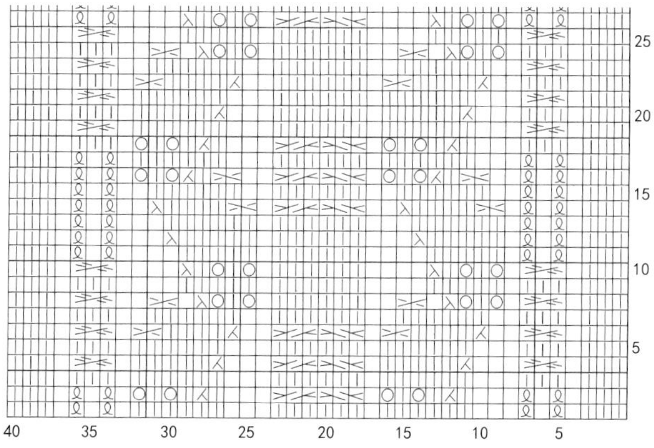

/588

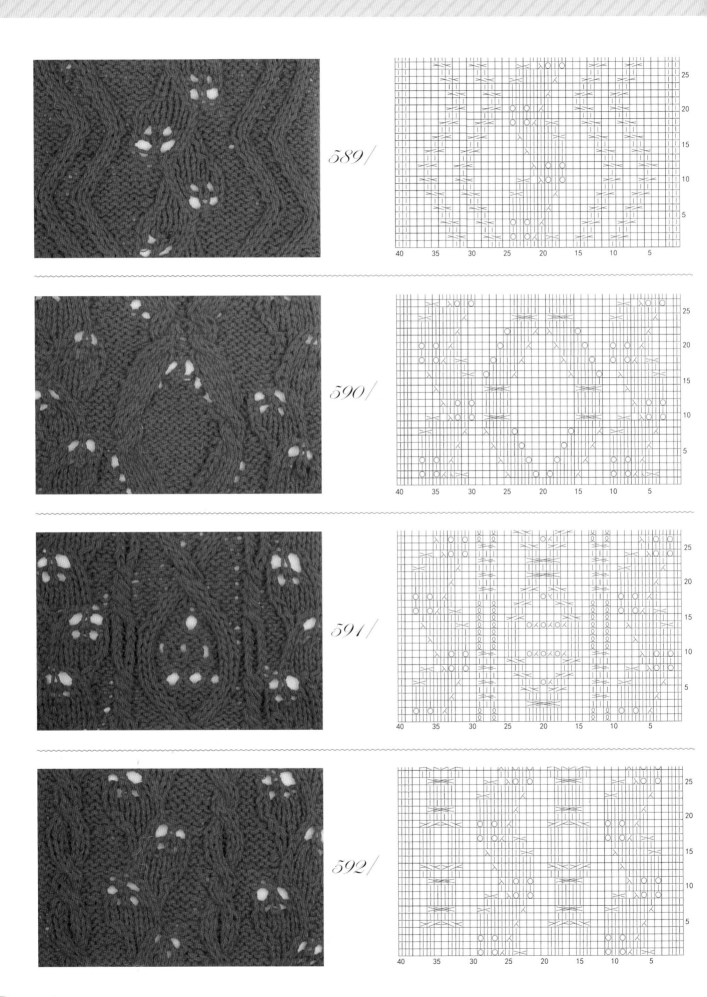

589/

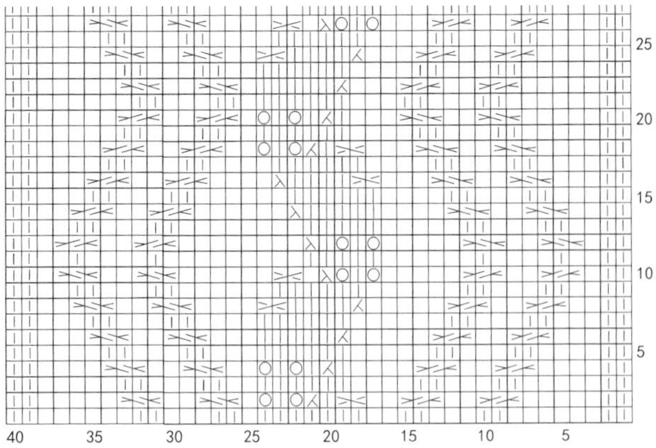

590/

591/

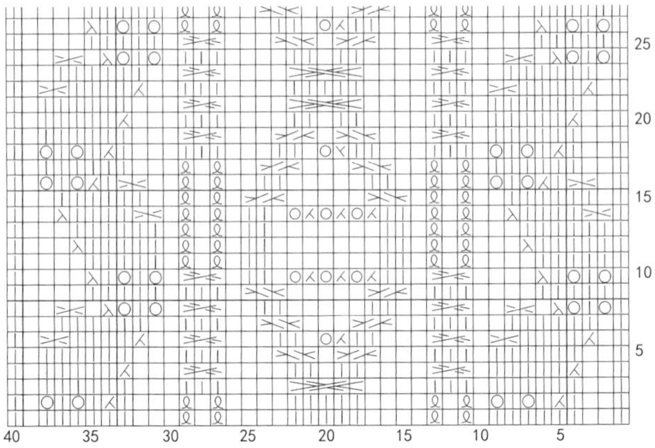

592/

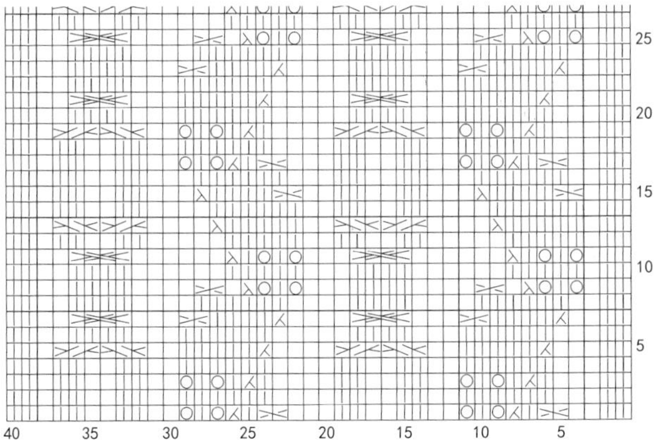

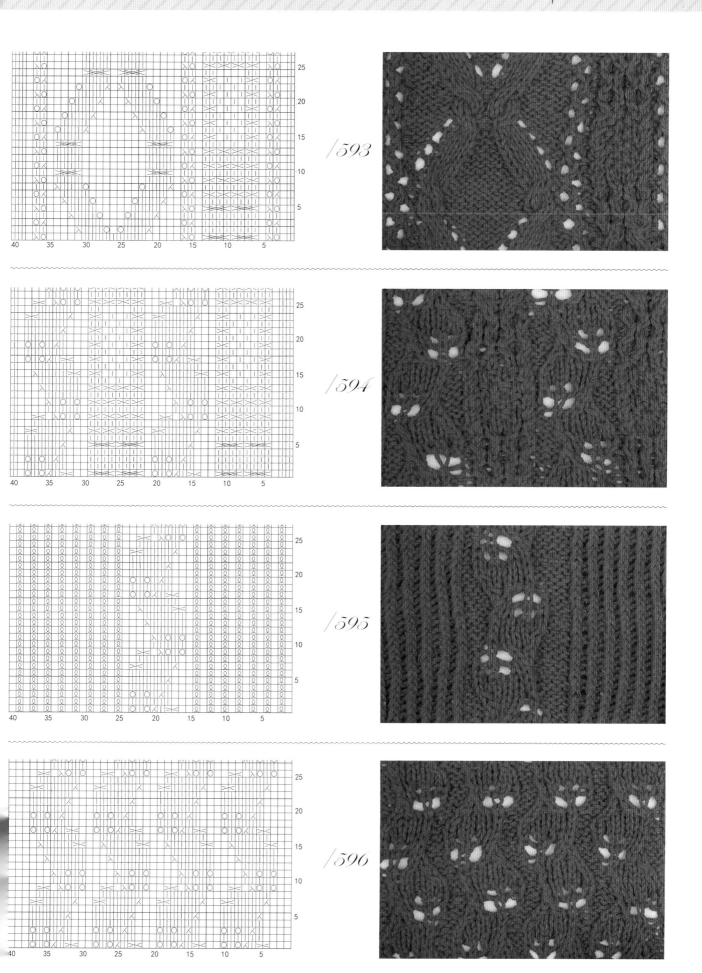

/593

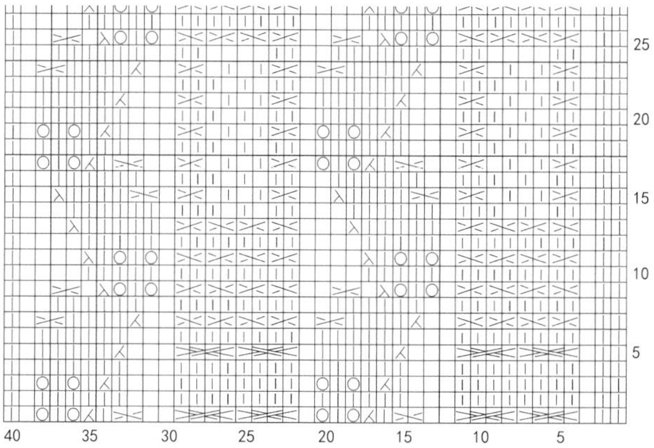

/594

/595

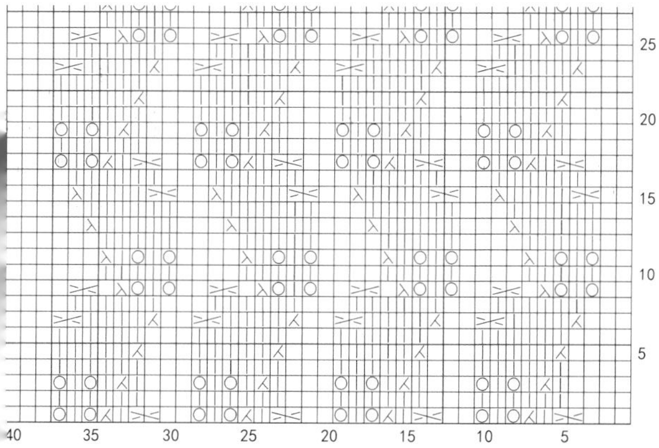

/596

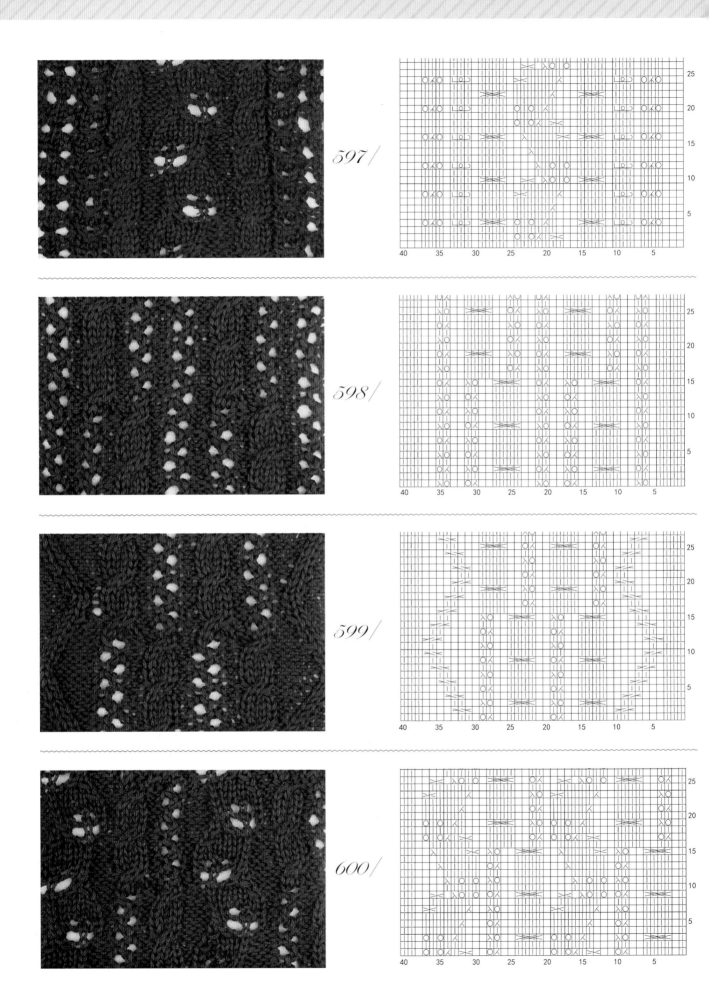

597/

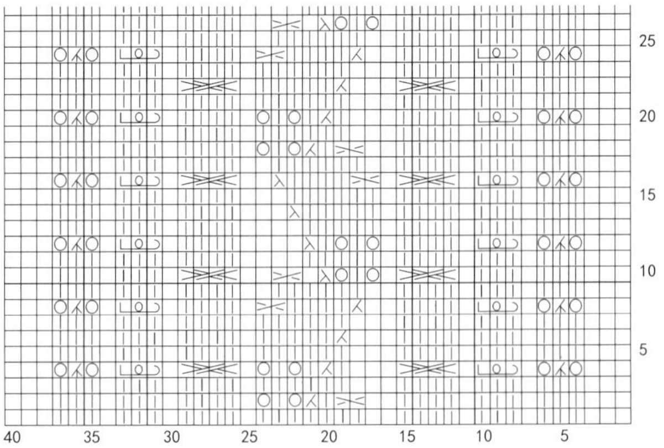

598/

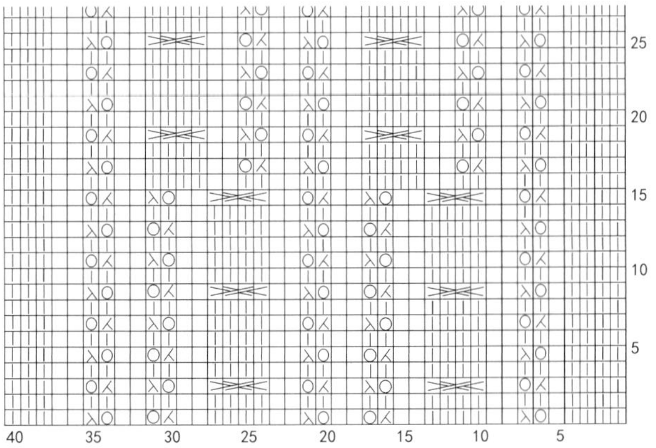

599/

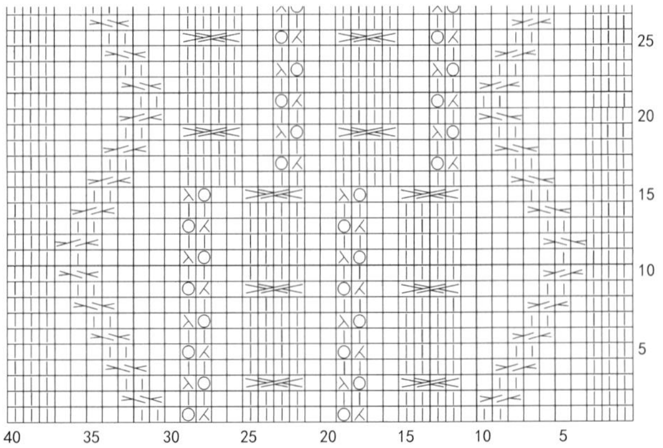

600/

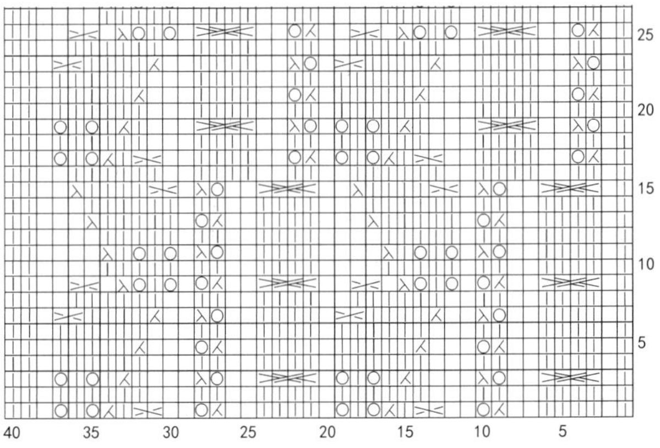